Udo Gansloßer // Petra Krivy

# Ein guter Start ins Hundeleben

## Der verhaltensbiologische Ratgeber für Züchter und Welpenbesitzer

Müller Rüschlikon

Einbandgestaltung: Kornelia Erlewein

Titelbild: Jeanette Hutfluss, http://jh-tierfotografie.de

**Bildnachweis:** Jutta Brosig: S. 22, 36, 69, 73, 75, 93, 98, 117, 122, 128, 145, 160, 179, 194, 202; Lisa Brüning: S. 4, 7, 11, 13, 21, 34, 51, 61, 89, 95, 116, 126, 134, 149 oben, 152, 156, 167, 172, 178, 182, 186, 201, 219; Jana Dušková: S. 17, 40, 58, 62, 109, 114 oben, 133, 155, 180, 193, 197, 205; ©Christa El Kashef/PIXELIO: S. 33; ©Britta Glass/PIXELIO: S. 204; ©Martina Goslar/PIXELIO: S. 146; Brita Günther: S. 123, 138; Lisa Heinemann: S. 24, 25, 26, 27, 28, 29, 181; ©Hoppe/PIXELIO: S. 154; Diana Jeß: S. 71, 112, 135, 136, 153, 184; Božana und Dalibor Kelemeni : S. 16, 19, 31, 81, 83, 100, 119, 124, 141, 162, 163, 171 oben, 183, 207, 221; ©Keyboardhexe/PIXELIO: S. 85; Lorena Kova i ek: S. 177; Petra Krivy: S. 38, 47, 48, 50, 56, 57, 59, 64, 66, 97, 103, 106, 108, 110, 111, 114 unten, 119, 121, 130, 131, 140, 143, 147, 150, 151, 157, 159, 161, 165, 166, 168, 169, 170, 176, 185, 187, 188, 190, 192, 198, 199, 209, 211, 212, 222; Daniela Krüger: S. 77; Elke Landrock-Bill: S. 79; Angelika Lanzerath: S. 15; Petra Machovsky: S. 54, 196; ©mainfranken97/PIXELIO: S. 8; Andre Müller »Hummeljakob«: S. 104, 175 unten; Miroslav Papak: S. 41, 55, S. 171 unten; pixfoto@fotolia.com: S. 139; Oliver Pohl: S. 45, 203, 214, 215, 217, 218; ©steve prinz/PIXELIO: S. 164; ©Rike/PIXELIO: S. 90; ©Helmut J. Salzer/PIXELIO: S. 6; ©sokaeiko/PIXELIO: S. 189; Dr. Bernd Tellhelm: S. 53; ©Sylvia Voigt/PIXELIO: S. 1; ©Jutta Weinert/PIXELIO: S. 127; ©Jörn Wiertz/PIXELIO: S. 43; Michael Wipping: S. 87, 149 unten; ©Dominika Zielinski/PIXELIO: S. 92.



ISBN 978-3-275-01995-3


Postfach 103743, 70032 Stuttgart
Ein Unternehmen der Paul Pietsch Verlage GmbH & Co. KG

3. Auflage 2021

Sie finden uns im Internet unter **www.mueller-rueschlikon-verlag.de**



Redaktion: Claudia König
Innengestaltung: Petra Pawletko
Druck und Bindung: Graspo CZ, 76302 Zlin
Printed in Czech Republic

# INHALT

# Einleitung

- Die Welpenentwicklung folgt keinen starren Einteilungen
- Wem nutzt das vorliegende Buch?

Die Verunsicherung bei künftigen Welpenhaltern wird immer größer. Menschen, die sich verantwortungsvoll informieren wollen, bevor sie einen Hund in die Familie holen, werden mit einer Vielzahl von einander oft widersprechenden Aussagen, Behauptungen und Handhabungen konfrontiert.

Plötzlich werden Welpen in Zoogeschäften zum Kauf angeboten, wobei die freiwillige Selbstbeschränkung des Verbandes der Zoofachgeschäfte einfach missachtet wird, als sei dies die natürlichste Sache der Welt. Dabei haben Untersuchungen des amerikanischen Hundeforschers Professor James Serpell (McMillan, Serpell et al., 2013) gerade im letzten Jahr belegt, dass Welpen aus solchen, in den USA meist in Einkaufszentren befindlichen Geschäften, in allen wünschenswerten Eigenschaften schlechtere, in allen unerwünschten Eigenschaften dagegen höhere Punktwerte erzielen als der Durchschnitt seiner immerhin vielen Tausend Eintragungen in der Datenbank. Da wird von sogenannten angeborenen Rudelstellungen gesprochen, die man bereits am ersten Lebenstag der Welpen erkennen könnte. Infolgedessen werden Tauschbörsen eingerichtet, als wären Hunde Ersatzteile eines Oldtimermotors, die man nur freizügig tauschen müsse, damit der Motor wieder läuft. Dabei haben Untersuchungen beispielsweise von Goddard und Beilharz bereits 1990 gezeigt, und die Zusammenstellung von Samantha Jones und Samuel Gosling (2005) hat dies deutlich bestätigt, dass Persönlichkeiten und zukünftige Verwendbarkeiten von Hunden zum Beispiel für bestimmte Therapie- und Arbeitseinsätze zuverlässig erst ab dem Alter von 18 bis 21 Monaten erkennbar sind. Da wird von einer immer früheren Abgabe der Welpen gesprochen, angeblich wäre die, jetzt zum Glück durch die Hundehaltungsverordnung noch geregelte Achtwochengrenze bereits zu spät, obwohl Untersuchungen, beispielsweise

› *Ware Hund, Produkt Hund, Sozialpartner Hund – ein Vierbeiner kann Vieles sein, nicht immer zu seinem Gunsten.*

von Anne Rasa und ihrem Mitarbeiter Slabbert (Slabbert und Rasa,1993) oder die neuen Untersuchungen der finnischen Kollegin Tiira (Tiira et al., 2013) belegt haben, dass Welpen, die zu früh von der Mutter getrennt werden, mit einem wesentlich höheren Risiko zur Entwicklung von Stereotypien und anderen Verhaltensstörungen aufwarten.

Auch die Frage, ob nun Rassehund oder Mischling, wird von vielen Seiten unterschiedlich bewertet, als käme es nicht vorrangig auf die Qualität der jeweiligen Einzeltiere und der individuellen Zuchtstätte an, statt auf einen Stammbaum. Und wenn schon Rassehund, dann bitte nur von diesem Verband und nicht von jenem Verband, so posaunt es auch vielerorts in der Rassehundezucht. Doch schwarze Schafe blöken überall und leider steckt nicht automatisch immer die gleiche Kompetenz, Sorgfalt und Sicherheit hinter den Zuchthandhabungen, nur weil ein bestimmtes Emblem den Abstammungsnachweis des Vierbeiners ziert. Papier ist geduldig und bereits der Volksmund weiß, dass nicht alles Gold ist, was glänzt.

Viele Welpenhalter werden auch dadurch verunsichert, dass man ihnen erklärt, Hunde müssten nicht mit Hunden spielen, Hunde bräuchten oder sollten sogar als Welpen keine Spielstunden besuchen. Dabei haben viele Untersuchungen (zusammengestellt in dem hervorragenden und im Anhang benannten Buch von Mechthild Käufer, 2011) belegt, wie wichtig Spielverhalten für die soziale Entwicklung, aber auch für die Hirnentwicklung von Hunden ist. Jungtiere, die im kindlichen Alter, aber auch gerade im Zeitraum vor und rund um die Pubertät nicht auch mal raufen, balgen und toben dürfen, tragen offensichtlich ein wesentlich höheres Risiko zur Entstehung von ADHS-Störungen (Sivij und Panksepp, 2011).

All diese Aussagen verwirren und verunsichern den Welpenhalter. Auch Züchter sind nicht besser dran, von ihren Vereinen und Verbänden werden sie häufig alleine gelassen, wenn es um die biologische, gar die verhaltensbiologische Beratung geht. Genetik ist aber eben nicht alles, wie wir hoffentlich in diesem Buch belegen werden.

Um in das Thema einzuführen, stellen wir uns Folgendes vor:

### *Ein Fallbeispiel*

Nehmen wir an, ein Welpe wird, aus welchem Grund auch immer, in den ersten Lebenstagen irgendwann einmal entweder aus der Wurfbox getragen, geworfen oder kriecht versehentlich selbst aus der Wurfkiste heraus. Die Folge ist, dass er etwas auskühlt. Dieses, an sich durchaus normale Geschehen, aktiviert nun eine ganze Menge Entwicklungsprozesse. Untersuchungen bereits in den 60er-Jahren des letzten Jahrhunderts (Serpell und Jagoe, 1995) haben belegt, dass Welpen, die in dieser frühen Jugendzeit kurz (!) auskühlen, hinterher eine wesentlich schnellere Entwicklung nehmen. Die Augen öffnen sich früher, die Ohren gehen früher auf, das Fell wächst früher, und insgesamt ist die gesamte Entwicklung dieses Welpen wesentlich beschleunigt. Zudem wird er aber auch noch wesentlich belastbarer, sein Immunsystem wird besser und auch sein Stresssystem reguliert deutlich zuverlässiger. Es kommt einem so vor, als wäre ihm ein Turbolader zugeschalten worden.

Tiffany Howell und Pauleen Bennett haben im Jahr 2011 eine sehr interessante Arbeit mit dem schlagkräftigen Titel »Puppy power« geschrieben. Dort zeigen sie, wie gerade die Anwendung der in den letzten Jahren so häufig und erfolgreich durchgeführten Intelligenz- und Kognitionstests für Hunde auch in die Welpen- und frühe Junghundebetreuung übernommen werden kann. Eine ganze Reihe von Untersuchungen, die mit Blickkontakt, Fingerzeigverfolgung, aktiver und selbstständiger Problemlösung von Hunden durchgeführt wurden, haben geradezu erstaunliche Ergebnisse geliefert. Viele dieser Versuche kann man auch bereits mit Welpen ab dem Alter von drei bis fünf Wochen durchführen. Tiffany Howell und Pauleen Bennett sind überzeugt, dass damit letzten Endes auch die Zahl der Hunde, die insgesamt besser in ihre späteren Familien integrierbar sind, wesentlich steigen würde, und dass die Hunde zugleich auch ein deutlich hund- und verhaltensgerechteres Dasein führen können, wenn man ihnen solche Gedächtnis- und Denksportaufgaben stellt. Wir werden auch dazu in diesem Buch einige Informationen und Hinweise geben.

## DIE WELPENENTWICKLUNG FOLGT KEINEN STARREN EINTEILUNGEN

Die heute zur Verfügung stehenden Erkenntnisse zeigen, dass die früher oftmals übliche Einteilung in starre Entwicklungsphasen doch offensichtlich nicht ganz passend ist. Daher wird, wie wir auch im Folgenden zeigen werden, heutzutage häufig die starre Einteilung in Entwicklungsphasen sehr viel stärker durch individuelle, rasse- oder andere typische Abhängigkeiten ersetzt und ergänzt. Die Entwicklung eines Jungtieres ist immer ein Wechselspiel zwischen Umwelt, genetischer Veranlagung und dem, was man als »Erbe mal Umwelt« in der Aktion oder auch als Epigenetik bezeichnet. Hier werden Erfahrungen, die beispielsweise in der frühen Jugend gemacht werden, in der Umgebung des Erbguts durch chemische Veränderungen festgelegt. Diese werden dann nicht nur bei Zellteilungsprozessen dieses Jungtieres in seinem späteren Lebensverlauf, sondern möglicherweise sogar bei seinen Nachkommen immer noch umgesetzt. Wir werden uns zu diesem faszinierenden Thema noch einige spannende Beispiele anschauen.

Der Hund ist, wie Adam Miklosi in seinem hervorragenden Buch so schön zeigt, mit dem Menschen in einer ganz engen kulturellen und geschichtlichen Vereinigung verbunden. Der Prozess wird bisweilen sogar als Enkulturation des Hundes bezeichnet, der Hund ist Grenzgänger zwischen zwei Arten und zwischen zwei Welten. Er ist Hund, und er verkehrt genauso gut in der menschlichen Umwelt. Er sieht sich sicherlich nicht als Mensch, aber er vermenschlicht sich bisweilen im Verhalten.

Nehmen wir das Beispiel Ihres Hundes, der Sie zum Spielen auffordert. Er lacht über das ganze Gesicht. In diesem Moment hat er sich vermenschlicht, denn das Lachen des Hundes stammt aus der menschlichen Kommunikation. Im nächsten Moment fordert er Sie mit einer Vorderkörpertiefstellung zum Spielen auf. Jetzt verhundlicht er Sie, er geht selbstverständlich davon aus, dass Sie dieses hundliche Signal verstehen.

Die Verknüpfung beider, der menschlichen und der hundlichen Welt, und auch das Verständnis für menschliches wie auch hundliches Verhalten aber kommt nicht von selbst. In der Welpen- und Junghundentwicklung müssen beide Seiten, der junge Hund und die Menschen, daran arbeiten. Wiederum hat Adam Miklosi (2007) in einem Diagramm in seinem Buch sehr deutlich gezeigt, auf welchen Ebenen die Gestaltung des welplichen und Junghundeverhaltens stattfindet. Da gibt es zunächst die Ebene der Sinnesorgane. Die Umweltinformation wird von den Sinnesorganen des Hundes wahrgenommen, und selbst diese Sinnesorgane sind in ihrer Funktion keineswegs nur von der Genetik bestimmt. Je mehr Gerüche ein Hund aufnimmt, desto feiner und differenzierter wird seine Ausstattung mit Duftrezeptoren. Ein Hund, dem aus welchen Gründen auch immer, das Erklettern und Besteigen von Treppen, das Ein- und Aussteigen aus dem Auto und andere aktive Erfahrungen der dritten Dimension verwehrt wird, sieht plötzlich nicht mehr räumlich – und das sein Leben lang!

Selbst auf der Ebene der Sinnesorgane spielen also Erbe, Umwelt und deren Wechselwirkungen eine gleichbedeutende Rolle. Im nächsten Schritt muss der Hund dann in seinem Gehirn die aufgenommene Information verarbeiten. Dieses, als inneres Referenzsystem bezeichnete Geschehen, hat etwas mit dem Verknüpfen früherer Erfahrungen, der Bewertung mit Hilfe von Emotionen, der Abschätzung des Stresssystems und vielen anderen, positiven und negativen Empfindungen zu tun. Die Kombination aus diesen Emotionen und inneren Zuständen mit dem gerade eben von außen aufgenommenen Stück Information, wird schließlich zu einer neuen Einheit im Gedächtnis des Hundes abgelegt. Gleichzeitig aber aktiviert sie möglicherweise sofort, möglicherweise erst sehr viel später, das Aktionssystem, die motorische Antwort. Der Hund handelt irgendwie, aufgrund dessen was er gerade erlebt und abgespeichert hat. Auch hier spielt wieder die Umwelt genauso viele bedeutende Rollen wie das Erbgut. In bestimmten Altersabschnitten können die Beinchen eben noch nicht anders als den Hund im Kreis kriechen lassen. In all den anderen Lebensabschnitten dagegen ist ein schönes, geradliniges Vorwärtskommen möglich. In manchen Altersabschnitten kann der Hund daher, auch wenn er es möchte, kaum zielgerichtet auf andere Artgenossen oder fremde Gegenstände zukommen.

Gleichzeitig aber wird durch die Fähigkeit, sich zu bewegen und Handlungen und Verhaltensweisen zu zeigen, auch das Erkundungs- und Neugierverhalten erneut aktiviert. Unser kleiner Welpe, den wir vorhin als Fallbeispiel konstruiert haben, bekommt nun also die Möglichkeit, sehr viel schneller und sehr viel früher als seine im warmen Nest verbliebenen Geschwisterchen eine Erkundungstour aufzunehmen. Er wird also sehr viel mehr Informationen in seiner Umwelt finden und für sich verarbeiten. Er wird aber auch auf seine Geschwisterchen schneller zugehen, was diese möglicherweise, da noch »zurückgeblieben«, unter Umständen als aufdringlich empfinden und sich zurückziehen. Dadurch wiederum

› *Zu Beginn des Lebens können die Beinchen noch nicht viel.*

wird bei unserem Welpen eine neue Erfahrung abgespeichert: »Wenn ich schnell auf andere zugehe, weichen die aus und ich habe einen Erfolg!« oder auch: »Wenn ich schnell auf andere zugehe, sind die weg und der Spaß hört auf!«. Welche der beiden Informationen nun wichtiger ist, können wir im Voraus nicht vorhersagen. Jedoch wird gerade die Persönlichkeitsachse Geselligkeit und auch die Persönlichkeitsachse Kühnheit und Wagemut von solchen frühen Erfahrungen erheblich mitgestaltet. Dass gerade die Persönlichkeitsachse Wagemut und die daraus resultierende Gesamtpersönlichkeit des etwas »hemdsärmelig« neugierig nach vorne Gehenden offensichtlich von Umweltfaktoren sehr stark beeinflusst wird, zeigen sogar Untersuchungen an anderen Verwandten des Hundes. In einem Naturschutzprojekt mit dem amerikanischen Kit Fuchs (Bremner-Harrison und Cypher, 2013) wurde die Persönlichkeitseigenschaft Wagemut, die wir später noch ausführlich besprechen werden, bei frei lebenden Kit Füchsen getestet. Man konfrontierte sie mit unbekannten Gegenständen und registrierte ihr Verhalten diesen unbekannten Dingen gegenüber. Unter anderem zeigte sich, dass die Schwankungsbreite zwischen den scheuesten und den wagemutigsten Füchsen eines Gebietes bei den voll erwachsenen Tieren wesentlich größer war als bei den Welpen und den Jungfüchsen. Die Autoren schließen daraus, wohl zu Recht, dass die Umwelterfahrungen, die man mit bestimmten neuen Situationen und neuen Gegenständen macht, beim Welpen und Jungfuchs langsam, aber sicher, seine individuelle Einstellung zu neuen Gegenständen verändern. Wer viele positive Erfahrungen damit gemacht hat, wird eher noch wagemutiger, wer auch mal unerfreuliche Erfahrungen macht, eher etwas zurückhaltender. Auch dies ist übrigens wieder ein sehr gutes Beispiel, mit dem man die angeblich rein angeborenen Eigenschaften des Rudelverhaltens und der Persönlichkeit kritisieren kann.

## WEM NUTZT DAS VORLIEGENDE BUCH?

Wir wollen im Folgenden aus unseren gemeinsamen Erfahrungen als Verhaltensbiologe, Zuchtverantwortliche (als Zuchtleiterin, Zuchtwartin und Züchterin) und Hundetrainerin gemeinsam versuchen, etwas Licht ins Dunkel der vielen, einander oft auch widersprechenden Aussagen zu bringen. Dabei wird nicht umfassend auf alle formellen, biologischen, anatomischen und genetischen Vorgänge bei der Zuchthandhabung eingegangen, dafür gibt es gute Literatur, auf die wir im Anhang hinweisen. Vielmehr ist unser Hauptaugenmerk gerichtet auf verhaltensbiologische Beeinflussungen – Chancen und Risiken. Wir möchten Sie, liebe Züchter und liebe Welpenkäufer, sensibilisieren. Wir möchten Ihnen zeigen, wie viele wichtige und auch aussagekräftige Informationen die Biologie, die Tiermedizin und andere dafür notwendige Grundlagenwissenschaften in den vergangenen Jahrzehnten beigetragen haben. Und wir möchten Ihnen zeigen, dass eben nur aus einem Zusammenwirken sehr vieler Informationen aus Genetik, Verhaltensbiologie, Medizin und Zuchterfahrung, ein möglichst für sein zukünftiges Leben optimal vorbereiteter Welpe entstehen kann. Und dann kommt es auf Sie an: Ihre Kompetenz im Umgang, Ihre Intuition und Ihr durch Wissen gestütztes richtiges Verhalten sind es dann letztlich, die diesem Welpen zu einem besonders vergnüglichen und hoffentlich erfreulich langem Leben bei Ihnen verhelfen sollen. Der mündige Züchter, der mündige Welpenkäufer, der weiß, warum und was der Hund gerade tut, wird auch in der Lage sein, ein möglichst reibungsarmes Zusammenleben zwischen Mensch, Hund und gegebenenfalls anderen Tieren in der Umgebung (auch Nachbars Katze hat die gleichen Rechte wie Ihr Hund!) zu ermöglichen.

Zum Glück, und auch das werden wir mit einigen Beispielen hoffentlich zeigen können, müssen Sie nicht perfekt sein. Hunde haben, wie der Wiener Hundeforscher Kurt Kotrschal (2012) so schön sagt, eine sehr hohe Fehlertoleranz dem Menschen gegenüber. Wir sollten diese Fehlertoleranz aber nicht überstrapazieren. Wir sollten auch nicht versuchen, immer hundertprozentig perfekt zu sein. Hunde sind zwar auch bereit, sich Robotern anzuschließen, Menschen sind ihnen aber sicher wesentlich lieber. Und dass Menschen Fehler haben, das haben die Hunde offensichtlich in den vergangenen mindestens 25.000 – 35.000 Jahren ihrer Domestikationsgeschichte so häufig erfahren, dass sie damit sehr gut umgehen können. Seien Sie also Sie selbst, seien Sie authentisch – und folgen Sie manchmal auch Ihrem Bauchgefühl. Wenn dieses Bauchgefühl dann noch gestützt wird von sehr vielen, hoffentlich auch als interessant empfundenen Informationen, beispielsweise aus diesem Buch, dann haben wir unser Ziel erreicht. Oder, wie in der Einleitung eines Universitätslehrbuchs zur Biostatistik so schön steht und übertragen auf unser Unterfangen: Wenn Sie am Ende der Lektüre des Buches mehr Fragen haben als am Anfang, dann haben wir unser Ziel erfüllt. Es sollten aber andere Fragen sein ...

KAPITEL EINS

# 1 Genetik ist nicht alles

- Kanalisierung und epigenetische Landschaften
- Grundlagen der Genetik
- Rassehund oder Mischling – ist das die Frage?
- Farben und Verhalten – Pleiotropie und Disposition
- Persönlichkeit und Genetik
- Epigenetik – wie Erfahrungen auf zellulärer Ebene weitergegeben werden

## KANALISIERUNG UND EPIGENETISCHE LANDSCHAFTEN

Seit vielen Jahren tobt eine heftige Diskussion darüber, welchen Anteil denn nun das eigentliche Erbgut, also die Genetik, und welchen Anteil die Umwelt an der Entwicklung des Verhaltens eines Tieres hätte.

In der wissenschaftlichen Literatur, sei es Verhaltensbiologie oder Entwicklungsbiologie, werden die Einflüsse von Erbgut, Umwelt, Erfahrung und die Wechselwirkungen zwischen diesen verschiedenen Faktoren, längst nicht mehr getrennt. Ein häufig verwendetes Beispiel, um die Entwicklung eines Tieres zu symbolisieren, stammt von dem schottischen Embryologen Waddington. Er sagt, die Jugendentwicklung eines Tieres wäre vergleichbar mit dem Vorgang, auf dem Gipfel eines Berges eine Kugel fallen zu lassen. Das Fallenlassen der Kugel entspräche der Befruchtung bei der Paarung, und die Kugel rollt dann durch irgendein Tal hinaus ins Flachland. Welchen Weg sie durch dieses Tal nimmt, welchen der beiden Hänge sie verstärkt berollt oder ob sie ab und zu die Ideallinie trifft, ist weder vorhersagbar noch rekonstruierbar. Ab und zu sind Hindernisse, dann wird die Kugel auch abgelenkt und nach einem Umweg kehrt sie wieder zur Falllinie zurück. Dieser Einfluss, die beiden Hänge und die Hindernisse dazwischen, ist das, was Waddington als »epigenetische Landschaft« bezeichnet. Er spricht von einer Kanalisierung, das bedeutet, dass unter bestimmten Umständen ein Entwicklungsprozess zwar einem weitgehend vorgegebenen und vorhersagbaren Pfad folgen wird. Solche Entwicklungsprozesse sind auch zwischen den Individuen einer Art oder einer Rasse sehr ähnlich. In der Embryonalentwicklung trifft dies noch stärker zu als in der Verhaltensentwicklung, obwohl wir sehen werden, dass sogar in der Embryonalentwicklung schon Unterschiede auftreten können. Jedoch kann es immer wieder zu Störungen kommen, und das bedeutet, dass die Entwicklung dann plötzlich in eine unerwartete Richtung abgelenkt wird. Beispiele dafür werden wir im Laufe unseres Buches immer wieder kennenlernen.

Die Verschränkung von Erbgut, vorgeburtlicher und nachgeburtlicher Umwelt, Traditionsbildung und den als epigenetischen Prozessen bezeichneten Veränderungen in der Umgebung des Erbgutes, ist im Sinne einer vielfältigen Verschränkung und Verknüpfung zu sehen. Nehmen wir zwei bekannte Beispiele für diese Verschränkung und Verknüpfung: Am bekanntesten sind Säugetiere, die aufgrund vorgeburtlicher Hormoneinflüsse eine Veränderung in ihrem geschlechtstypischen Verhalten zeigen. Sehr gut untersucht dazu sind beispielsweise Meerschweinchen. Ein charakteristisches männliches Werbeverhalten aller Meerschweinchen wird als Rumbatanzen bezeichnet. Alle männlichen Meerschweinchen (Hausmeerschweinchen) tanzen Rumba, wenn sie ein Weibchen umwerben. Jedoch gibt es auch Rumba tanzende Weibchen. Dies sind dann weibliche Tiere, die im Mutterleib eine erhöhte Testosterondosis abbekamen. Das kann durch die Mutter geschehen (zum Beispiel wenn diese selbst bereits mit einem höheren Testosteronspiegel ausgestattet ist, oder wenn sie erfolgreich sozialen Stress bewältigt hat) oder eventuell auch, wie bei vielen anderen Tierarten belegt, durch die Nachbargeschwister.

Auch bei Hunden finden wir dieses Phänomen, häufig im Alltagssprachgebrauch als »Rüdin« bezeichnet. Gemeint ist damit eine Hündin, die das Beinchen hebt, wenn sie markiert, und die auch sonst oftmals eher einen etwas kernigeren und etwas maskulinen Typ repräsentiert. In diesem Falle handelt es sich ebenfalls um einen vorgeburtlichen Hormoneinfluss. Um den vierzigsten Trächtigkeitstag herum, steigt bereits erstmals die Produktion der Sexualhormone bei den ungeborenen Welpleins. Liegt nun ein weiblicher Welpe zwischen männlichen Geschwistern, so wird die Konzentration des männlichen Sexualhormons Testosteron über den Nabelschnurkreislauf auch in den weiblichen Embryo übertragen. Dies führt zu einer Veränderung in der Gehirnstruktur und dadurch auch unter anderem zum späteren Markierverhalten, aber eben auch zu einem insgesamt etwas männlicher wirkenden Verhaltensprofil mit stärkerem Revier patrouillieren und anderen rüdenähnlichen Verhaltensweisen. Auch der Phänotyp ändert sich entsprechend. Wir werden auf diese Prozesse später noch zurückkommen.

Über die komplexen Wechselwirkungen zwischen Erbe, Umwelt und den dazwischenliegenden Änderungen in der Umgebung des Erbguts, werden wir uns im folgenden Kapitel informieren. Für allgemeine Darstellungen dieses Themas sind beispielsweise moderne Lehrbücher der Verhaltensbiologie wie das Kapitel von Johan Bolhues (2005) oder das neue Lehrbuch von Manning und Dawkins (2012) zu empfehlen. Der britische Verhaltensbiologe Richard Dawkins (nicht identisch mit dem Autor des genannten Lehrbuchs), hat folgenden Vergleich für das Zusammenwirken von Erbe und Umwelt gebracht:

Kaum ein Mensch würde auf die Idee kommen, anhand eines gut gelungenen Kuchens zu überlegen, wie viel Prozent am Gelingen dieses Kuchens nun die Umwelt, also die Zutaten, und wie viel Prozent das Erbgut, also das Rezept, ausmachen. Zudem wäre ja noch zu fragen, ob die Erfahrung desjenigen, der den Teig rührt, nicht auch noch einen Beitrag

› *In der Pubertät mutieren nicht wenige Rüden zum »Mister Cool« – mehr oder weniger ausgeprägt.*

leistet. Ähnlich unsinnig wie diese Frage ist, so Richard Dawkins, auch die Frage nach dem Anteil von erblichen oder Umweltfaktoren in der Entwicklung eines bestimmten Verhaltens. Zwar werden wir im Folgenden mit dem Faktor Erblichkeit bisweilen durchaus operieren, aber auch dieser wird uns dann nur statistische Werte liefern und keineswegs das individuelle Tier berücksichtigen können.

› *Komplexe Wechselwirkungen zwischen Erbe und Umwelt, Tradition und Epigenetik formen das Lebewesen.*

Erbe und Umwelt, Tradition und Epigenetik, bilden also verflochtene Wechselwirkungen. Welchen Weg die Kugel nimmt, wie schnell sie rollt und welche Hindernisse sie zu umgehen hat, ist immer dem Einzelschicksal zu überlassen. Daher sind Vorhersagen über die wahrscheinliche Entwicklung eines Welpen auch nur bedingt möglich. Ähnliches gilt für Rasseunterschiede im Verhalten, wir werden zu diesem Thema später noch mal zurückkehren. Aber schon jetzt sei gesagt, dass oftmals die Unterschiede zwischen Angehörigen einer Rasse mindestens so groß, bisweilen sogar größer sind, als die Unterschiede zwischen den Durchschnitten von ganz verschieden aussehenden und gebauten Rassen. So zeigte Erika Mirko aus der Budapester Arbeitstruppe (Mirko et al., 2012) beispielsweise, dass, unabhängig von der Rasse, Hunde, die die ganze Zeit in der Familie waren, geringere Aggressionstendenzen haben als Angehörige der gleichen Rasse aus Zwinger- oder anderer Außenhaltung. Selbst so extrem unterschiedliche Rassen wie Vizsla und Deutscher Schäferhund unterschieden sich in diesen Eigenschaften stärker zwischen den Haltungsformen als zwischen den Rassen. Sogar bei Bewegungsabläufen und Gangarten (Fischer & Lilje, 2011) sind oft Unterschiede zwischen Doggen und Chihuahuas geringer als innerhalb von 10 Doggen oder 10 Chihuahuas.

Einige weitere Prozesse, die oftmals in der Frühentwicklung eines Tieres eintreten können, betreffen Wechselwirkungen zwischen verschiedenen Organen. Dieser Prozess, der in der Embryonalentwicklung als Induktion bezeichnet wird, bedeutet, dass ein Teil des Embryos einen Nachbarteil oder ein benachbartes Organ beeinflusst und dadurch dann diesen Entwicklungsprozess in eine Richtung steuert. Würde die Organanlage an einen anderen Körperteil versetzt, würde dieses Organ sich dort nicht entwickeln. Dies ist von besonderer Bedeutung in der Entwicklung des Nervensystems. Die Differenzierung der Organe und auch die Differenzierung von Verhaltensabläufen wiederum ist ein kompliziertes Wechselspiel, dass auch unter anderem durch Ernährung, mütterlichen Stress und andere vorgeburtliche Faktoren mit kanalisiert wird.

Insgesamt handelt es sich also immer um eine Zweibahnstraße. Es gibt keine eindeutigen, nur in eine Richtung ablaufenden Prozesse. Erbgut und Umwelt, Veränderungen in der Umgebung des Erbguts im Sinne der Epigenetik und die Persönlichkeit von Mutter und anderen anwesenden Sozialpartnern (auch dem Menschen!) zusammen, formen das Verhaltensprofil eines Welpen. Umso wichtiger ist es, dass man sich vor Erwerb eines Welpen und vor dem Start des eigenen Erziehungsprogramms über alle diese Faktoren informiert. Man sollte eben das Muttertier, möglichst sogar den Vater, die Geschwister und andere Verwandte seines Hundes gesehen haben – und die Umgebung, in der dieser aufwächst. Darüber wird an späterer Stelle noch zu berichten sein.

Noch komplizierter wird das Ganze übrigens, wenn wir uns dann direkt mit der Verhaltenssteuerung beschäftigen. Wie im nächsten Kapitel auszuführen sein wird, gibt es keine Gene für Verhalten. Genwirkungen funktionieren immer über Eiweiße, und diese Eiweiße wiederum können dann einen Einfluss auf das Verhalten haben. Trotzdem gibt es durchaus Fälle, bei denen eine Verhaltensweise durch einen einzigen Genabschnitt gesteuert wird. Wie dann die Zusammenhänge zwischen der Erbinformation und der Ausprägung des Verhaltens im Einzelfall sind, muss oftmals erst noch erforscht werden.

## GRUNDLAGEN DER GENETIK

Es ist nicht die Absicht dieses Kapitels, einen vollständigen Überblick über genetische Mechanismen zu liefern. Trotzdem sind einige Kenntnisse genetischer Prinzipien von Hilfe, wenn es darum geht, einen Welpen optimal zu sozialisieren und vor allem auch, die Grenzen der Sozialisierbarkeit zu erkennen.

Genetik beschäftigt sich mit der Art und Häufigkeit der Vererbung von Merkmalen (Campbell, 2010). Es sind mehrere Teilgebiete unterscheidbar, wobei die klassische Genetik sich mit den Vorgängen und Häufigkeitsverteilungen der Weitergabe von Merkmalen bei Einzelindividuen beschäftigt. Dieser Bereich wird für uns von besonderer Bedeutung sein. Die molekulare Genetik, die die Mechanismen der Weitergabe auf chemischem Niveau untersucht, wird zunehmend wichtig, wenn es zum Beispiel um Zusammenhänge zwischen Erbfaktoren, Hirnstoffwechsel und daraus entstehenden Verhaltenseigenschaften geht.

› *Je mehr man über die Verwandtschaft seiner Fellnase weiß oder diese kennt, umso besser!*

Ein Beispiel, das derzeit bei Hunden bereits gut untersucht ist, sind Zusammenhänge zwischen dem Botenstoff Serotonin und dem Verhalten in aggressions- oder angstauslösenden Situationen, ein anderes der Zusammenhang zwischen einigen Bindungsstellen für Dopamin und dem ADHS-Syndrom. Die Populationsgenetik, deren Aufgabe es ist, die Ausbreitung von erblichen Merkmalen in einer Fortpflanzungsgemeinschaft zu untersuchen und zu berechnen, ist vor allem wichtig, wenn es um Probleme bei der Rassehundezucht, dem Verlust genetischer Variabilität oder Inzucht geht.

Das Erbgut eines Organismus´ wird in chemischer Form in der Desoxyribonukleinsäure, kurz **DNS**, festgehalten. Diese DNS findet sich bei allen höheren Organismen in Form von Chromosomen im Zellkern. Ein **Chromosom** ist nichts anderes als ein langer Faden DNS, aufgewickelt und gewunden um eine Gruppe von Eiweißen. Diese Eiweiße wiederum sind es zum Teil, die uns später beim Thema der Epigenetik genauer beschäftigen werden. Der DNS Faden wird durch eine komplizierte Kombination von insgesamt vier verschiedenen »Buchstaben« (den **DNS-Basen**) gebildet. Ein Abschnitt des Erbguts, der ein Einweißmolekül festlegt, wird als **Gen** bezeichnet. Wie bereits erwähnt, sind Gene immer nur für die Bildung von Eiweißmolekülen zuständig. Diese Eiweißmoleküle können dann beispielsweise als Hormone, Botenstoffe oder Bindungsstellen für Hormone oder Botenstoffe auch den Verhaltensteil betreffen. Vererbt wird jedoch immer die Eiweißstruktur. Kann ein Gen in mehreren Formen auftreten, zum Beispiel die Haarfarbe schwarz oder weiß, so spricht man davon, dass mehrere **Allele** vorliegen. Der Ort auf einem Chromosom, auf dem das betreffende Gen sitzt, wird als Genort oder **Genlocus** bezeichnet. Durch den besonderen Bau der DNS kann sie sich in identischer Weise verdoppeln, es liegen immer zwei Stränge wie die Stränge eines Reißverschlusses einander gegenüber. Dadurch, dass jeder Buchstabe auf einer Seite des Reißverschlusses nur mit einem Buchstaben auf der anderen Seite auf dem Gegenstrang gepaart werden kann, kann auch bei Zellteilungen und anschließender Vermehrung des Erbguts die Information identisch weitergegeben, also kopiert werden.

Hunde pflanzen sich sexuell fort, dies erfordert die Bildung von speziellen Geschlechtszellen, die dann möglichst mit denen eines entgegengesetzt geschlechtlichen Artgenossen kombiniert werden sollen. In der nächsten Generation würden dann Eigenschaften beider Eltern, theoretisch jedenfalls, gleichermaßen vertreten sein.

Bedeutsam bei der sexuellen Fortpflanzung ist, dass es an mehreren Stellen des Vermehrungszyklus´ zu einem Austausch oder einer Kombination väterlicher und mütterlicher Gene kommen kann:

1. Bei der Reduktionsteilung ist es zufällig, ob ein Chromosom von der großväterlichen oder großmütterlichen Linie in das Ei beziehungsweise die Samenzelle gelangt.

2. Wiederum ist es ein Zufall, welche Samen und welche Eizelle schließlich zur Befruchtung kommen.

3. In der Reduktionsteilung legen sich in einer Phase die Chromosome nebeneinander, überkreuzen sich und wachsen wieder zusammen. Auch dieses Crossing Over erlaubt nochmals einen Austausch von Allelen.

Jedoch spielen beinahe zu allen Merkmalen nicht nur die Gene eine Rolle. Wie der fertige Organismus schließlich aussieht (der sogenannte Phänotyp), sich verhält und wie

er sich an die Umwelt anpassen kann, hängt immer auch von Umwelteinflussen mit ab. Ernährung, Klima, Gruppenstrukturen und einige andere Faktoren, werden wir hier immer wieder kennenlernen.

Auch muss nicht jedes Gen mit der gleichen Stärke zur Wirkung kommen. Dies wird durch zwei eigene Begriffe umfasst. Zum einen der Begriff der **Penetranz**, wobei es sich hierbei um den Anteil an Individuen handelt, die bei gleichem genetischen Hintergrund auch den dazugehörigen Phänotyp zeigen. Es kann nämlich durchaus sein, dass trotz gleichem Genbestand in einem Individuum der Phänotyp stark, in einem anderen gar nicht zu erkennen ist. Der Begriff der **Expressivität** dagegen zeigt, wie stark der jeweilige Phänotyp in einem bestimmten Individuum ausgebildet ist (vgl. Eichelberg, 2006). So wird beispielsweise die Kurz- bzw. Langhaarigkeit von Hunden in einem einfachen Erbgang wiedergegeben. Deshalb sollten eigentlich alle Hunde entweder kurz- oder langhaarig sein. Da jedoch die Expressivität dieses Merkmals Haarlänge unterschiedlich ist, können auch Zwischenwerte von mittellangen, nicht ganz kurzen oder nicht ganz langen Haaren auftreten. Beides, Penetranz oder Expressivität, können durch die Einwirkungen der Umwelt, aber auch durch andere Steuerungsgene im Erbgut des Individuums veranlasst werden.

Als **reinerbig** bezüglich eines Merkmals wird ein Individuum bezeichnet, das bezüglich dieses Merkmals zwei gleiche Allele trägt, also auf beiden Chromosomen identisch ist. Man nennt dies auch **homozygot**. **Mischerbig** oder **heterozygot** heißt ein Individuum, wenn es zwei verschiedene Allele eines Gens auf seinen beiden Chromosomen hat. Hybriden sind Mischlinge aus Elterntieren zweier unterschiedlicher Rassen oder Unterarten. Bekannt und immer wieder Anlass zur Sorge gebend, sind Wolfshybriden, also die Nachkommen aus einer Wolf-Haushund-Verpaarung. In den USA und Kanada tauchen immer mehr sogenannte Coy-Dogs (manchmal auch als Dogote bezeichnet), eine Mischung aus Coyote und Haushund, auf. Leider finden sich nur zu häufig »Freunde« (und zahlungskräftige!) Abnehmer, die auf der Suche nach dem exotischen Kick, hier fündig zu werden glauben. Es kann nur dringend gewarnt werden: Das Wildtiererbe, welches so oder so, früher oder später zum Ausdruck kommt, ist nicht kompatibel mit den Anforderungen an einen Haushund, Probleme in mannigfaltiger Hinsicht sind vorprogrammiert. Gerade die im Laufe der Domestikation stark reduzierte Stressanfälligkeit und zwar sowohl des Adrenalin- wie des Cortisolsystems (Gansloßer, 1998) ist offenbar bei diesen Hybriden wieder weggefallen. Das äußert sich oft in auffälliger Unsicherheit, Ängstlichkeit und Trennungsängsten sowie allgemein erhöhter Erregbarkeit. (Gansloßer, 2013)

Manche Gene sind im reinerbigen Zustand gefährlich, man bezeichnet sie als **Letalfaktoren**. Dies betrifft beispielsweise bei Hunden den sogenannten Merlefaktor in der Fellfärbung. Zwei Merlehunde dürfen daher nicht verpaart werden, da die Gefahr von tauben oder anderweitig missgebildeten Welpen statistisch sehr hoch ist. Das stellt einen Verstoß gegen das Tierschutzgesetz dar!

Die Weitergabe der Merkmale im Laufe der Generationen wird, vor allem, wenn es sich um einfache Erbgänge handelt (andere Ausnahmen siehe unten), immer noch durch die bereits 1865 gefundenen Mendelschen Regeln beschrieben. Die wichtigste davon ist die **Uniformitätsregel**, die besagt, dass bei Kreuzung zweier reinerbiger Eltern mit einem einzigen Merkmalsunterschied die Nachkommen der ersten Generation immer identisch aussehen. Sehen sie aus, wie eines der Elterntiere, handelt es sich um einen dominanten Erbgang. Dominante Merkmale sind also in der Genetik solche, die im heterozygoten Zustand das andere Allel unterdrücken. Sehen dagegen die F1, also die ersten Nachkommen, bezüglich des Merkmals irgendwie wie eine Mischung aus beiden Elternteilen aus, spricht man von einem intermediären Erbgang.

Die **Spaltungsregel** besagt, dass bei Weiterkreuzung der Nachkommengenerationen erstmals in der zweiten Generation die Merkmale der Eltern wieder auftreten: Bei einem dominanten Erbgang im Verhältnis drei zu eins, das unterdrückte Allel tritt also zu einem Viertel wieder auf und wird als rezessiv bezeichnet, beim intermediären Erbgang im Verhältnis von eins zu zwei zu eins. Betrachten wir der Einfachheit halber Beispiele, die wir aus dem Biologieunterricht kennen. Wir kreuzen rote und weiße Blüten. Ist rot dominant, sind in der Regel die Blüten der ersten Generationen alle rot, in der zweiten 75 % rot, 25 % weiß. Ist es ein intermediärer Erbgang sind in der ersten Generation alle rosa, in der zweiten 25 % rot, 25 % weiß und 50 % rosa.

Die dritte Mendelsche Regel, die **Unabhängigkeitsregel**, kümmert sich um Fälle, in denen sich die Eltern in mehr als einem Merkmal unterscheiden. Im Normalfall folgen dann die Merkmale unabhängig voneinander den ersten beiden Regeln. Es gibt auch Fälle von Genkopplung, wenn beispielsweise die beiden Genorte einander sehr nahe auf dem gleichen Chromosom sitzen. Bezüglich der Phänotypen der zweiten Nachkommengeneration heißt das dann, dass Individuen auftreten, die die Merkmale der Eltern vertauscht haben. Das bekannteste Beispiel dafür ist die Vererbung der Fellmerkmale der Meerschweinchen. Meerschweinchen können schwarz (dominant) oder weiß (rezessiv), kurzhaarig (dominant) oder langhaarig (rezessiv) sein. Kreuzen wir ein schwarzkurzhaariges mit einem weißen Wuscheltier und erhalten 16 Nachkommen, so halten wir in der ersten Nachkommengeneration alles schwarzkurzhaarige Tiere. Die zweite Generation aber bringt nach der Spaltungsregel neun schwarzkurzhaarige, drei schwarzlanghaarige, drei weißkurzhaarige und einen weißen Wuschel. Es sind also neue Merkmalskombinationen entstanden. Wichtig ist, dass es sich bei allen Regeln stets um statistische Aussagen handelt, es müssen nicht genau diese Zahlenverhältnisse rauskommen. Nur die Uniformitätsregel ist ein absolutes Muss.

Um die Sache noch schwieriger zu machen, gibt es aber neben der erwähnten Genkopplung noch ein paar weitere Möglichkeiten gegenseitiger Beeinflussung:
Als multiple Allelie wird bezeichnet, wenn es mehr als zwei Allele gibt, die sich einander gegenüber rezessiv oder auch intermediär verhalten. Bestes Beispiel dafür sind die Blutgruppen: A und B sind kodominant, daher ist das Kind Blutgruppe AB, wenn ein Elternteil A, der andere B hat. Null ist rezessiv.

Als **Pleiotropie** bezeichnet man, wenn ein Gen mehrere Merkmale des Phänotyps beeinflusst. Wir werden dies im Zusammenhang zwischen Farbgenetik und Verhalten noch kennenlernen. **Epistase** bezeichnet das Phänomen, dass ein Gen die Ausprägung eines anderen beeinflusst. Mäuse mit dem rezessiv homozygoten Zustand »pigmentlos«, sind immer ungefärbt. Haben sie wenigstens ein dominantes Allel, kriegen sie Pigment. Ob aber ein schwarzes oder braunes Fell ausgebildet wird, bestimmt ein anderes Gen, dadurch kommt es eben auch wiederum zu Kombinationen von schwarzen, braunen und weißen Tieren.

› *Farbvererbung ist kein einfacher Zweig der Genetik.*

**Polygene Vererbung** tritt auf, wenn mehr als ein Gen für das gleiche Merkmal verantwortlich ist. Dies betrifft bei Hunden beispielsweise die Fellfärbung einiger Rassen oder auch die Ausprägung der Hüfte, beziehungsweise deren Gelenkgrube. Für polygene Vererbung spricht immer, wenn es abgestufte Unterschiede in den Phänotypen gibt, also beispielsweise Schattierungen oder unterschiedlich tief ausgebildete Hüftgelenksgruben (Gelenkspfannen). Oftmals finden wir bei polygenen Erbgängen eine Schwellenwirkung: Nur wenn eine bestimmte Mindestzahl der dafür zuständigen Gene in veränderter Form vorliegt, ist ein veränderter Phänotyp erkennbar.

Letztlich muss als weitere Quelle von Veränderungen zwischen Generationen noch die **Mutation** erwähnt werden. Mutationen sind Veränderungen, die plötzlich auftreten und völlig neue Merkmale entstehen lassen können. Meist sind sie zwar unauffällig, manchmal aber so schwerwiegend, dass das betroffene Tier schon als Embryo abstirbt.

Die Populationsgenetik dagegen beschäftigt sich mit Vorgängen, bei denen in einer gesamten Zuchtgemeinschaft mehr als ein Allel für ein Merkmal vorliegt. Man spricht dann von genetischer Variabilität. Die meisten Rassehundepopulationen sind relativ klein, die freie Partnerwahl ist eingeschränkt und sie leben auch zum Teil unter unnatürlichen Bedingungen. Deshalb muss hier mit einer Reihe von Problemen gerechnet werden.

Als **Gründereffekt** wird bezeichnet, wenn die Häufigkeiten der Allele in einer Zuchtpopulation durch Zufall von der der Stammpopulation verschieden sind. Wenn man aus einer Population von 100 Hunden zufällig zehn auswählt, mit denen man dann züchtet, muss die Verteilung der Merkmale ja nicht der in der Gesamtpopulation entsprechen. Vielleicht sind zufällig alle zehn nur mit dem rezessiven Gen ausgestattet oder einige davon tragen vielleicht sogar Letalfaktoren. Schon wenige nicht verwandte Gründer haben zwar eine hohe Heterozygosität, jeder Gründer sollte jedoch gleichviel zur nächsten Generation beitragen, dass heißt gleich viele Nachkommen hervorbringen.

Bedingt dadurch, dass jeder Nachkomme nur 50 % des Erbmerkmals von jedem Elternteil bekommt, sind bei zwei Nachkommen eines Elternpaars durchschnittlich 75 % der Elternallele in der nächsten Generation vorhanden. Dies kommt statistisch gesehen daher, dass das zweite Kind ja nicht die gleichen 50 % des jeweils elterlichen Erbgutes haben muss. Es könnten genauso gut die gleichen 50 % wie beim ersten, aber auch genauso die anderen 50 % sein. Bildet man daraus den Mittelwert, so kommen beim zweiten Kind in Durchschnitt 25 % der beim ersten verlorenen Eigenschaften dazu. Betreibt man dieses Spiel zehn Generationen lang, bleiben nur 6 % der Gründervariabilität übrig. Bei 100 Gründertieren sind nach zehn Generationen noch 95 % übrig. Die Wahrscheinlichkeit, dass schon die mehreren Gründertiere auch eine breitere genetische Ausstattung haben, ist höher. Und je mehr Gründertiere, umso mehr Nachkommen, die wiederum einen Teil der elterlichen

Eigenschaften bewahren. Die genauen Zahlen kommen aus den dafür entwickelten statistischen Berechnungsverfahren. In wachsenden Populationen ist der Verlust geringer – je schneller sie wachsen, desto geringer der Verlust. Wenn Eltern statt zwei drei Nachkommen haben, werden schon durchschnittlich 87,5 statt 75 % ihrer Allele weitergegeben.

Auch die **Generationszeit** hat einen Einfluss. In 200 Jahren züchten wir zwar zehn Elefantengenerationen, aber 200 Generationen von kleinen Singvögeln. Daher ist der Verlust der Variabilität bei diesen Singvögeln viel größer. 50 Elefanten als Gründer behalten 90 %, 1000 Singvögel auch. Lassen wir aber die Singvögel erst im zweiten oder gar dritten Lebensjahr züchten, reichen bereits 500 oder noch weniger. Wir haben die Generationszeit verdoppelt oder verdreifacht. Das bedeutet, dass gerade dann, wenn ohnehin eine vergleichsweise geringe genetische Variabilität vorliegt, die Verlängerung der Generationszeit ein wichtiger Faktor bei der Verhinderung des Verlustes genetischer Variabilität ist. Je später die Hunde zur Zucht kommen, desto langsamer läuft die Uhr beim Verlust der genetischen Variabilität durch Gendrift, weil die Generationenzeit länger wird.

Ein weiterer Faktor ist die Frage, wie viel Beiträge ein Tier zur nächsten Generation leistet. Wenn nicht alle Tiere jeder Generation gleich viele Nachkommen haben, wenn also beispielsweise ranghohe Tiere mehr Nachwuchs bekommen als rangtiefe, oder alle nur den World Champion als Deckrüden haben wollen, oder wenn in einer Generation ein Flaschenhals besteht, weil plötzlich mal weniger Tiere da sind, dann verliert die Population viel schneller an genetischer Variabilität. Ein Beispiel zeigt das: Wenn in einer Population von 100 Hunden mit 40 Rüden und 60 Hündinnen nur 12 Rüden als Deckrüden fungieren, 28 Junggesellen dagegen keine Welpen zeugen, ist die effektive Populationsgröße bereits wesentlich geringer. Sie beträgt nämlich nur noch 40 statt 100. Wenn in einer von zehn Generationen nicht 100 sondern nur 25 Tiere zur Fortpflanzung kommen, ist am Ende der zehn Generationen die effektive Populationsgröße 77 statt 100. Die Zahlen basieren auf einer Formel, nach welcher die Auswirkungen des »popular sire effects« auf die genetische Variabilität berechnet werden!

**Inzucht**, dass heißt die Kreuzung von Tieren, die miteinander mehr verwandt sind als der Durchschnitt der Population, führt zu größerer Homozygosität, also genetischer Einfältigkeit durch Abstammung. Der Inzuchtkoeffizient ist dabei die Wahrscheinlichkeit, dass ein Nachkomme durch Abstammung, also durch Verwandtschaft, für ein Gen homozygot wird. Durch Inzucht wird die genetische Variabilität geringer, potentiell gefährliche rezessive Allele werden häufiger homozygot und rezessive Allele werden generell häufiger reinerbig, treten also im Phänotyp auf. Inzucht kann, im Gegensatz zum Verlust der Variabilität durch Gendrift und Gründereffekte, durch Einkreuzen nicht verwandter Tiere revidiert werden. Selbst ein einziges eingebrachtes, nicht verwandtes Individuum pro Generation reicht hier aus.

Diese genetischen Grundtatsachen gelten auch für die Beurteilung der Hundezucht. Wer sich also mit Phänomenen wie Epistase, Pleiotropie oder Polygenie beschäftigt, wird sehr schnell erkennen, warum ein Hund nur selten in seinen Eigenschaften vollständig vorhersagbar ist. Wenn wir dann noch berücksichtigen, dass gerade bei Verhaltensmerkmalen Penetranz und Expressivität oftmals sehr unterschiedlich sind, verstehen wir, weshalb es oft zum Ratespiel wird, was denn nun in der Wundertüte Hundewelpe so drin steckt.

Für eine Reihe von genetisch weitergegebenen Merkmalen, vor allem auch für eine Reihe von Erbkrankheiten beim Hund, sind bereits sogenannte Markergene entwickelt worden. Man kann also genetisch testen, ob ein Hund auch mischerbiger Überträger einer rezessiven Erbkrankheit ist oder nicht. Die folgende Tabelle zeigt hierfür einige Beispiele. *(Zusammenstellung: TÄin Lisa Heinemann)*

***Beispiele für Erberkrankungen beim Hund, die genetisch dargestellt werden können:***

| Erkrankung | Rasse | Klinik | Erbgang |
|---|---|---|---|
| Alaskan Malamute Polyneuropathie | Alaskan Malamute | Nervendegeneration, Muskelabbau, Ataxie | autosomal-rezessiv |
| Arrhythmogene rechtsventrikuläre Kardiomyopathie | Boxer | Herzrythmusstörung bis Herztod | autosomal -dominant |
| Brachyurie | Verschiedene, u. a. Australian Shepherd, Jack Russell Terrier, österreichischer Pinscher | Stummelrute | autosomal -dominant |
| Canine Leukozyten-Adhäsionsdefizienz (CLAD) | Irish Setter, Irish White- und Irish Red Setter | Immunschwäche | autosomal-rezessiv |
| **Collie Eye Anomalie (CEA)** | Verschiedene, u. a. Australian Shepherd, Bearded Collie, Border Collie, Langhaar- und Kurzhaar Collie | Veränderung Netzhaut | autosomal-rezessiv |
| Congenitale Hypothyreose | Spanischer Wasserhund | Schilddrüsenunterfunktion | autosomal-rezessiv |
| Cystinurie | Australian Cattle Dog, Labrador Retriever, Landseer und Neufundländer | Stoffwechselerkrankung mit Harnsteinbildung | autosomal-rezessiv autosomal dominant (Austr. Cattle Dog) |
| **Degenerative Myelopathie (DM)** | Alle Rassen | Ataxie und Parese durch Degeneration Rückenmark | autosomal-rezessiv |
| Dry Eye Curly Coat Syndrom (CCS) | Kavalier King Charles Spaniel | Haarmangel, raues Fell, Horn-/ Bindehautentz. | autosomal-rezessiv |
| Episodic Falling | Kavalier King Charles Spaniel | Haarmangel, raues Fell, Horn-/ Bindehautentz. | autosomal-rezessiv |
| Erbliche nekrotisierende Myelopathie (ENM) | Niederländischer Kooikerhondje | Generalisierte Muskelschwäche | autosomal-rezessiv |
| Exercise Induced Collapse (EIC) | Boykin Spaniel, Chesapeake Bay Retriever, Curly Coated Retriever, Deutsch Drahthaar, Labrador Retriever und Pembroke Welsh Corgi | Muskelschwäche und Kollaps nach Anstrengung | autosomal-rezessiv |

| Erkrankung | Rasse | Klinik | Erbgang |
|---|---|---|---|
| **Faktor VII - Defizienz** | Alaskan Klee Kai, Airedale Terrier, Beagle, Riesenschnauzer and Scottish Deerhound | Blutungsneigung | autosomal-rezessiv |
| Familiäre Nephropathie (FN) | English Cocker Spaniel, English Springer Spaniel, Samojede | Chron. Nierenfunktionsstörung bis -versagen | autosomal-rezessiv, X-chromosomal-rezessiv beim Samojede |
| Fucosidose | Englisch Springer Spaniel | Bewegungsstörung, neurolog. Ausfälle | autosomal-rezessiv |
| Glasknochenkrankheit (Osteogenesis imperfecta) | Kurzhaar- und Rauhaardackel | Zerbrechliche Knochen | autosomal-rezessiv |
| Globoid Zellen Leukodystrophie (Krabbe Krankheit) | Cairn Terrier und West Highland White Terrier | Lipidspeicher-krankheit, Degeneration ZNS | autosomal-rezessiv |
| Glycogenspeicherkrankheit Typ II (Pompe Disease) (GSDII) | Finnischer Lapphund, Schwedischer Lapphund, Lappländischer Rentierhund | Konditionsverlust, Muskelschwäche, Herzschwäche | autosomal rezessiv |
| Glycogenspeicherkrankheit Typ IIIa (GSDIIIa) | Curly Coated Retriever | Organfehlfkt., Hypoglykämie | autosomal-rezessiv |
| GM1-Gangliosidose | beim Husky und Portugiesischer Wasserhund | neurolog. Ausfallerscheinungen | autosomal-rezessiv |
| Grey Collie Syndrome (Canine zyklische Neutropenie) | Collie | Störung Blutzellbildung, Blutungneigung | autosomal-rezessiv |
| Hämophilie A (Faktor VIII) | Havaneser | Blutgerinnungsstörung | X-chromosomal-rezessiv |
| Hämophilie B (Faktor XI) | Rhodesian Ridgeback | Blutgerinnungsstörung | X-chromosomal-rezessiv |
| Hereditäre Neuropathie (GHN) | Greyhound | Nervendegeneration | autosomal-rezessiv |
| **Hüftgelenksdyplasie** | Verschiedene, überwiegend große Rassen | Fehlentwicklung Hüftgelenk | polygenetisch |
| **Hyperurikosurie und Hyperurikämie (SLC)** | Alle Rassen | Veränderung im Purinstoffwechsel, Blasensteine | autosomal-rezessiv |
| Imerslund-Gräsbeck-Syndrom (IGS) | Beagle, Border Collie | Cobalaminmangel, neurolog. Ausfälle | autosomal-rezessiv |
| Junctional Epidermolysis bullosa (JEB) | Deutsch Kurzhaar | Hautdefekte | autosomal-rezessiv |
| Juvenile Epilepsie | Lagotto Romagnolo | Epilepsie | autosomal-rezessiv |
| Juvenile Dilatative Kardiomyopathie (JDCM) | Portugiesischer Wasserhund | Schädigung Herzmuskel | autosomal-rezessiv |

| Erkrankung | Rasse | Klinik | Erbgang |
|---|---|---|---|
| **Kupferspeicherkrankheit** | Bedlington Terrier | Hepatitis, Leberzirrhose | autosomal-rezessiv |
| L-2-Hydroxyglutaracidurie (L-2-HGA) | Staffordshire Bull Terrier | Neurolog. Störungen, Anfälle, Ataxie | autosomal-rezessiv |
| Late onset Ataxie (LOA) | Parson Russell Terrier | Störung Bewegung, Koordination | autosomal-rezessiv |
| **Maligne Hyperthermie (MH)** | Alle Rassen | Krämpfe, Herzrhythmusstörung, Nierenfunktionsstörung | autosomal-dominant |
| **MDR1-Gendefekt (Ivermectin-Überempfindlichkeit)** | Australian Shepherd, Bobtail, Border Collie, Deutscher Schäferhund, Elo, Kurz- und Langhaar-Collie, Langhaar Whippet, McNab, Shetland Sheepdog, Silken Windhound, Wäller, Weißer Schweizer Schäferhund | Neurotoxische Effekte von etlichen Medikamenten, Störungen im Cortisolregelkreis | autosomal-rezessiv |
| Mucopolysaccharidose Typ VII (MPS) | Brasilianischer Terrier, DSH | Skelettdeformation | autosomal-rezessiv |
| **Muskeldystrophie (MD, GRMD)** | Cavalier King Charles Spaniel, Golden Retriever | Muskelatrophie mit Krämpfen | X-chromosomal-rezessiv |
| Musladin-Lueke Syndrom (MLS) | Beagle | Fibrose Haut und Gelenke | autosomal-rezessiv |
| Myostatin-Mutation (»Bull«-Gen) | Whippet | Homozygote: ungewöhnlicher Körperbau, extrem muskulär | autosomal-rezessiv |
| Myotonia congenita | Zwergschnauzer | Steifer Gang, Speicheln, abnorme Bezahnung | autosomal-rezessiv |
| Nachtblindheit (CSNB) | Briard | Nachtblindheit | autosomal-rezessiv |
| Narkolepsie | Dobermann, Labrador | Tagesschläfrigkeit | autosomal-rezessiv |
| Nekrotisierende Meningoenzephalitis (NME) | Mops | Entz. ZNS, Zusammenbruch, überschießende Immunreaktion | autosomal-rezessiv |
| Neonatale Cortikale Cerebelläre Abitrophie (NCCD) | Beagle | Störung Motorik und Gleichgewicht | autosomal-rezessiv |
| Neonatale Enzephalopathie (NEWS) | Großpudel | Fehlbildg. Kleinhirn, Ataxie, Tremor | autosomal-rezessiv |
| **Neuronale Ceroid Lipofuszinose (NCL)** | American Staffordshire Terrier, American Bulldog, Australian Shepherd, Border Collie, Dackel, English Setter und Tibet Terrier | körperliche Unruhe, Aggressivität | autosomal-rezessiv |
| Phosphofruktokinase-Defizienz (PFKD) | Amerikanischer Cocker Spaniel, Deutscher Wachtelhund, Englischer Springer Spaniel, Whippet | Blutarmut, Gelbsucht | autosomal-rezessiv |

| Erkrankung | Rasse | Klinik | Erbgang |
|---|---|---|---|
| Polyzystische Nierenerkrankung (PKD) | Bull Terrier | Zysten in Leber, Bauchspeicheldrüse und Niere | autosomal-dominant |
| Primäre Ciliäre Dyskinese (PCD) | Bobtail | Lungeninfekte, verminderte Fruchtbarkeit Rüden | autosomal-rezessiv |
| Primäre Linsenluxation (PLL) | Verschiedene, u. a. American Eskimo Dog, American Hairless Terrier, Australian Cattle Dog, Jack Russell Terrier, Jagd Terrier | Linsenluxation | autosomal-rezessiv |
| Primäres Weitwinkel-Glaukom (POAG) | Beagle | Bindegewebsstörung Auge, Glaukom | autosomal-rezessiv |
| **Progressive Retinaatrophie (PRA)** | Mehrere Formen der Erkrankung, die jeweils versch. Rassen betreffen | Photorezeptorstörung, Nachtblindheit bis Blindheit | autosomal-rezessiv autosomal-dominant |
| Protein losing Nephropathie (PLN) | Soft-Coated Wheaten Terrier | Protein im Urin, evtl. Nierenversagen | Homozygote Tiere: sehr hohes Risiko |
| Pyruvat Dehydrogenase Phosphatase 1 Defizienz (PDP1) | Clumber- und Sussex Spaniel | Ermüdung und Zusammenbruch nach kleinster Anstrengung | autosomal-rezessiv |
| Pyruvatkinase-Defizienz (PK) | Basenji, Beagle, Cairn Terrier, Labrador, Mops, West Highland White Terrier | Chron. Blutarmut | autosomal rezessiv |
| Retinale Dysplasie (mit okulo-skeletaler Dysplasie) | Labrador, Samojede | Falten in Netzhaut, bei Labrador evtl. mit Erblindung | autosomal-dominant |
| Spinocerebelläre Ataxie (SCA) | Jack Russel Terrier, Parson Russel Terrier | Schlimmer werdende Störung Bewegungsapparat | autosomal-rezessiv |
| Startle Disease | Irischer Wolfshund | neurolog. Symptome, nicht stehfähig | autosomal-rezessiv |
| **Von Wilebrand Erkrankung (Typ I – III)** | Versch. Rassen betroffen, Bsp.: vWD1: Berner Sennenhund, Coton de Tulear, Deutscher Pinscher vWD2: Dt. Kurzhaar, Dt. Drahthaar vWD3: Scottish Terrier | Blutgerinnungsstörung | autosomal-intermediär, autosomal-rezessiv |
| X-chromosomale schwere kombinierte Immundefizienz (X-SCID) | Basset, Welsh Corgi | Entwicklungsstörung, Defekt der zellulären und humoralen Immunität | X-chromosomal-rezessiv |
| Zwergenwuchs (Skeletale Dysplasie 2 (SD 2)) | Labrador Retriever | frühzeitiger Stillstand Knochwachstum | autosomal-rezessiv |
| Zwergenwuchs (Osteogenesis imperfecta) | Deutscher Schäferhund, Saarlooswolfshund, Tschechoslowakischer Wolfshund | DSH perfekt proportioniert aber miniaturisiert | autosomal-rezessiv |

Im Hinblick auf die Zusammenhänge zwischen Erbanteil und Verhalten kommt es besonders oft vor, dass eine erbliche Eigenschaft nicht schicksalhaft, sowie eine körperliche Erbkrankheit in jedem Falle ausbrechen wird. Vielfach handelt es sich um genetische Risikofaktoren, genetische Dispositionen. In diesem Zusammenhang sind die bereits oben erwähnten beiden Botenstoffe Serotonin und Dopamin wieder ein gutes Beispiel. Untersuchungen der Budapester Arbeitsgruppe rund um Professor Miklosi (Vas et al., 2011, Hejjas et al., 2012) haben gezeigt, dass bei deutschen und bei belgischen Schäferhunden bestimmte Bindungsstellen des Dopaminstoffwechsels und die dafür notwendigen Zwischenstufen unterschiedlich ausgebildet sind. Schäferhunde, die einen bestimmten Dopaminrezeptor (D2) besitzen, sind anfälliger für eine ADHS-Störung. Jedoch gilt dies nicht für alle Zuchtlinien gleichermaßen. Schäferhunde aus der sogenannten Arbeitslinie, die diesen veränderten D2 Rezeptor in sich tragen und als Diensthunde geführt werden, sind unauffällig gewesen. Wurden sie als Familienhunde unter einem nicht so strengen Erziehungsregime geführt, zeigte sich bei ihnen eine stärkere ADHS-Symptomatik. Bei Schäferhunden aus der Showlinie dagegen waren keine Unterschiede zu finden, unabhängig davon, ob sie im Dienst oder im Familienhundestand waren. Dort war jeder, der diesen veränderten Rezeptor in sich trug, auch mit einem höherem ADHS-Symptomrisiko behaftet.

Hier von der Tierärztin Lisa Heinemann zusammengestellte Beispiele zu Erkrankungen, die Verhaltensänderungen mit sich bringen. Im oberen (orangenen) Teil der Tabelle, sind Erkrankungen aufgeführt, bei denen Verhaltensänderungen vorprogrammiert sind, es handelt sich um echte Erbkrankheiten. Im zweiten (blauen) Teil sind Krankheiten aufgeführt, die prädisponierend für Verhaltensauffälligkeiten sind, da sie eine genetische Komponente haben.

| Verhaltensänderung | Genetischer Hintergrund | Symptome und Pathologie | Rasse | Erbgang |
|---|---|---|---|---|
| Unwiderstehlicher Schlafdrang zu völlig falschen Zeiten | **Narkolepsie** | Neurologische Erkrankung, Schlaflähmung | Dobermann, Labrador Retriever | autosomal-rezessiv |
| Orientierungslosigkeit, dauerhaft im Kreis laufen | **Erbliche Nekrotisierende Meningoencephalitis** | Autoimmunerkrankung mit Entzündung des ZNS, Zittern bis hin zu Zusammenbrüchen | Mops | autosomal-rezessiv |
| Hyperaktivität, Aggressivität, epileptische Zustände | **Neuronale Zeroid-Lipofuszinose** | Neurodegenerative Erkrankung, Unfähigkeit alltägliche Muskelbewegungen zu koordinieren | Border Collie, American Bulldog, English Setter, Dackel, Australian Shepherd, Tibet Terrier | autosomal-rezessiv |
| Epileptische Anfälle, keine Ansprechbarkeit mehr, unkoordiniertes Zuschnappen, etc. | Alle erblichen Krankheiten, die eine Epilepsie ausbilden können, z.B. angeborener Lebershunt, Erkrankungen des ZNS | Spontan auftretende Krampfanfälle, anfallsartige Entladung von Neuronengruppen, die stereotype Verhaltensweisen hervorrufen | Alle Rassen | |

| Verhaltensänderung | Genetischer Hintergrund | Symptome und Pathologie | Rasse | Erbgang |
|---|---|---|---|---|
| Unkoordinierte Bewegungen, Ataxien, teils auch gestörte Wahrnehmung | Erbliche Erkrankungen die eine Degeneration von Nerven verursachen z. B. **degenerative Myelopathie** | Sich verschlechternde Bewegungsstörungen auf Grund der Zerstörung des Rückenmarks | Alle Rassen | autosomal-rezessiv (degen. Myelopathie) |
| Unsicherheit und Orientierungslosigkeit, v.a. in fremder Umgebung | Erbkrankheiten, die eine Sehstörung bis hin zur Erblindung hervorrufen. Die Symptome sind durch das fehlende Sehvermögen hervorgerufen, nicht durch die Erbkrankheit an sich. Bsp. hierfür: **Collie Eye Anomalie, Progressive Retinaatrophie** | Je nach Erkrankung, siehe Tabelle der Erbkrankheiten | Siehe Tabelle der Erbkrankheiten | Siehe Tabelle der Erbkrankheiten |
| ARB's = abnormal-repetitive Verhaltensweise, Stereotypien, z.B. lokomorische, vokale, aggressive, halluzinatorische, orale | **Obsessive Compulsive Disorder (OCD)** | Noch nicht genau geklärte Veränderung der Gehirnchemie durch verschiedene Neurotransmitter | Dobermann, Bullterrier Doberman, Labrador Retriever | |
| Ständiges »unter Strom stehen«, Hyperaktivität, Unruhe | **Aufmerksamkeitsdefizit-/ Hyperaktivitätssyndrom (ADHS)** | Dopamin-Signalstörung | Dt. Schäferhund, Belgischer Schäferhund | Noch nicht eindeutig geklärt, polygen |
| Aggression, Hyperaktivität, Angst, Lernschwierigkeiten | **Serotoninmangel** | Oft durch Futter verursachte Imbalance von Kohlenhydraten und bestimmten Proteinen (= Serotoninvorstufen) | Alle Rassen | |
| Anfallsartige Unkoordination, eventuell erhöhte Aggressivität | **Epilepsie** | Ungleichgewicht von Erregung und Hemmung in neuronalen Netzen | Alle Rassen | Autosomal-rezessiv bei den meisten Rassen |
| Stereotypien wie Schwanzjagen, Schielen, Orientierungslosigkeit, Gangveränderung | **Hydrocephalus** | Erweiterung der Liquorräume des Gehirns | Alle Rassen | Ungeklärt (autosomal-rezessiv bei Siamkatze nachgewiesen) |
| Polyphagie, Polydipsie, Polyurie | **Diabetes mellitus** | Glucosemangel im Hypothalamus, Glucoseausscheidung über Harn, vermehrte Wasserausscheidung | Alle Rassen | ungeklärt |
| Grundlose, anfallartige Aggression | **Cocker-/ Retrieverwut** | Epileptische Erkrankung in emotionsbezogenen Teilen des Gehirns | Retriever, Englisch Cocker Spaniels, Englisch Springer Spaniels, Rottweiler, Englisch Bull Terrier etc. | geschlechtsgekoppelt rezessiv (?) |
| Unkoordination, verminderte Lebensfreude | **Merle-Faktor** | Taubheit, Augenveränderungen, Zurückbleiben in Entwicklung, durch Genmutation | z. B. Dt. Dogge, Collies, Shelties, Australian Sheperd, Border-Collie | intermediär |

Auch in Bezug auf einige Serotoninrezeptoren gibt es ähnliche Dispositionen. So haben Untersuchungen von Ito et al., 2004, Jacobs et al., 2007, gezeigt, dass Hunde mit einem bestimmten Serotoninrezeptortyp eine stärkere Anfälligkeit für Aggressionsprobleme haben. Gerade die Affektkontrolle (Impulskontrolle), das, was früher als Dominanzaggression bezeichnet wurde, funktioniert bei diesen Hunden offensichtlich nicht so gut. Ein anderer Serotoninrezeptor in anderen Teilen des Gehirns, ist nach Untersuchungen von Vermeire et al., 2004, verantwortlich für eine hochgradige Angststörung beim Hund. Von besonderer Bedeutung ist hier, dass die genannten Rezeptortypen auch in der Humanpsychiatrie bekannt sind. Bei dem Rezeptor in Verbindung mit Angststörung handelt es sich sogar um genau die gleiche Symptomatik, auch Menschen mit diesem Rezeptortyp neigen zu generalisierten Angststörungen. Der bei Hunden mit Aggressionsbereitschaft verknüpfte Rezeptor ist in der Humanpsychiatrie bekannt in Verbindung mit Schizophrenie, endogener Depression und Selbstmordneigung. Der bei den Hunden mit ADHS-Störung verknüpfte Dopaminrezeptor ist in der Humanpsychiatrie bekannt in Verbindung mit sogenanntem Risikosuchverhalten, also mit einem krankhaft übersteigertem Suchen nach dem ultimativen Kick, der einen auch immer wieder in Gefahr bringt. Hierin ist auch ein Risiko für die Entstehung von Suchtverhalten impliziert! Denken wir in diesem Zusammenhang durchaus an bestimmte Hundetypen und Verhaltensweisen, wie wir sie z. B. von Balljunkies u. ä. kennen.

Nach diesem kurzen Ausflug in die Genetik, sollen nun im Folgenden wieder mehr hundetypische Aspekte behandelt werden.

## RASSEHUND ODER MISCHLING – IST DAS DIE FRAGE?

Die Diskussion darüber, ob Rassehunde oder Mischlinge die »besseren«, gesünderen, treueren oder sonst bevorzugenswerten Hunde wären, tobt ebenfalls seit vielen Jahren. Auf der einen Seite finden sich, vorwiegend im Tierschutz, Leute, die pauschal behaupten, Mischlinge seien einfach gesünder. Zudem wird häufig argumentiert, dass es ohnehin zu viele Hunde auf der Welt gäbe, man müsse nicht noch gezielt weitere Welpen dazu in die Welt setzen lassen. Die Argumente dieser Menschen erinnern oftmals an den auch in der menschlichen Kulturgeschichte ab und zu aufkommenden Kulturpessimismus, und man hat regelrecht den Eindruck, Mischlinge würden hier als die edlen Wilden dargestellt, die dem zivilisatorisch verkommenen Rassehund gegenüberstünden. Auf der anderen Seite finden sich Rassehundezüchter, die sich beispielsweise bei Ausstellungen, Turnieren etc. nicht nur sehr abfällig über ebenfalls dort antretende Mischlinge äußern, sondern bisweilen sogar versuchen, diese von der Teilnahme auszuschließen. Nun ist pauschal weder das Eine noch das Andere zu unterstützen.

Bevor wir uns dieser Frage genauer widmen, können wir bereits auf einige im vorangegangenen Kapitel erläuterte Faktoren zurückkommen. Allein durch die Spaltungsregel und durch die Effekte der Polygenie und Pleiotropie wird erkennbar, dass beispielsweise von der Kreuzung zweier Rassen in den nachfolgenden Generationen kaum mehr vorhersagbare Kombinationen und Ausprägungsstärken übrig bleiben werden. Kreuzt man zwei Rassen mit definierten Eigenschaften, so wird allein durch die Spaltungsregel bereits nach wenigen Generationen ein buntes Mischmasch auftreten, dass weder im Aussehen noch in den Verhaltenseigenschaften unbedingt der einen oder der anderen Ausgangsrasse entspricht. Bei Verhaltenseigenschaften kommt noch dazu, wie wir gesehen haben, dass gerade diese ganz oft polygen vererbt werden, und wenn dann die Spaltungsregel einsetzt, bleibt überhaupt keine Vorhersagbarkeit mehr übrig. Das kann da unter Umständen sogar recht brisant bis teils gefährlich werden, wo Hundetypen mit entgegengesetzten Verhaltensmustern verpaart werden und sich Verhaltenstendenzen und »Talente« entwickeln, die kaum oder nur unter großen Anstrengungen kontrollierbar sind.

Auch in Bezug auf die angebliche Gesundheit der Mischlingshunde gelten ähnliche Gesetzmäßigkeiten. Kreuzt man beispielsweise zwei Rassen, die jeweils eine rassetypische Erbkrankheit aufweisen, so kommen eben nach den bereits besprochenen Mendelschen Gesetzen sowohl gesunde, halbkranke als auch schwerkranke Welpen dabei heraus. Manche werden die typische Krankheit der einen Elternrasse, andere die typische Krankheit der anderen Elternrasse, leider viele aber auch beide Krankheiten aufweisen. Einige wiederum sind auch völlig gesund. Dies gilt aber genauso, wenn man entsprechend zwei Angehörige der gleichen Rasse kreuzt, auch dann können zumindest bei einem intermediären oder rezessiven Erbgang gesunde Nachkommen entstehen. Letztlich sind Nachkommen immer so gesund (oder krank), wie es die Eltern und weitere Vorfahren ermöglichen. Und das ist völlig unabhängig von Rasse oder Stammbaum.

Ein weiterer genetischer Effekt jedoch kommt noch bei Kreuzungen von Rassen oder anderen Inzuchtlinien dazu: der sogenannte Heterosiseffekt, auch als Mischlings- oder Hybrideffekt bezeichnet. Einfach gesagt bedeutet dies, dass bei Kreuzung von zwei Rassen oder Zuchtlinien mit durch Inzucht eng definierten Eigenschaften unter Umständen eine wesentliche Verstärkung der rassetypischen Eigenschaften auftreten kann. Kreuzt man also beispielsweise zwei Kleinhunderassen, kann ein Hund entstehen, der eine wesentlich größere Widerristhöhe aufweist als der Standard der beiden Ausgangsrassen. Kreuzt man zwei sehr nervöse und/oder aktive Rassen miteinander, so können dabei auch Nachkommen entstehen, die noch nervöser, noch aktiver und damit noch schwerer zu beschäftigen sind als die Ausgangsrassen. Gerade bei den bisweilen sehr beliebten Kombinationen, etwa Beagle mit Mops oder Jack Russel Terrier mit Border Collie, beobachtet man dieses Phänomen dann auch recht oft im Alltag.

› *Über Gesundheit entscheidet nicht der Stammbaum, sondern die Gesundheit der Vorfahren.*

Der Heterosiseffekt ist also dafür verantwortlich, dass bisweilen gerade die rassetypischen Eigenschaften noch übersteigert werden.

Ein weiteres Phänomen, das zwar von seinem genetischen Mechanismus her noch nicht vollständig erklärt ist, aber in der Züchtungsgenetik sehr häufig beschrieben wird, kann uns nochmals bei Mischlingen Probleme bereiten: Die sogenannte Auszuchtdepression. Kreuzt man Angehörige von zwei Inzuchtlinien oder eben auch zwei definierten, gar ingezüchteten Rassen miteinander, so entsteht häufig der Effekt, dass in den ersten Mischlingsgenerationen die Zahl der Jungtiere deutlich zurückgeht, wahrscheinlich durch eine erhöhte Welpen- oder Jungtiersterblichkeit. Solange wir nicht wissen, auf welchen genetischen Mechanismen genau das beruht, müssen wir auch beim Erwerb von Mischlingswelpen immer damit rechnen, dass dieser Effekt möglicherweise auftritt. Es kann also sehr wohl sein, dass plötzlich Mischlingswelpen eine erhöhte Krankheitsanfälligkeit aufweisen, die eben im Zusammenhang mit der Auszuchtdepression stehen könnte. Da wir noch nicht wissen, welche genauen Mechanismen dabei wirken, kann eine genauere Einschätzung derzeit nicht gegeben werden. Aber dieser Effekt ist zu beachten, wenn man beispielsweise bei sogenannten Designerrassen die Kreuzung von verschiedenen Ausgangstieren mit dem Ziel des Entstehens von besonders gesunden und lebenstüchtigen Nachkommen anstrebt.

Letztlich halten sich Verhaltensmerkmale, gerade wenn sie polygen vererbt werden, auch sehr lange. Wenn also versucht wird, mit neu geschaffenen Designerrassen innerhalb weniger Generationen einen völlig vorhersagbaren und in seinen Eigenschaften planbaren Hund zu schaffen, so ist dieser Versuch ziemlich zum Scheitern verurteilt. Manche Hunderassen werden dann zwar einer sehr intensiven Selektion durch Zuchtzulassungstests unterzogen. Wenn aber die Ausgangsrassen sich in ihren Eigenschaften sehr stark unterscheiden, dauert es trotzdem viele Generationen, bis die unerwünschten Eigenschaften vielleicht irgendwann ausselektiert wurden. Werden aber diese unerwünschten Eigenschaften beispielsweise durch pleiotrope Effekte mit anderen, wünschenswerten Eigenschaften gekoppelt, dann besteht überhaupt keine Chance, auf diese Verhaltensselektion. Dann werden auch nach vielen Generationen die unerwünschten Eigenschaften noch vorhanden sein, solange die mit ihnen pleiotrop gekoppelten wünschenswerten Eigenschaften gefördert werden.

So können manche Eigenschaften intermediär vererbt werden, wirklich einige Nachkommen entstehen, die sozusagen auf halber Strecke zwischen beiden Elterntieren stehen. Es können sich jedoch auch manche Eigenschaften voneinander entkoppeln, es kommt dann zu einer noch stärkeren Aufspaltung. Andererseits sind auch Rassehunde immer nur so gut wie die Verantwortung des Züchters, bei dem sie entstehen. Ein professioneller Züchter (nicht zu verwechseln mit einem nur auf Profiterzielung ausgerichteten Züchter) wird immer darauf achten, dass Zuchtumgebung, Mutterhündin, möglichst auch der Vater und alle möglichen anderen Randbedingungen so gut wie möglich sind. Die dabei entstehenden Welpen haben sicherlich einen Vorteil beim Start ins Leben. Genauso gibt es aber auch Menschen, die ohne Rassezugehörigkeit ähnlich verantwortungsvoll züchten. Hundezucht hat nichts mit Rassezucht zu tun, sondern mit verantwortungsvoller Planung dessen, was man an Umständen und Startchancen für seine Welpen vorsehen und zur Verfügung stellen kann. Und mit Verantwortung! Verantwortung für Lebewesen, die durch des Menschen Zutun entstanden sind. Und diese Verantwortung endet nicht mit der Abgabe der Welpen an neue Besitzer.

Ein nochmals anderes Problem entsteht dann, wenn beispielsweise vor dem Hintergrund mutmaßlichem Tierschutzes Hunde aus dem Ausland oder aus anderen, fernen Regionen eingeflogen werden. Selbst Welpen, die dort bereits einige Wochen mit ihrer Mutter auf der Straße gelebt haben oder deren Mutter unmittelbar nach dem Einfangen oder auch einige Wochen später ihre Welpen im Tierheim zur Welt gebracht hat, sind keineswegs unbeschriebene Blätter. Auch hier wirken die Faktoren der Genetik und der noch zu behandelnden Epigenetik sehr stark. Oftmals sind diese Hunde sehr gut an einen speziellen Lebensraum angepasst. Wenn es sich um echte Straßenhunde oder verwilderte Haushunde handelt, haben sie sogar eine sehr harte Selektion auf diesen Lebensraum hinter sich. Auch Hunde, die wie Mischlinge aussehen, können andererseits aber in ihren Herkunftsländern durchaus für bestimmte Jobs selektiert worden sein, nur eben das Aussehen wurde nicht beeinflusst. Dies gilt beispielsweise für viele der ost- und südosteuropäischen Dorfhunde, bei denen die Wachsamkeit, die Widerstandsfähigkeit gegen sehr extreme Wetterbedingungen und einige andere Faktoren durchaus züchterisch beeinflusst wurden. Nur weil sie aussehen wie Mischlinge, müssen sie also keineswegs solche sein.

› *Nur weil ein Hund aussieht wie ein Mischling, muss er nicht unbedingt ein Mischling sein.*

Andererseits gibt es wiederum gerade in den Ländern des Mittelmeerraumes und in noch entfernteren Gegenden Hunde, die wirklich niemals einer Selektion durch den Menschen unterworfen waren, weil sie über viele Generationen als echte verwilderte Haushunde oder Straßenhunde gelebt haben. Selbst wenn ein möglicherweise durchgeführter molekulargenetischer DNA Test dann eine mögliche Rassekombination angibt, muss dies keineswegs den Tatsachen entsprechen. Wir hatten einmal einen Hund in der Beratung, der uns als Mischung aus Border Collie und Landseer aus Südgriechenland gemeldet wurde. Wie bitte sollen sich ein Border Collie und ein Landseer auf einer südgriechischen Straße treffen? In der Tat ergab bereits der erste Vergleich mit einem Foto, dass es sich hierbei um einen griechischen Herdenschutzhund handelte, also eine sehr viele Generationen lang für die Verteidigung von Grundstück, Herde und damit auch für eine erhöhte Wachsamkeit und eine große geistige Selbstständigkeit gezüchtete Rasse. Vorsicht also bei der möglichen Zuordnung von Importhunden zu angeblichen Rassen.

Die Gesamtbetrachtung dieses Themas lässt also nur einen Rückschluss zu: Hund ist Hund, es gibt keine per se guten oder schlechten, keine per se gesunden oder kranken Hunde nur wegen ihrer Rassezugehörigkeit. Ein Hund mit gutem Stammbaum ist zwar in vielerlei Hinsicht vorhersagbarer in seinen Eigenschaften, muss aber deswegen nicht automatisch krank sein. Nicht jeder Züchter betreibt Inzucht, nicht jeder Züchter wirft kranke Hunde nur aus Profitgier auf den Markt. Auch Rassehunde können gesund und durch eine gute Welpensozialisation auch sehr stabil für mitteleuropäische Familienverhältnisse geeignet sein.

Umgekehrt muss auch nicht jeder Mischling krank oder geistig oder anderweitig verbogen sein. Viele Mischlinge, vor allem dann, wenn sie auch in verantwortungsvoll und liebevollen Haushalten unserer menschlichen Artgenossen aufgewachsen sind, sind genauso tolle Hunde, sie können ebenso viel Lebensfreude und ebenso viel Spaß verbreiten, und dass sie Wundertüten sind, ist auch keineswegs nur für Mischlinge charakteristisch. Gerade in Bezug auf das Verhalten lassen sich, wie wir ja gesehen haben, keineswegs am Welpen oder am Junghund bereits alle zukünftigen Eigenschaften vorhersagen. Und wenn man die Mutterhündin, die Zuchtstätte, vielleicht sogar auch noch den Vater kennt, dann kann man auch bei Mischlingen ganz gut vorhersagen, was man dann wohl später aus dieser Wundertüte auspacken wird.

Ein Restrisiko bleibt immer, bei beiden Varianten. Hunde sind zum Glück Lebewesen und keine Automaten. Und biologische Variabilität, also die Eigenschaft, dass bestimmte Merkmale in unterschiedlicher Stärke statistisch ausgeprägt sind, ist ein Kennzeichen aller Lebewesen. Aber genau das macht sie ja auch so faszinierend. Letztlich bleibt es also jedem Einzelnen überlassen, ob er eher auf das planbare Aussehen, auf den Stammbaum und damit auf eine vielleicht noch etwas größere medizinische und phänotypische Vorhersagbarkeit setzt oder eben auch auf eine gewisse Überraschung, die bei Mischlingen vielleicht noch etwas stärker ist.

Eine kleine Einschränkung sei allerdings gemacht: Wer Kinder in seiner Familie hat oder gar seinen Hund im Arbeitsbereich mit Kindern einbinden möchte, dem sei doch eher der Hund aus verantwortungsvoller Zuchtstätte und mit bekanntem Hintergrund empfohlen und nicht der Mischlingshund aus dem Tierheim. Das Risiko, dass gerade Hunde mit Tierschutzhintergrund eben schon schlechte Erfahrungen mit Kindern gemacht haben, ist einfach zu groß. Es muss nicht zwangsläufig schiefgehen, viele Beispiele belegen einen wundervollen und positiven Verlauf. Aber es kann auch anders sein, man weiß es eben nicht ...

› *Ein Welpe ist immer eine kleine »Wundertüte« – in jeder Hinsicht.*

## FARBEN UND VERHALTEN – PLEIOTROPIE UND DISPOSITION

Ein besonders anschauliches Beispiel für pleiotrope Genwirkungen, die aber doch nur zu Dispositionen und nicht zu einem unverrückbaren Schicksal führen, ist der Zusammenhang zwischen der Farbbildung und dem Verhalten bei Hunden. Viele dieser Befunde sind übrigens keineswegs nur bei Hunden, noch nicht einmal nur bei Säugetieren bekannt. Selbst bei Schleiereulen und anderen Vögeln sind ähnliche Zusammenhänge immer wieder beschrieben worden. Im Folgenden soll nur eine kurze Zusammenfassung gegeben werden.

Das Farbpigment, das die Grundfärbung eines Hundes vorgibt, kann in zwei verschiedenen chemischen Varianten vorliegen. Das dunkle, dunkelbraun bis schwarz auftretende Eumelanin und das rötlich bis blonde Phaeomelanin. Die gleichen Genabschnitte, die bei einem Hund die Ausbildung entweder des Eumelanins oder des Phaeomelanins verursachen, haben jedoch noch pleiotrope Wirkungen auf das Hormonsystem. So sind Hunde, die Eumelanin bilden, auch mit einer besonders ausgeprägten Form des Melanocortinrezeptors, also einer wichtigen Bindungsstelle für verschiedene Hormonmoleküle, ausgestattet. Wer diesen Melanocortinrezeptor in sich trägt, ist besonders für Noradrenalin und seine chemische Verwandtschaft ansprechbar. Dadurch entstehen Hunde, die selbstsicherer auftreten, in Gefahrensituationen aktiv handeln (sogenannte A-Typen), aber auch eine höhere Bereitschaft zur offensiven Selbstverteidigung haben und letztlich auch eine höhere Grundaktivität des Sexualhormonsystems. Dies sind oftmals zahmere und damit auch im Umgang mit dem Menschen etwas selbstsicherere Tiere. Selbst in einer Studie an verschiedenen Farbspielarten des Rotfuchses hat sich beispielsweise gezeigt, dass die schwarze oder dunkelgraue Variante eine sehr viel geringere Fluchtdistanz zum Menschen hat als die rote Variante. Bemerkenswert ist auch, dass der Melanocortinrezeptor, der bei den dunkel gefärbten nordamerikanischen Wölfen (sogenannte Timberwölfe) gefunden wird, ebenfalls diesem Typ entspricht, der mit größerer Kühnheit und damit auch mit einer etwas größeren Zutraulichkeit zum Menschen gekoppelt ist. Dieser Rezeptor wurde möglicherweise übrigens durch Kreuzungen mit Haushunden in den vergangenen Jahrhunderten in die amerikanischen Wolfspopulationen eingeschleust. Darauf könnte auch die Erscheinung beruhen, dass nordamerikanische Wölfe oftmals im Umgang mit dem Menschen weniger scheu und etwas sorgloser erscheinen als beispielsweise unsere sehr scheuen mitteleuropäischen und eurasischen Wölfe dies tun. Umgekehrt ist der Genotyp, der das Phaeomelanin bewirkt, ebenfalls durch pleiotrope Effekte mit einem besonders empfindlichen Cortisolsystem, also dem Stresssystem der Nebennierenrinde verknüpft. Nicht nur Hunde, auch viele andere Tierarten mit roter Fellfärbung, gelten als besonders nervös, stressanfällig und sind oftmals sehr schnell bereit, aus einer Situation heraus mit Defensivaggression zu reagieren.

Noch ein weiterer Effekt ist pleiotrop mit dem genannten Genabschnitt verknüpft: Ein im Immunsystem sehr wichtiges Eiweiß, dass Beta-Defensin, dass mit der Bekämpfung von Viren und anderen Krankheitserregern zu tun hat. In Studien an Labradoren und Deutschen Doggen konnte gezielt gezeigt werden, dass die gelbe, beziehungsweise blonde Pigmentvariante ein weniger leistungsfähiges ß-Defensinsystem aufweist als die grau gescheckten und diese wiederum ein weniger

› *Die Fellfärbung eines Hundes kann Auswirkungen auf sein Verhalten haben.*

leistungsfähiges ß-Defensin als die schwarzen Rasseangehörigen. Nun bedeutet dies aber eben nicht, dass alle blonden Labradore und gelben Deutschen Doggen krank sein müssen. Ebenso wenig bedeutet es, dass alle schwarz gefärbten Angehörigen einer Rasse emotional stabile und damit selbstsichere, nach vorne agierende Hunde werden. Es handelt sich hierbei lediglich um einen von vielen Faktoren, der aber in der Jungtieraufzucht und in der Sozialisation beachtet werden sollten.

Durch Untersuchungen an Labortieren und verschiedenen anderen Säugetierarten bestätigt und in der Praxis von Trainern und Verhaltenstherapeuten immer wieder ersichtlich, ist noch eine zweite, unabhängig davon vererbte genetische Wirkung: Auch das Agutigen, das die Ringelung einzelner Haare bewirkt, bei Hunden als Merlegen bezeichnet, hat einen Zusammenhang mit dem Cortisolstoffwechsel. Wer das Agoutigen in sich trägt, ist mit einem empfindlicheren und damit reaktionsbereiteren Cortisolsystem ausgestattet. Die Erfahrung, dass gerade rot-merlefarbene Hunde dann oftmals besonders anfällig sind für Nervosität, Stress, bisweilen sogar Panikreaktionen, hat also auch einen genetischen Hintergrund. Jedoch handelt es sich auch hier nur um einen von mehreren Risikofaktoren.

Wer also gerne einen rot gefärbten, blonden oder auch merlefarbigen Hund haben möchte, dem sei das nicht ausgeredet. Er oder sie sollte sich jedoch darüber im Klaren sein, dass gerade wegen dieser hier geschilderten Zusammenhänge eine ganz besonders stabile und zuverlässige Erziehung und Sozialisierung stattfinden muss. Weitere Anmerkungen zu diesem Thema in Krivy und Gansloßer (2011).

## PERSÖNLICHKEIT UND GENETIK

Noch komplexer werden die genetischen Zusammenhänge dann, wenn man sich mit den Persönlichkeitstypen von Hunden und ihren Erblichkeiten beschäftigt. Dazu muss zunächst nochmals ein genetischer Fachbegriff eingeführt werden, der Begriff der Erblichkeit, welcher besagt, wie viel Prozent der Unterschiede innerhalb einer Rasse beziehungsweise innerhalb einer Zuchtpopulation durch Abstammung erklärbar sind. Nehmen wir ein einfaches Beispiel: die Körpergröße des Menschen ist mit einer Erblichkeit von ca. 60 % belegt. Nehmen wir an, in einer großen Gruppe von Menschen wäre der Kleinste 20 cm kleiner als der Größte. Erblichkeit bedeutet nun, wie viel Prozent des Größenunterschiedes wir vorhersagen können, wenn wir die Körpergröße seiner Vorfahren kennen. In unserem Fall würde das bedeuten, wenn wir wissen, wie groß Eltern, Großeltern etc. waren, können wir auf plus minus sechs cm genau vorhersagen, wie groß ein Mensch sein wird. Der Rest dieser Variabilität wiederum ist abhängig von Faktoren wie zum Beispiel Ernährung, Krankheiten in sensiblen Phasen des Wachstums und anderen Unwägbarkeiten.

Betrachtet man nun die Erblichkeiten des Verhaltens bei Hunden, so stellt man fest, dass diese erstaunlich gering sind. Die höchsten Erblichkeitswerte, und das gilt wiederum nicht nur für Hunde, sondern für nahezu alle daraufhin untersuchten Tierarten vom Fisch bis zum Affen, liegt bei den Grundpersönlichkeiten (s. u.) bei ca. 30–35 %, bei den Eigenschaften der individuellen Persönlichkeitsachsen bei ca. 20 %. Erblichkeiten individueller Verhaltensmerkmale dagegen liegen meistens im einstelligen Bereich, oft im Bereich von 3–5 %. Das bedeutet, dass gerade dort, wo es um individuelle Verhaltensweisen geht, von den Vorfahren nur sehr wenig Vorhersagbarkeit ausgeht. Zu allem Überfluss können sich Erblichkeiten auch unter dem Einfluss verschiedener Umweltfaktoren ändern, wie Stamp und Groothuis (2010) zeigten.

Beispielsweise hat sich in einer Untersuchung über die Erblichkeit der Leistung im Leistungshütewettbewerb von Border Collies (Hoffman, 2000) gezeigt, dass die Erblichkeiten dieser Verhaltensmerkmale nur bei 3–5 % lagen. Dies deckt sich auch mit den Erfahrungen von Schäfern und anderen Border Collie Haltern, wonach man durchaus zwei Leistungssieger kreuzen kann und trotzdem einen Hund bekommt, der eben nicht weiß, wie er unter schwierigen Bedingungen mit der Herde umzugehen hat. Auch für einige Eigenschaften von Jagdhunden, etwa das Verfolgen von bestimmten Reizen oder das Apportieren, wurden Erblichkeiten zwischen 5–12 % gefunden. Nähere Zusammenstellungen finden sich bei Brade (2003) und Hart (1995).

Wollen wir nun wissen, welche Eigenschaften unser Hund hervorbringen kann, müssen wir uns zunächst etwas allgemeiner mit dem Thema Persönlichkeiten beschäftigen. Da gibt es zunächst die übergeordneten beiden Grundpersönlichkeiten, bisweilen auch als Super-Eigenschaften (»Super-Trait«) bezeichneten Typen A und B. Der A-Typ, der wagemutige, kühne Typ, wird in neuen unbekannten Situationen häufig zunächst mit aktivem Erkundungsverhalten reagieren, er wird auch in Stresssituationen versuchen, sein Schicksal in die eigene Pfote zu nehmen und durch eigenes Zutun (sei es Kampf oder Flucht) das Problem zu lösen. Der B-Typ, der als scheu, zurückhaltend oder beobachtend bezeichnet wird, wird sich dagegen in unbekannten Situationen eher am Rande des Geschehens aufhalten und aus der Distanz beobachten, was denn nun passiert.

Beide Persönlichkeitstypen sind im Tierreich sehr weit verbreitet, sie haben auch gemeinsame Eigenschaften mit den Aktivitäten des Stresssystems und den daraus resultierenden medizinischen Problemen bei Dauerbelastung. So reagieren A-Typen oftmals mit Erkrankungen des Herzkreislaufsystems, sie sind bei Stress oft untergewichtig und neigen auch zu Gefäßverschlusserkrankungen. B-Typen dagegen neigen eher zu Organerkrankungen im Bereich des Stoffwechsels, wie Diabetes, Leberschäden etc. Außerdem sind B-Typen durch eine Verknüpfung zwischen dem Cortisolsystem und dem Immunsystem auch noch krankheitsanfälliger gegen Infektionen, Parasiten usw.

Die Eigenschaften »kühn« beziehungsweise »zurückhaltend« sind auch bei vielen Hunderassen bekannt. Es gibt sehr wohl Zusammenhänge zwischen Rassegeschichte, früherer Aufgabe als Arbeitshund und der Verteilung auf der Scheu-Wagemutig-Achse. Trotzdem ist die Erblichkeit dieser Persönlichkeitsmerkmale je nach Rasse meistens nur ca. ein Drittel. Die anderen zwei Drittel entstammen eben wiederum den Umwelteinflüssen.

› *Welpen sollten selber entscheiden können, ob und wie sie sich mit Reizen auseinandersetzen wollen bzw. können.*

Unterhalb dieser beiden Grundpersönlichkeiten oder Supereigenschaften findet sich dann das Fünf-Faktoren-System, fünf verschiedene Persönlichkeitseigenschaften, die unabhängig voneinander bei jedem Hund auftreten können. Dazu gehört die emotionale Stabilität, die Offenheit für neue Erfahrungen (bei Hunden meist Trainierbarkeit genannt, nicht zu verwechseln mit der Erziehbarkeit!), die Geselligkeit bei Hunden (diese müsste streng genommen noch in Geselligkeit mit Hunden und Freundlichkeit gegenüber dem Menschen differenziert werden, beides sind jedoch verschiedene Varianten der gleichen Grundpersönlichkeit), die Extrovertiertheit und die Beharrlichkeit, die Ausdauer im Verfolgen von Zielen.

Auch diese Persönlichkeitsachsen wurden bereits in vielen Studien an Rassehunden belegt, und je nach Rasse und jeweiliger Untersuchung liegen ihre Erblichkeiten meistens bei 20–25 %. Dies hat beispielhaft eine Untersuchung von Katharina Boenigk (2005, 2006) an den Daten der Zuchtzulassungsprüfung des Hovavarts gezeigt. Die Erblichkeiten und Persönlichkeitseigenschaften wie Trainierbarkeit, Offenheit für neue Erfahrungen, Stressanfälligkeit etc. liegen wiederum bei einem Fünftel, viel größere Einflüsse haben aber die Zuchtumgebung. Selbst die Erfahrung des Zuchtrichters, der die jeweilige Wesensprüfung vornahm, steht in der Wahrscheinlichkeitsskala über den Werten für die Genetik.

Es zeigt sich also, dass gerade Persönlichkeitsmerkmale ein Zusammenspiel zwischen genetischer Disposition, Umweltfaktoren und letztlich auch den individuellen Eigenschaften des Hundes sind. Da Persönlichkeitseigenschaften mit höchster Wahrscheinlichkeit polygen vererbt werden, besteht auch nur eine bedingte Chance, durch Zuchtselektion hier zu völlig anderen Ergebnissen als bisher zu kommen. Wenn es möglich ist, durch Zuchtselektion bestimmte Persönlichkeitseigenschaften zu fördern und andere aus der Zucht zu verdrängen, dann müsste dies aber in jedem Fall durch eine Alles-oder-nichts-Entscheidung geschehen. Hunde, die auf irgendeiner Persönlichkeitsachse keine wünschenswerten Minimalpunktzahlen erreichen, müssten zuverlässig und konsequent aus der Zucht ausgeschlossen werden, unabhängig davon wie schön sie sind und anderen rassetypischen Eigenschaften entsprechen. Hunde, die auf der Skala einer wünschenswerten Persönlichkeitseigenschaft eine hohe Punktzahl erreichen, müssten (vorausgesetzt sie sind nicht medizinisch krank) in jedem Falle in die Zucht gehen, unabhängig wie hässlich sie sind und ob der weiße Fleck auf der Nase dem Rassestandard entspricht oder nicht. Nur mit solchen, knallharten Alles-oder-nichts-Entscheidungen besteht eine Chance, innerhalb von ca. 10 bis 15 Generationen deutlich erkennbare Verhaltensveränderungen zu erreichen. Geht die Verhaltensbeurteilung nur als einer von vielen Faktoren in die sogenannte Zuchtwertschätzung ein, dann besteht keine Chance, innerhalb von überschaubaren Zeiträumen eine Veränderung im Verhalten zu erzeugen. Dass es gelingen kann, das Verhalten von Hunden durch solche Tests gezielt zu beeinflussen, zeigen die Erfahrungen verschiedener Hundezuchtverbände. Auch die Erfahrungen im Umgang mit den Rottweilern in unserem Nachbarland, den Niederlanden, lassen sich anführen (van der Borg, 2010). Es konnte gezeigt werden, dass in den ca. 15 Jahren, in denen Rottweiler in den Niederlanden aufgrund eines ministeriellen Erlasses regelmäßig vor der Zucht einer Verhaltensüberprüfung zugeführt werden mussten, die Faktoren Aggressionsbereitschaft, Stressanfälligkeit etc. durchaus in einer nachweisbaren Form verbessert wurden. Eine Vergleichsstudie von legal zugelassenen Rottweilern, deren Vorfahren also allesamt diesen behördlich verordneten Test bestanden hatten, mit dem, was die Autoren der genannten Studie als »Lookalike«, also die so aussehen als ob, bezeichnen, war deutlich. Die Lookalikes, die Illegalen, die in ihrer Vorfahrenreihe irgendwann den Test nicht bestanden hatten, waren wesentlich stressanfälliger, aggressionsbereiter und auch anderweitig weniger emotional stabil.

Hier muss der Frühsozialisation – bereits während der Trächtigkeit der Mutterhündin und in den ersten Lebenstagen der Welpen nach der Geburt – aber eine ganz besonders große Bedeutung zugemessen werden, wie wir in den folgenden Kapiteln noch sehen werden.

Auch Persönlichkeitseigenschaften, seien es die Grundpersönlichkeiten oder die individuellen Persönlichkeitsachsen oder auch andere Eigenschaften, die nochmals unterhalb der fünf Faktorenachsen anzusiedeln sind (etwa die emotionale Disposition als Optimist oder Pessimist oder die Erregbarkeit), sind also kein Schicksal, sondern nur einer von vielen beeinflussenden Faktoren. Wenn wir sie aber kennen und berücksichtigen, wird uns in jedem Fall der Umgang mit dem Hund leichter fallen.

## EPIGENETIK – WIE ERFAHRUNGEN AUF ZELLULÄRER EBENE WEITERGEGEBEN WERDEN

In den letzten Jahren sind geradezu aufregende neue Erkenntnisse darüber gewonnen worden, wie sich Erfahrungen von Mutter, bisweilen auch Vater, auf die Nachkommen vererben können. Das neue und aktuelle Gebiet der Epigenetik beschreibt solche Prozesse auf chemischem Niveau. Auch wenn die systematischen Untersuchungen zu diesem Thema bisher meistens an Labortieren (Mäusen, Ratten, bisweilen aber auch Affen) gewonnen wurden, handelt es sich dabei um so allgemeingültige Vorgänge, dass wir mit Fug und Recht auch bei Hunden von ihrer Existenz ausgehen können.

Epigenetische Veränderungen sind entweder sogenannte Methylierungen, also Anbau von chemischen Gruppen in der Umgebung des Erbguts, Veränderungen an den Histonen, das sind Eiweiße, um die das eigentliche Erbgut herumgewickelt wurde, oder Veränderungen auf dem Informationsweg vom Erbgut bis zur Umsetzung als später wirksames Eiweiß. Für die Umsetzung, für die Ablesung des genetischen Codes und die Übertragung in ein Eiweiß, werden noch verschiedene Zwischensubstanzen benötigt. Auf dem Niveau dieser Zwischensubstanzen können ebenfalls Änderungen, zum Beispiel durch Dämpfung oder Verstärkung der Produktion dieser Zwischenschritte, erfolgen. Man kann sich das insgesamt etwa folgendermaßen vorstellen: Die Erbinformation selbst in der bereits erwähnten DNA, ist wie der Text eines Lexikons. Wenn nun jemand mit einem Kapitel in diesem Lexikon besonders intensiv arbeitet, wird er sich möglicherweise Randbemerkungen mit Bleistift auf die betreffende Seite eintragen. Auch das Anbringen von kleinen Einmerkerchen, Post-it-Zettelchen etc. ist durchaus nicht unüblich. Wird nun die betreffende Lexikonseite fotokopiert, bleiben diese Anmerkungen noch über einige Kopierschritte hinweg sichtbar. Derjenige, der dann mit der Fotokopie des Lexikons arbeitet, kann sie also ebenfalls noch lesen und für sich verwenden. Nach ca. 3–4 Schritten der Kopie von der Kopie von der Kopie sind die Anmerkungen schließlich so schwer lesbar, dass wieder nur noch der gedruckte Text übrig bleibt. Es sei denn, jemand malt sie wieder nach, weil er sie ebenfalls verwendet hat. Genauso funktioniert der Vorgang der Epigenetik. Erfahrungen, welcher Art auch immer, die ein Muttertier gemacht hat, werden durch kleine chemische Veränderungen in der Umgebung der DNA festgelegt. Bei der Zellteilung werden diese chemischen Veränderungen mitkopiert und über mehrere

› *Die Qualität des mütterlichen Verhaltens wirkt sich auf viele Eigenschaften der Nachkommen aus.*

Teilungsschritte hinweg bleiben sie erhalten. So ist auch beispielsweise verständlich, dass bereits nach wenigen, eventuell sogar schon nach ein bis zwei Generationen in einem neuen Lebensraum neue Anpassungen an diesen Lebensraum festgeschrieben werden können.

Einige Beispiele zu diesem Thema wurden, gerade was Verhalten betrifft, ausführlicher untersucht:
So ist bereits seit Längerem bekannt, dass die Qualität mütterlichen Verhaltens sich auf eine ganze Reihe von Eigenschaften der Nachkommen direkt auswirkt. Ratten- oder Mäusemütter, die ihre Jungtiere besonders intensiv pflegen, putzen und betreuen, aktivieren einige Genabschnitte im Gehirn ihrer Kinder besonders. Dadurch entsteht insgesamt eine größere Stressresistenz, auch das Immunsystem der Nachkommen wird deutlich stabilisiert. Im vorderen Teil des Stirnhirns werden die Bindungsstellen für das sogenannte Sozial- oder Vertrauenshormon Oxytocin vermehrt. Im Gegenzug wird die Zellteilung im Bereich des blauen Kerns, des Hauptstresszentrums im Gehirn, verringert. Ein kleinerer blauer Kern ist wiederum auch im Stressfall nicht zu empfindlich. Die Nachkommen sind also weniger stressanfällig, vermehrt sozialkompetent und sozial motiviert und das Immunsystem ist, wie erwähnt, ebenfalls gestärkt. Eine ähnliche Wirkung hat es auch, wenn die Säugestellung der Mutter sich ändert. Wenn die Jungtiere in den ersten Lebenstagen gezwungen sind, im Stehen oder Sitzen zu saugen, weil die unsichere und stressanfällige Mutter sich zum Säugen nicht bequem und entspannt hinlegt, wird dies über Muskelrezeptoren in der Nackenmuskulatur registriert und ans Gehirn gemeldet. Dann erfolgt eine verstärkte Zellteilung im blauen Kern und die Umsetzung der Geninformation für die Oxytocinrezeptoren im vorderen Stirnhirn wird verringert. Daraus entstehen dann stressanfälligere Jungtiere. Wohlgemerkt, es ist von den ersten Lebenstagen der Welpen die Rede und nicht von der bei Hunden üblichen Säugestellung (Hündin sitzt oder steht) ab der 3./4. Lebenswoche der Welpen. Wie wir noch sehen werden, kann es durchaus in höherem Alter der Welpen ein wichtiger Teil des mütterlichen Stressprogramms sein, wenn die Kleinen sich dann später auch bei der sitzenden oder stehenden Mutter nach der Zitze strecken müssen. In den ersten Lebenstagen dagegen, wäre eine solche Erfahrung eben kanalisierend in eine ungünstige Richtung.

Grundsätzlich muss festgestellt werden, dass die entspannte, umsorgende Mutter eben eine feste Basis für eine entspannte, ausgeglichene und stabile Persönlichkeitsentwicklung ihrer Nachkommenschaft entstehen lässt. Und es ist Aufgabe des Züchters, der Mutterhündin die Umgebung zu schaffen, in der sie sich entspannt und fürsorglich um ihre Welpen kümmern kann. Deshalb gehen wir auf dieses Thema noch etwas ausführlicher im weiteren Verlauf ein und betrachten die Fragen, wie ein entspanntes Umfeld für die Mutter aussieht, ab wann und in wel-

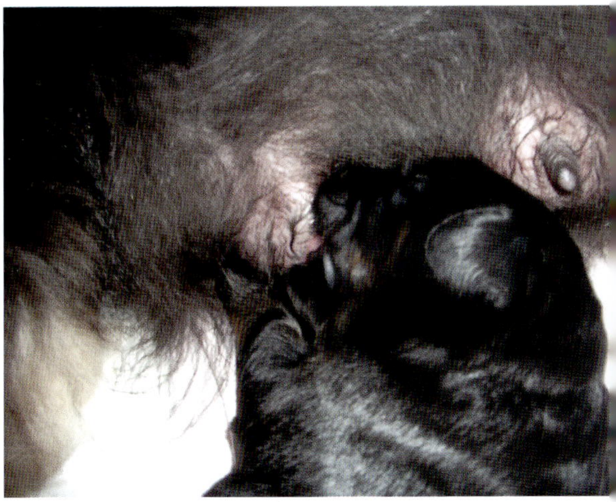

› *Entspannte, ausgeglichene Welpen haben eine entspannte, ausgeglichene Mutter.*

chem Umfang Besuch sinnvoll oder störend ist, wann und welche Maßnahmen manche Züchter ergreifen, die durchaus gut gemeint, aber nicht gut gemacht sind.

Die genannten Erscheinungen haben ja biologisch durchaus ihren Sinn. Wenn eine Mutter in einer gefährlichen Umgebung ihre Jungen austragen muss, dadurch selbst ständig unter Stress und Spannung steht und daraufhin eben auch nicht so intensiv die Jungtierbetreuung betreiben kann, dann ist dies durchaus für die Jungtiere selbst auch von Wichtigkeit. Sie müssen ja später höchstwahrscheinlich auch in dieser Umgebung leben, und wenn sie dann selbst ebenfalls zurückhaltender, vorsichtiger und etwas stressanfälliger sind, kann das buchstäblich ihr Überleben sichern. Lebt die Mutter dagegen in einer stabilen, gut und mit allen wichtigen Nährstoffen etc. ausgestatteten Umgebung, kann es für die Jungtiere vorteilhaft sein, selbst auch etwas souveräner, sicherer und im Zweifelsfall neugieriger aufzutreten.

Auch die Feststellung, dass Jungtiere, die kurzfristig (!) von ihrer Mutter getrennt waren, hinterher einen Entwicklungsschub vornehmen, ist durch diese und ähnliche Beobachtungen zu stützen. Jungtiere, die kurz mal alleine waren (vielleicht für einige Minuten), melden sich ganz besonders lautstark und heftig bei ihrer Mutter, werden dann besonders heftig und intensiv betreut, geputzt etc., und daraus resultiert dann der eben bereits besprochene Entwicklungsschub. Dies gilt jedoch nur für kurzfristige Abwesenheiten der Mutter. Auch bei Labortieren haben die Experimente deutlich gezeigt, dass eine mehrstündige erzwungene Abwesenheit der Mutter zum gegenteiligen Effekt führt, nämlich zu besonders unsicheren, stressanfälligen und insgesamt eben weniger selbstsicheren und weniger neugierigen Jungtieren. Ursächlich dafür ist die Ablesung eines Genes, dass im Hippocampus einen Rezeptor, eine Bindungsstelle für die Stresshormone der Nebennierenrinde bildet. Ist dieser Rezeptor aktiv, wird in einem Rückkoppelungsprozess die Wirkung der Hormone gedämpft. Anderenfalls erhöht sich die Wirkung immer stärker und das Tier wird extrem instabil (Lizi et al., 1997). Aus diesem Grund empfiehlt es sich dringend, bei eventuell notwendigem Tierarzt- oder Klinikbesuch der Mutterhündin, aber auch eines oder mehrerer Welpen, was immer einmal vorkommen kann, die Mutter samt Welpenschar mitzunehmen. Allerdings sollte dann im Vorfeld der Tierarzt informiert werden, damit die junge Familie nicht unnötig im Wartezimmer warten muss (zeitlicher Aspekt und Aspekt des Keimfeldes), ein weitestgehend keimunbedenklicher Raum zur Verfügung steht und Mutter und Kinder etwas abgeschirmt in ruhigerer Atmosphäre behandelt werden können. Für den Transport ist eine größere Transportbox, auf derem Boden eine Wärmflasche liegt und die mit weichen, warmen Decken ausgepolstert ist, gut geeignet. Selbst erstmalige oder zur Besorgnis neigende Mütter stellen schnell fest, dass ihre Kinder, die in der Box im Auto neben ihnen mitkommen, sicher und zufrieden sind und finden sich mit der Situation zurecht. Dauert der Tierarztbesuch länger und sind die Welpen noch sehr jung, so sollte eine Möglichkeit geschaffen werden, dass die Welpen zwischendurch auch einmal bei der Mutter trinken können.

Dass Mütter nicht zu Trainingszwecken stundenlang von den Welpen weggehalten werden dürfen, versteht sich hoffentlich von selbst. Auch Spaziergänge sind in den ersten Tagen nach einer Geburt zu vergessen. Gelegenheit zum Lösen und kurze Bewegung an der frischen Luft sollte im unmittelbaren Umfeld der »Wurfhöhle«, also der Wurfkiste gegeben sein, wobei die Mutter in der Regel nach dem Lösen von allein sofort zu ihren Kindern zurücksprintet. Der Züchter kann sich in den meisten Fällen sehr gut auf seine Hündin verlassen, die die Entfernung und Zeitspanne bei Aufenthalten im Freien fernab von der Kinderschar vorgibt. Sie lebt vor, wie die langsame und schrittweise Abnabelung zu erfolgen hat. Jegliches Zwingen und Drängen durch den Menschen ist zu unterlassen.

Von besonderer Bedeutung ist, dass diese Prozesse der Rückkopplungen auch über Generationen hinweg weitergegeben werden. Töchter von sicheren, souveränen Müttern werden selbst wieder sichere, souveräne Mütter und erhalten dementsprechend sichere, souveräne Enkelinnen. Durch Kreuzaufzucht, also beispielsweise der Aufzucht von Jungtieren einer unsicheren Mutter durch eine souveräne Mutter, lässt sich jedoch belegen, dass es sich hier nicht um eine Festschreibung im Text des Erbguts, der DNA selber handelt, sondern eben um einen epigenetischen Prozess. Nimmt man jemandem sofort nach dem Erwerb sein Lexikon weg und gibt es jemandem anderen, so wird dieser Andere eben andere Randbemerkungen eintragen.

Auch die Qualität des Lebensraums hat auf diese und ähnliche Erscheinungen besonderen Einfluss. Mäuse und Ratten, die als genetisches Modell für die Entstehung von Demenzkrankheiten, etwa alzheimerartigen Veränderungen, gezüchtet wurden, zeigen normalerweise im jugendlichen bis erwachsenen Stadium die deutlichen, auch auf neurologischen Veränderungen beruhenden Ausfallerscheinungen eines Demenzkranken. Lässt man die Jungtiere dieser genetisch für Alzheimer disponierten Ratten oder Mäuse jedoch in einer interessanten, abwechslungsreichen und spannenden Umgebung aufwachsen, so sind sie weitgehend geschützt. Es lässt sich nachweisen, dass in ihrem Gehirn, und zwar in einer Region, die für Lernen, Gedächtnis, Neugier und allgemein für Aktivität zuständig ist

(sogenannter Hippocampus, leider gibt es für diese so wichtige Region keinen deutschen Namen), wesentlich mehr Gene umgesetzt werden und dass daraus eine unterschiedliche Verknüpfung und Vernetzung der Nervenzellen im Hippocampus resultiert. Aufregend ist nun, dass man die Jungtiere solcher, vor Alzheimer geschützten Eltern auch wiederum in eine langweilige Standard – Labortierumgebung setzen kann. Auch sie und ihre Kinder zeigen wesentlich seltener und wenn, dann nur schwächer und später, die Erscheinungen der typischen Demenzerkrankung. Erst, wenn sie wiederum zwei bis drei Generationen lang im langweiligen Standardmäusekäfig leben mussten, ist die Wahrscheinlichkeit einer Demenzerkrankung wieder ähnlich hoch wie bei ihren Urvorfahren. Auch die Gedächtnisfähigkeit anderer Labortierstämme, sowohl die Bildung von Kurzzeitgedächtnis als auch der Übergang der Informationen ins Langzeitgedächtnis und die spätere Nutzung aus dem Langzeitgedächtnis, wird wesentlich verbessert, wenn sie in angereicherten, abwechslungsreichen und spannenden Umgebungen anstatt im langweiligen Labormäusekäfig aufwachsen. Wobei die Attribute »spannend« und »abwechslungsreich« aber gerade in Bezug auf unsere heranzuziehenden Hundewelpen keine Überforderung und Reizüberflutung darstellen dürfen! Auch hierauf wird noch näher eingegangen.

Zudem kann die Ernährung erhebliche Auswirkungen auf die Epigenetik haben. Wiederum wurden Studien an Mäusen, zum Teil aber auch an Laboraffen durchgeführt. So gibt es einige Mäusestämme, die durch eine besondere Genvariante, die sich auch durch deutlich erkennbare Fellfärbung auszeichnet, erhebliche gesundheitliche Probleme aufweisen. Füttert man jedoch die Mäuse, die eigentlich genetisch zu diesen gesundheitlichen Problemen tendieren, mit einer vitamin-, mineral- und sonst wie angereicherten Diät, so bleiben sie vor ihrem genetischen Schicksal geschützt. Sie haben immer noch die typische Fellfärbung, bilden aber nicht mehr die typischen Krankheitssymptome. Auch bei Laboraffen konnte man zeigen, dass bereits die ungeborenen Kindern von Müttern, die besonders sinnvoll, gesund und ausgewogen ernährt wurden, ebenfalls wesentlich seltener Stoffwechselkrankheiten aufwiesen als die Kinder derjenigen Mütter, die bereits vor der Geburt mit entsprechend ungesunder Ernährung malträtiert wurden. Nun haben wir ja bereits seit längerer Zeit eine heftige Diskussion in der Hundeszene, was, wie und in welcher Art eine »gesunde« Ernährung ist und was eben nicht. Grundsätzlich lässt sich sicherlich feststellen, dass unsere Hunde eigentlich keine Vegetarier sind und die vegetarische Hundeernährung zumindest etwas skeptisch zu betrachten ist. Ob nun aber roh, frisch oder trocken gefüttert wird, bleibt letztlich dem Hundehalter selbst überlassen. Wer sich mit Roh- und Frischfütterung nicht auskennt und diese laienhaft praktiziert, läuft ebenso Gefahr einer Fehl- oder Mangelversorgung mit essentiellen Nährstoffen, wie derjenige, der seinen Hund einseitig mit Abfällen oder Billigprodukten ernährt. Auch das vermeintlich gut gemeinte Vollstopfen mit Zusatzstoffen und Nahrungsergänzungsmittel ist nicht ohne Risiko.

Noch ein interessantes und aufregendes Ergebnis ist die Erscheinung der sogenannten genomischen Prägung. Während man lange Zeit in der Genetik selbst davon ausging, es sei egal, welches Gen von der Mutter und welches vom Vater käme, ist nunmehr durch epigenetische Untersuchungen klar, dass dies nicht ganz so ist. Selbst bei einem autosomalen Erbgang, also bei einem Erbgang, bei dem die notwendige Erbinformation nicht auf den Geschlechtschromosomen, sondern auf einem der anderen Chromosomen sitzt, wird sehr wohl unterschieden, ob das betreffende Gen von der Mutter oder vom Vater kommt. So ist beispielsweise bei einigen Veränderungen im Aktivitätsverhalten von Mäusen nachgewiesen, dass diejenigen, bei denen das veränderte Gen vom Vater kommt, eher verstärkte Aktivität, diejenigen, bei denen das veränderte Gen von der Mutter kommt, dagegen reduzierte Aktivität zeigen. Von welchem Elternteil welches aktive Gen stammt, ist leider ohne molekulare Methoden noch nicht im Alltag überprüfbar. Wenn, was noch zu prüfen wäre, diese Mechanismen bei Hunden ebenso zutreffen, muss aber die Einbeziehung von Verhaltenseigenschaften bei der Zuchtplanung noch viel mehr gefordert werden. Und denkbar, genetisch sogar plausibel, ist es sehr wohl, dass zumindest Säugetiere in diesen grundlegenden Bereichen alle ähnlich ticken.

Auch das Verhalten in Stresssituationen von Mäusen wurde systematisch verändert. Dadurch entstanden Zuchtlinien, die entweder besonders ängstlich oder besonders wenig ängstlich waren. Mäuse mit niedrigem Ängstlichkeitsstatus waren wesentlich besser geschützt vor den pathologischen Veränderungen, sowohl im Bereich der körperlichen als auch der psychischen Auswirkungen von hohem Stresspegel.

Letztlich noch ein Beispiel aus dem Bereich der klassischen Lebensraumprägung: Die Temperaturempfindlichkeit und Temperaturresistenz bei Tieren aus unterschiedlichen Lebensräumen ist sehr unterschiedlich. So ist bereits seit längerem bekannt, dass Angehörige der gleichen Tierart aus Tiefländern und aus Hochländern eine sehr unterschiedliche Temperaturempfindlichkeit aufweisen, und

› *Do Khyis haben gelegentlich Probleme mit Epilepsie. Es ist zu überdenken, ob diese Erkrankungsdisposition nicht epigenetisch mit der anderen Luftzusammensetzung der tibetischen Höhenzüge des Himalayas, welche die Vorfahren gewohnt waren, zu tun haben könnte.*

dass ihr Stoffwechsel bei unterschiedlichen Temperaturen optimal funktioniert. Da auch das offensichtlich über mehrere Generationen hinweg weitergegeben wird, sind hier auch ganz sicherlich epigenetische Mechanismen zu erwarten. Gerade im Bereich der Temperaturempfindlichkeit, der Nahrungsprägung und anderer Vorgänge sind durch die epigenetischen Mechanismen auch Erscheinungen erklärlich, die beispielsweise die Halter und Trainer von Hunden aus dem Ausland, aus ungünstigen Vermehrungsbedingungen oder aus Tierschutzsituationen immer wieder berichten. Diese Hunde sind eben nicht mehr vollständig sozialisierbar, was unsere westliche Zivilisationsgesellschaft betrifft. Und die Welpen der so importierten oder zwangsumgesiedelten Mutterhündinnen sind es oftmals eben auch nicht.

Die Reaktionsnorm (Stamps und Groothuis, 2010) gibt vor, wie ein Tier sein Verhalten unter bestimmten Bedingungen äußern wird. Entwicklungsbiologische Reaktionsnormen sind von früheren Erfahrungen beeinflusst, sogenannte Kontextuale dagegen von der derzeitig herrschenden Reizsituation. Im Überschneidungsbereich beider wird dann das gerade gezeigte Verhalten liegen. Der Genotyp wiederum ist nur einer von vielen Faktoren, die den Rahmen der Reaktionsnorm vorgeben.

Zweifellos wird auf diesem Gebiet der Epigenetik in den nächsten Jahren noch einiges an interessanten und aufregenden Erkenntnissen veröffentlicht werden. Beim derzeitigen Stand können wir bisweilen nur vermuten, dass das, was bei Labortieren bereits belegt ist, beim Hund ebenfalls stattfindet. Bis zum Beweis des Gegenteils sollten wir das in jedem Falle annehmen, wenn wir uns vorsichtig, professionell und kompetent mit unserem Hund beschäftigen wollen. Es ist ohnehin sehr wahrscheinlich, dass die gleichen Erscheinungen bei anderen Säugetieren neben den bereits getesteten Mäusen, Ratten und Laboraffen ebenfalls belegt werden.

Abschließend zu diesem Kapitel lässt sich also ganz klar zeigen, wie intensiv, eng verquickt und bisweilen auch unlösbar miteinander verbunden die Einflüsse von Umwelt, echter Genetik, Epigenetik und Zufall letzten Endes sind. Schicksalhaft ist keiner dieser Prozesse, alle sind nur Risikofaktoren, entweder für gute oder für schlechte Ergebnisse. Beachten müssen wir sie aber in jedem Fall, wenn wir unserem Hund eine möglichst optimale Entwicklung garantieren wollen. Und hier sind wieder die Züchter gefordert, ihr »Ausgangsmaterial« realistisch und kompetent zu bewerten, statt blauäugig bis betriebsblind alles zu verpaaren, was zu verpaaren ist. Auch das ist nicht beschränkt auf den Rassehund und unabhängig von Vereinen und Verbänden.

KAPITEL ZWEI

# 2 Partnerwahl und Belegung der Hündin

- (Rasse-)Hundezucht als Reißbrettzucht
- Übliche Vorgehensweisen
- Das Alter bei erster bzw. letzter Zuchtverwendung
- Untersuchungen und Prüfungen
- Freie Partnerwahl > Wunschpartner/Idealpartner
- IK und AVK
- Unterschied zwischen Inzucht, Inzestzucht und Linienzucht
- Was bewirkt Inzucht?
- Popular Sire – alle wollen den Champion zum Vater
- Der natürliche Deckakt
- Deckschwierigkeiten
- Der optimale Deckzeitpunkt

»Wir möchten so gern einmal Welpen von unserer Mia!« oder »Wir würden auch gerne einmal Hundekinder groß werden sehen!« oder »Einmal sollte eine Hündin einen Wurf Welpen haben, dann bleibt sie länger gesund und/oder kann anschließend problemlos kastriert werden!« – alles Sprüche, die man so oder so ähnlich zuhauf zu hören bekommt, wenn man nach der Motivation zur Welpenplanung fragt. Es ist schon erstaunlich, welche Gedankenkonstrukte sich selbst 2014 noch immer in den Köpfen diverser Mitmenschen festgesetzt haben, sich dort wohlig verbreiten und mehr oder (meist!) weniger qualifiziert weitergegeben werden. Auch die Thesen rund um Rüden sind bemerkenswert: Da wird behauptet, dass Rüden zum Deckeinsatz kommen müssen, weil sie sonst lebenslang frustriert durch die Landschaft streichen oder aufgrund aufgestauter »Triebe« abgleiten in Aggression und Unbeherrschbarkeit. Oder der umgekehrte Fall, dass Rüden, die bereits Deckerfahrung sammeln durften, nicht mehr »normal« zu handlen sind, da sie zukünftig jeden männlichen Artgenossen als Rivalen betrachten, der ausgemerzt werden muss, und Freilauf nicht mehr möglich sein könnte, da fortan nur noch auf »Freierspfoten« gewandelt würde. Natürlich haben die Verfechter dieser fragwürdigen Thesen das pauschale Allheilmittel aber auch parat: Kastration! Wer sich nicht fortpflanzen soll, der gehört kastriert, und alle Probleme sind eliminiert. Wir hoffen sehr, dass jedem Leser der innewohnende Sarkasmus des Vorgeschildertem deutlich wurde!

Es gibt mittlerweile eine Fülle von Langzeitbeobachtungsstudien an Wölfen, aber auch an verwilderten Haushunden (Bloch u.a.), die eindeutig belegen, dass durchaus nicht jedes reproduktionsfähige Lebewesen gleichermaßen zu Fortpflanzungserfolgen kommt. Trotzdem sind diese Lebewesen nicht

› *Gerade die Tiere, die noch nicht oder auch nie im Leben selber Nachkommen zur Welt gebracht haben, sind sehr häufig einfühlsame, hilfsbereite und unterstützungsfähige »Tanten«, »Onkel«, »Kinderbetreuer«.*

die »Looser«, die aus lauter Frust ihre Umgebung tyrannisieren oder durch diverse Krankheiten in kürzester Zeit dahingerafft werden. Nicht selten wird beobachtet, dass gerade die Tiere, die noch nicht oder auch nie im Leben selber Nachkommen zur Welt gebracht haben, sehr einfühlsame, hilfsbereite und unterstützungsfähige »Tanten«, »Onkel«, »Kinderbetreuer« im weitesten Sinne sind.

Da, wo der Mensch seine Finger im Spiel hat, sei es bei der – mehr oder weniger kontrollierten – Rassehundezucht, aber auch bei der Verpaarung von Mischlingen, sieht das alles ganz anders aus. Eine kleine Ausnahme stellt da sicherlich der ungeplante (vom Menschen ungewollte) Deckakt dar, der aus mangelnder Aufsicht oder naiver Sorglosigkeit des Menschen entstanden ist und bei dem sich Mutter und Vater der zukünftigen Welpen aus freien Stücken und ohne Plan und Zielsetzung eines Hundebesitzers zusammengefunden haben. Doch auch hier wirken sich aufgrund der nicht angestrebten Situation im weiteren Verlauf unter Umständen Einflusse auf Mutter und Kinder aus, die nicht förderlich und segensreich auf die Entwicklung der ungeborenen und nach rund neun Wochen nach Tag X auf die Welt kommenden Nachkommen sind. Hierzu im Folgenden noch ausführlicher.

## ▪ (RASSE-)HUNDEZUCHT ALS REISSBRETTZUCHT

Das Image der Rassehundezucht leidet – und leidet immer mehr. Trotz aller Gegenkampagnen kommen bestimmte Rassen, Züchter und Zuchtpraktiken immer mehr in Verruf. Und das ist nicht ganz unverständlich und auch nicht gänzlich unbegründet, schaut man sich die Gründe der Kritik ohne Scheuklappen und mit ausreichender Offenheit an. Da geht es um gesundheitliche Aspekte der Tiere, um Schlagwörter wie »Qualzucht« und »Geldschneiderei«, aber auch um verblendete Profilierungsneurosen manch eines »Züchters«, der sich nur über quantitative Welpenverkäufe, Ausstellungserfolge und Bekanntschaften mit X und Y identifiziert und sein Image pflegt, dabei natürlich jegliche Züchterkollegen und deren Hunde schlechtredet und für sein eigenes geschäftstüchtiges Treiben überzeugende Argumente vorbringt. Und es bedarf keiner großen Zahl an »schwarzen Schafen«, um auf einen Schlag alle um Kompetenz und Gewissenhaftigkeit bemühten Zuchtanstrengungen gleich mit in Verruf zu bringen. Ein Negativbeispiel wiegt immer mehr und ist medienwirksamer, als viele positive Anstrengungen. Genetiker, Verhaltensbiologen und Tierärzte warnen nicht unbedingt zu Unrecht und kommen wie z. B. Hellmuth Wachtel u. a. zu der Frage, ob Rassehundezucht noch zeit- und sinngemäß ist. »In immer kürzeren Abständen erscheinen Artikel, ja auch wissenschaftliche Aufsätze, in denen die Zucht der Rassehunde überhaupt in Frage gestellt oder gar als nicht mehr akzeptabel betrachtet wird. So meinen etwa P. D. McGreevy und F. W. Nicholas (1999), dass einfach zu wenig Selektionsdruck in Richtung gesünderer und der modernen Gesellschaft besser angepasster Hunde ausgeübt wird.« (http://www.wuff.at/cms/Ist-Rassehundezucht-no.1161.0.html)

## ▪ ÜBLICHE VORGEHENSWEISEN

Schauen wir uns zunächst die allgemein übliche Praxis in der »kontrollierten« Rassehundezucht an. Die angesprochene »Kontrolle« bezieht sich hier weitestgehend auf Aufstellung und Überwachung einer Vielzahl von Vorschriften, die dem Schutz der zur Zucht verwendeten Tiere dienen sollen, jedoch nicht immer so weit reichen, dass sie diesen Anspruch auch umfassend erfüllen bzw. erfüllen können und hier und da noch Hintertürchen für diverse Auslegungen lassen. Doch zumindest werden einige Dinge geregelt und Mindestvoraussetzungen geschaffen, deren Sinnhaftigkeit auf gar keinen Fall in Frage gestellt werden soll. Manche Rassehundezuchtvereine beschränken sich auf Vorgaben in Bezug auf die zur Zucht eingesetzten Tiere (Altersvorgaben, gesundheitliche Anforderungen, Zuchtzulassungsprüfungen u. a.), andere gehen sinnvollerweise weiter und schließen die an den Zuchtvorhaben beteiligten Menschen (Überprüfung der Kompetenz und Fortbildungsverpflichtung für Züchter, gewissenhafte Aus- und regelmäßige Weiterbildung von Zuchtwarten, hohe Kompetenz- und Ausbildungsanforderungen an Zuchtleitungen usw.) und die Überprüfung der räumlichen Gegebenheiten (Zuchtstättenbesichtigungen) mit ein. Da jeder Rassehundezuchtverein anders agiert und andere Schwerpunkte setzt, soll und kann hierauf nicht detaillierter eingegangen werden, wir beschränken uns auf einige wesentliche Punkte. Auch dabei kann immer nur von ungefähren Durchschnittswerten gesprochen werden. Wenn also bei Ihrer Rasse die Angabe nach oben oder unten variiert, so ist das durchaus möglich. Bei über 400 anerkannten Rassen und mehreren Hundert unterschiedlichen Vereinen und Gruppierungen, bei denen auch noch Änderungen der Regularien vorkommen, ist es konkreter gar nicht möglich.

Ausdrücklich hingewiesen werden muss auch auf die Tatsache, dass die Dachverbände, egal welche und mit welchem Namen, denen die Rassehundezuchtvereine unterstellt sind, immer nur Rahmenbedingungen vorgeben. Unter Bezugnahme auf die föderalen Strukturen halten sie sich aber gern und umfassend aus allem heraus und verweisen auf die Eigenverantwortlichkeit der ihnen angeschlossenen Vereine. So ist es auch letztlich nicht der Verband XY, der Vorgaben macht (oder nicht), sondern der jeweilige Verein. Daraus erklären sich auch die unterschiedlichen Bestimmungen. Bedenkt man neben der föderalen auch die wirtschaftliche Struktur der Dachverbände, so ist es nicht verwunderlich, dass man es sich ungern mit den Mitgliedsvereinen verscherzt. Dachverbände sind Wirtschaftsunternehmen mit hohem Kostenaufkommen. Büroräume und -gebäude kosten Geld, Gehälter der Angestellten und Ausgaben der Vorstandsmitglieder müssen bezahlt werden und einiges mehr. Dachverbände finanzieren sich im wesentlichen über ihre Mitgliedsvereine. Und wie besagt schon das bekannte Sprichwort? Man sägt nicht den Ast ab auf dem man sitzt. Um bei diesem Bild zu bleiben: Vielleicht wäre es zeitgemäßer und dem Rassehund dienlicher, seine Sitzposition zu verändern und komplett vom Baum zu verlagern, um leichter und risikofreier Beschnitt vornehmen zu können, wo und wenn es notwendig ist.

## DAS ALTER BEI ERSTER BZW. LETZTER ZUCHTVERWENDUNG

Der deutlich überwiegende Teil der Rassehundezuchtvereine und -verbände setzt Vorgaben für ein Mindestalter der in die Zucht zu führenden Hunde (Hündinnen wie Rüden). Auch das Alter für den letzten Wurf ist häufig beschränkt, bei Rüden das Alter für Deckeinsätze. Ist der letztmalige Zuchteinsatz von Hündinnen noch relativ einheitlich mit vollendetem 8. Lebensjahr festgelegt, so variiert der Beginn des erlaubten Zuchtalters erheblich. Im Schnitt liegt der erstmögliche Zuchteinsatz bei Hündinnen nach dem 15. Lebensmonat, bei einigen wenigen und in der Regel kleinwüchsigen Rassen wird das vollendete 1. Lebensjahr angegeben, bei anderen, hier zumeist großwüchsigen Hundetypen, beginnt die Erlaubnis ab dem 22. bis 24. Lebensmonat. Bedenkt man, dass die verhaltensbiologische Faustregel den Abschluss der Pubertät und Beginn des Erwachsenseins so definiert, dass der Zeitraum von drei Läufigkeiten mit anschließender Scheinträchtigkeit und -mutterschaft durchlaufen werden muss, so liegt der Beginn der offiziellen Zuchttauglichkeit in einem extrem jugendlichen Alter. Die züchterische Erfahrung zeigt oft, dass Hündinnen zu Beginn des zuchtfähigen Alters die Belastungen von Trächtigkeit und Mutterschaft aber sehr gut wegstecken, sich als umsorgende Mütter bewähren und nach einer Aufzuchtphase recht schnell wieder regenerieren. Nur selten ist zu erleben, dass junge Mütter eher kopflos agieren und auf die psychischen Anspannungen hektisch und nervös reagieren.

Eine erstmalige Zuchtverwendung von Hündinnen zwischen dem 12. und 18. Lebensmonat erscheint aber durchaus etwas fragwürdig, bedeutet dies de facto doch, dass sie bereits beim 2. Läufigkeitszyklus, womöglich

› *Der »beste« Zeitpunkt für den ersten Wurf ist variabel und individuell zu sehen.*

auch bei später einsetzender Läufigkeit schon bei der ersten, belegt werden. Eine rein biologisch mögliche Fortpflanzungsfähigkeit ist aber kein Kriterium für den Beginn des optimalen Zuchtzeitpunkts. Kein Mensch käme auf die Idee, dass ein 11jähriges Mädchen eine optimale Mutter sein würde, nur weil bei ihm die erste Periode eingesetzt hat. Von Reife sind hier Hund wie Kind noch weit entfernt. Daher sollte jeder gewissenhafte Züchter nicht nur die Regularien (und die damit verbundenen Möglichkeiten) seines Vereins im Kopf haben, sondern mit einem offenen und verantwortungsbewussten Auge auf seine Hündin blicken, um dann individuell zu entscheiden, ob sein vierbeiniges Mädchen wirklich schon die psychische Reife besitzt, selber Mutter zu werden. Und das variiert durchaus enorm!

Hündinnen, die 6 Jahre alt und älter sind und noch keinen Wurf Welpen zur Welt gebracht haben, sollten nicht mehr erstmalig in der Zucht eingesetzt werden. Das Risiko der späten Schwangerschaft gilt nicht nur beim Menschen!

Bei Rüden ist eine erste Zuchtverwendung bei manchen Rassen bereits ab vollendetem 12. Monat gestattet, im Schnitt ist es aber ab 18. Monat. Hier ist es vor allem die physische Entwicklung, die im Auge behalten werden muss, damit es nicht zu Schäden (physischen, aber auch psychischen) für den jungen Casanova kommt.

Mit vollendetem 8. Lebensjahr scheiden Hündinnen in der Regel aus der Zucht aus. Gelegentlich kann diese Altersbegrenzung im Individualfall auf Antrag noch einmal aufgeschoben werden (dann zumeist für einen weiteren Wurf), was aber nie ohne Vorlage eines tierärztlichen Gesundheitszeugnisses bewilligt und immer als Einzelfall betrachtet werden sollte. Und hatte eine Hündin bereits vier oder mehr Würfe (und damit ihre Gene in ausreichendem Maße weitergegeben!), ist auch wirklich zu überlegen, ob hier eine züchterische, auf die Rasse bezogene Notwendigkeit vorliegt oder ob ein derartiger Antrag nur aus persönlicher Motivation (vor welchem Hintergrund auch immer) des Züchters heraus gestellt wird. Dass aber eine aus der Zucht ausscheidende Hündin auch weiterhin im vertrauten Sozialverband verbleiben darf, das ist für einen mit seinen Hunden verbundenen Züchter eine Selbstverständlichkeit! Da, wo in einem Züchterhaushalt nur junge Hunde anzutreffen sind oder sogar freimütig konstatiert wird, dass »Omas« in »gute Hände« abgegeben werden, weil man sie nicht mehr »gebrauchen« kann, spricht diese Handhabung Bände über den Stellenwert des Hundes als Sozialpartner. Die (Aus-)Nutzung des Hundes als Geldquelle ist damit offensichtlich.

Die Altersbegrenzung bei Rüden ist schon eher ein zweischneidiges Schwert. Ein Rüde, der gesund und fit auch über das 8. Lebensjahr hinaus ist, verfügt offenbar über eine gesunde Konstitution. Und da Gesundheit eins der höchsten Güter ist, ist ein züchterischer Einsatz von vierbeinigen Senioren durchaus Sinn bringend. Um hier zumindest auf eine relative »Nummer Sicher« gehen zu können, sollte die Vorlage eines tierärztlichen Gesundheitszeugnisses ab vollendetem 8. Lebensjahr gefordert werden, aber auch ein Spermiogramm ist empfehlenswert. Sind diese Untersuchungsergebnisse aber in Ordnung, spricht nichts gegen eine verlängerte Zuchtgenehmigung. Einziger Hinderungsgrund wäre, wenn dieser Rüde bereits exzessiv eingesetzt wurde. In einem solchen Fall sollte nur ein weiterer Einsatz ins Kalkül gezogen werden, wenn die Verpaarung mit einer genetisch völlig fremden Hündin zur Verbesserung des Genpools beitragen würde.

## UNTERSUCHUNGEN UND PRÜFUNGEN

Bevor es zu einer Zuchtverwendung der Einzeltiere kommt, muss bei den meisten Vereinen (aber leider nicht bei allen!) in der kontrollierten Zucht eine sogenannte Deckgenehmigung eingeholt werden. Die jeweilige Zuchtleitung des entsprechenden Rassehundezuchtvereins prüft, ob alle geforderten Ergebnisse diverser Gesundheitsuntersuchungen bei Hündin und vorgesehenen Rüden vorliegen und ob die zur Zuchtzulassung vorgeschriebenen Prüfungen abgelegt wurden. Auch hier variieren die grundsätzlichen Voraussetzungen erheblich, mal wird mehr, mal wird weniger verlangt.

Gesundheitliche Untersuchungen erfassen unter anderem den Status des Skelettsystems (HD, ED, OCD, Patella Luxation u. a.), die störungsfreie Funktion innerer Organe (z. B. Herz, Nieren) oder Augenerkrankungen. Auch bestimmte Fellfärbungen (z. B. Merle) unterliegen einem besonderen Augenmerk.

Neben den gesundheitsbezogenen Aspekten und dem Mindestalter, verlangen manche Vereine zusätzliche Kriterien zur Zulassung zu einer Zuchttauglichkeitsprüfung. Das können Ausstellungsergebnisse sein, die in einem vorzüglichen oder sehr guten Bereich liegen müssen, um den phänotypischen Rassetypus zu belegen, aber auch bestimmte sogenannte Arbeitstitel. Und heutzutage legt fast jeder Verein (zumindest von großwüchsigeren Rassen, obwohl das bei »Zwergen« auch durchaus Sinn machen würde) auch einen hohen Stellenwert auf die psychische Verfassung

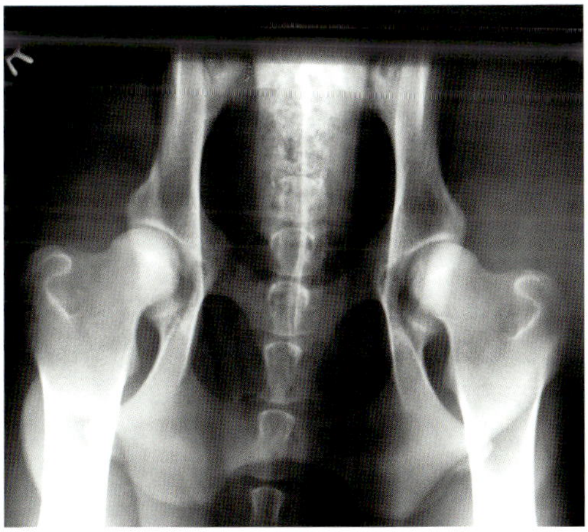

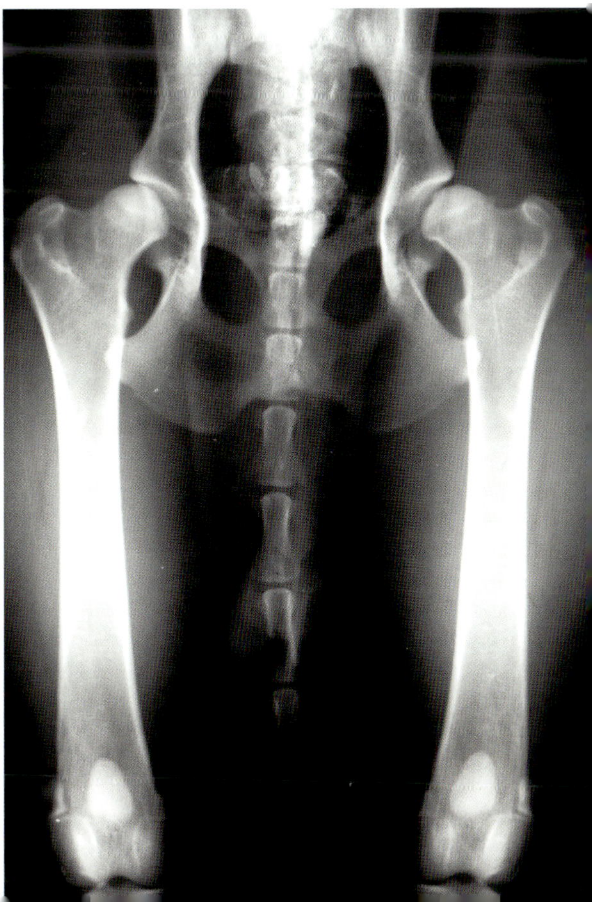

› *Röntgenbilder von Hundehüften, links eine HD-freie Hüfte, rechts eine schwere HD.*

von potentiellen Zuchttieren und überprüft mit mehr oder weniger sinnvollen Test das Verhalten des Einzeltieres in bestimmten Situationen. Meist wird hier von einer »Wesensüberprüfung« gesprochen, doch lässt sich mit diesen Momentaufnahmen sicherlich nicht die Komplexität eines Wesens erfassen, vielmehr ist es maximal eine Verhaltensüberprüfung, die Aufschluss über die jeweilige Reaktion an diesem Tag, in dieser Minute und in dieser Situation gibt. Doch selbst so genannt muss diese Überprüfung kritisch betrachtet werden, denn viele Faktoren können hier mit einfließen, die einen Hund einfach anders als gewohnt (und erwünscht) reagieren lassen. Lange Anfahrtswege zum Prüfungsort, stressige Rahmenbedingungen und erwartungsvolle, aber nervöse Besitzer, gerade abgeklungene oder unmittelbar bevorstehende Läufigkeiten, die auf Hündin, wie auch auf diese Umstände wahrnehmende Rüden wirken, unangenehme Umgebungsverhältnisse (z. B. Hitze, Gewitter, Kälte) und etliches mehr. Hunde sind eben keine Maschinen, sondern empathische, sensitive Lebewesen!

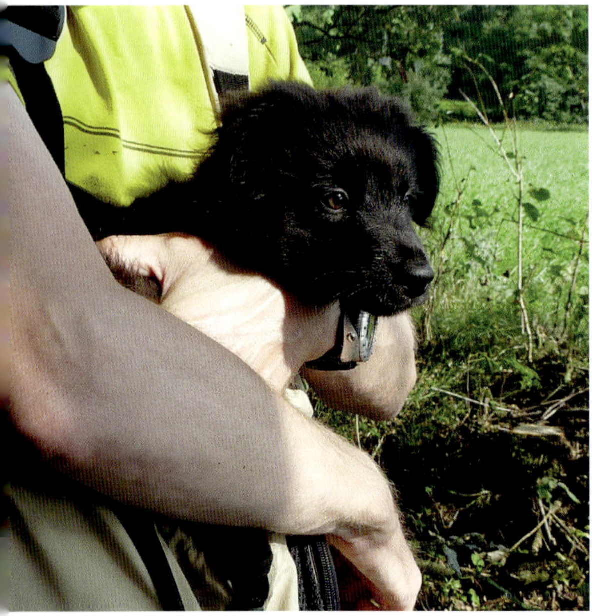

## FREIE PARTNERWAHL > WUNSCHPARTNER / IDEALPARTNER

Nur selten hat die Hündin ein »Mitspracherecht« bei der Planung des gewünschten Nachwuchses. In Abstimmung mit den Zuchtverantwortlichen eines Vereins hat der Züchter sich vielleicht eine Deckgenehmigung für einen präferierten Wunschvater und vermutlich noch für ein oder zwei Ausweichrüden eingeholt. Wie schön und erstrebenswert wäre es, wenn die Hündin diese »Auserkorenen« vor der geplanten Verpaarung würde kennenlernen und anzeigen können, ob die Wahl des Menschen auch ihr genehm ist. Oft liegen aber mehrere hundert bis sogar tausend Kilometer zwischen ihnen. Und dann steht das gesamte Unterfangen unter »Erfolgsdruck«! Nicht jeder Züchter hat das Verantwortungsbewusstsein und die Frustrationsfähigkeit, eine Ablehnung seiner Hündin dem Rüden gegenüber zu akzeptieren. Was geplant ist, hat zu klappen, koste es, was es wolle. Und manche unerfahrene Neuzüchter vermögen eventuelle Anzeichen von Abneigung und Ablehnung eventuell auch gar nicht zu registrieren und interpretieren widerwilliges Verhalten falsch. So kommen Zwangsverpaarungen häufiger als man glauben mag vor, ohne Berücksichtigung dessen, dass diese durchaus Folgen für Mutter und das erst entstehende Leben haben können! Manch´ erfahrener Deckrüde deckt alles »was nicht bei Drei auf dem Baum ist«, manch´ Züchter verfährt nach dem Motto: »Die sollen sich nicht so anstellen!« und bindet oder hält Hündinnen kurzerhand fest, verpasst Maulkörbe oder hebt sogar den Rüden auf die Hündin und führt ihn ein. Eine regelrechte Vergewaltigung im Namen des »Hobbys« – unglaublich, aber vorkommend.

Ähnlich verhält es sich bei Insemination (künstlicher Befruchtung), die besonders kritisch zu sehen ist und nur unter ganz besonderen und individuell zu entscheidenden Voraussetzungen gehandhabt werden sollte. Sicherlich bietet künstliche Besamung, wie sie in der Großtierzucht übliche Vorgehensweise ist, gewisse Chancen, vor allem bei Rassen mit kleinstem Genpool. Dennoch bestehen auch Risiken, besonders in der verhaltensbiologischen Entwicklung der Nachkommen. Grundsätzlich sollte eine Insemination nur dann vorgenommen werden, wenn die Hündin bei vorangegangenen Läufigkeiten bereits mindestens einmal auf natürlichem Weg gedeckt wurde und daraus eine problemlose Trächtigkeit und Mutterschaft resultierten. Auch der Rüde sollte mindestens einen natürlichen Deckakt vollzogen haben.

Untersuchungen an verschiedenen Vogel- und Säugetierarten, keineswegs auch nur Labortieren, zeigen, dass Mütter in der Lage sind, in der Eiproduktion bzw. Trächtigkeit die Investition an Nährstoffen, Energie usw. sehr feinfühlig zu regulieren (Zusammenfassung bei Sweatt et al., 2012). Mäusemütter, die sich mit ihrem »Traumprinzen« paaren dürfen, bekommen größere, schwerere, im Leben später auch sozial erfolgreichere Jungtiere, diese können bessere Nester bauen und sind allgemein also bevorteilt. Mäusemütter, die sich mit »Plan-B-Männchen« paaren müssen (keine Vergewaltigung, einfach nur getreu dem Motto: »In der Not frisst der Teufel Fliegen«), bringen benachteiligte Jungtiere zur Welt. Wir können also in der Tat »Notprogrammwelpen« erwarten, wenn eine Anpaarung erzwungen wird!

› *Erzwungene Verpaarungen bringen unter Umständen nur »Notprogrammwelpen«. Die Hovawart-Mama auf dem Foto ist aber stolz auf ihre Kinder der Liebe!*

## IK UND AVK

Als Mitte der 1990er Jahre die Slovenský-Čuvač unter der Zuchtleitung Krivy anfingen, bei geplanten Verpaarungen den Inzucht- und den Ahnenverlustkoeffizienten (IK und AVK) zu berechnen und zu berücksichtigen, war dies noch relativ »exotisch« in der Rassehundezucht. Zwar sprach man darüber, aber dies grundsätzlich mit zu beachten und bestimmte Höchstwerte anzusetzen, war keine gängige Praxis. Heute wird, nicht zuletzt aufgrund der Vielzahl der zur Verfügung stehenden Computerzuchtprogramme, vermehrt darauf geachtet. Doch was bedeuten diese Kürzel IK und AVK? Und was sagen die Prozentangaben aus?

Der Inzuchtkoeffizient (IK) gibt Aufschluss darüber, wie reinerbig ein Lebewesen ist, also wie viele Chromosomenpaare in doppelter Ausführung vorhanden sind und weitergegeben werden können. Vereinfacht gesagt: Je niedriger der IK-Prozentsatz, umso vielfältiger die Genausstattung des Individuums.

Der Ahnenverlustkoeffizient (AVK) besagt, wie viele unterschiedliche Ahnen ein Individuum in seinen Vorgängergenerationen besitzt. Doppelt auftretende Ahnen in den Vorgenerationen verringern den Ausgangswert 100. So lässt sich ableiten, dass je höher der AVK, umso größer die Anzahl der Fremdahnen des Individuums.

>MERKE

**Genvielfalt =**
**niedriger IK und hoher AVK**

Nachfolgend ein paar Beispiele zur Verdeutlichung:

### *Beispiel 1*

Abstammung der Slovenský Čuvač Hündin »Kuba Kubikula Bär vom Wolfshorn«
Vater: Borderlove White Power
Mutter: Inuit Bär vom Wolfshorn
IK: 1,76 %
AVK: 90,32

Anhand der farblichen Gegenüberstellung ist gut zu sehen, dass diese Hündin sehr viele Fremdahnen in der Ahnentafel aufweist, somit genetisch breit angelegt ist. Ahnendoppelungen gibt es erst ab der Ururgroßelterngeneration.

| | | | | |
|---|---|---|---|---|
| White Power<br>Borderlove<br>SPKP 8918 | Juraj von<br>Javorina<br>SF 31126/94 | Cézar z pod<br>Káplnej<br>SF 36478/91 | Hary z Pozdisovskej<br>doliny | Egon z Lusky |
| | | | | Cita z Pozdisovskej doliny |
| | | | Axa z pod Káplnej | Garry z Krupinskej doliny |
| | | | | Diana z Malej viesky |
| | | Cedra V Javorina<br>SF 15420/88 | Snehuliak V Javorina | Goral z Papradna |
| | | | | Goga V Javorina |
| | | | Aja z Dolného mlyna | Adbar z Malej viesky |
| | | | | Bora z Vranskych zahrad |
| | White beauty<br>Boderlove<br>FIN 17316/98 | Orion Genao<br>SF 37665/90 | Ben z Kmetovho<br>polomu<br>CSHPK/S 5339 | Flip zo Svätoplukova |
| | | | | Bonny z Krupinskej doliny |
| | | | Limba Genao<br>CSHPK/S 5763 (150) | Cir z Pozdisovskej doliny |
| | | | | Egida Genao |
| | | Asta Biely diabol<br>SF 04243/92 | Gody z Krupinskej<br>doliny<br>CSHPK/S 5132 | Brutus z Vranskych zahrad |
| | | | | Etna Culka z Turca |
| | | | Fina Spacinska dolina<br>CSHPK/S 6408 | Eso z Behy |
| | | | | Dana Spacinska Dolina |
| Inuit Bär vom<br>Wolfshorn<br>CSC 01/244 | Eyko Bär vom<br>Wolfshorn<br>CSC 96/180 | Astor od Penaz-<br>nej hory<br>CSHPK/S 7754 | Ben z Kmetovho<br>polomu<br>CSHPK/S 5339 | Flip zo Svätoplukova |
| | | | | Bonny z Krupinskej doliny |
| | | | Tolly z Krupinskej<br>doliny<br>CSHPK/S 6824 | Alex z Detvianskych hor |
| | | | | Oli z Krupinskej doliny |
| | | Alba vom<br>Wolfshorn<br>CSC 91/094 | Athos z pod Rozarky<br>CSHPK/S 6335 | Bill Smutna Vrba |
| | | | | Dita Spacinska dolina |
| | | | Binta Biely Démon<br>CSC ZBÜ 90/85 | Eso z Behy |
| | | | | Dorka z Malej viesky |
| | Nessel z Cibika<br>CSC ZBÜ<br>96/170 | Argo Budvarka<br>CSHPK/S<br>64020/89/91 | Aran z Panoramy<br>Strakonice<br>CSHPK/S 4892/83 | Galán ze Zizkova rodiste |
| | | | | Vatra z Farmy Zbiroh |
| | | | Asta ze Stareho vrata<br>CSHPK/S 5460/86/88 | Cendy Genao |
| | | | | Cina z Lusky |
| | | Hesy z Pozdisov-<br>kej doliny<br>CSHPK/S<br>6162/88/90 | Egon z Lusky<br>CSHPK/S 5467/86/88 | Arpád od Frystacké prehrady |
| | | | | Valina z Farmy Zbiroh |
| | | | Cita z Pozdisovskej<br>doliny<br>CSHPK/S 5086/84/85 | Alan z Krupinskej doliny |
| | | | | Bona z Pozdisovskej doliny |

– *Inzuchtkoeffizient = 1,76 %*

I = *Ahnenverlustkoeffizient = 90,32 %*

### *Beispiel 2*

Beispiel für eine Verpaarung, die aufgrund des hohen Inzuchtwertes stark Gen reduzierend wäre und so in der Regel innerhalb kontrollierter Rassehundezucht auch nicht genehmigt ist. Der Vater der potentiellen Nachkommen wäre ein Onkel der Mutterhündin, da Vater und Großmutter der Mutter (Isco und Inuit) Vollgeschwister sind.

Diese Ahnengegenüberstellung hier gibt es nur auf dem Papier zur Verdeutlichung von hohem Inzuchtkoeffizienten und starkem Ahnenverlust, eine derartige Verpaarung hat es natürlich nie gegeben! Dennoch gibt es Zuchtpraktiken, bei denen bewusst mit starker Inzucht gearbeitet wird, um bestimmte Genmerkmale zu verfestigen. Es muss aber berücksichtigt werden, dass nicht nur positive Merkmale verfestigt werden, sondern auch negative! Und der hohe Verlust an Fremdgenen durch die starke Reduzierung von einander fremden Ahnen führt sehr leicht und schnell in eine Sackgasse. Weg ist erstmal weg!

| | | | | |
|---|---|---|---|---|
| Isco Bär vom Wolfshorn CSC 01 / 238 | Eyko Bär vom Wolfshorn CSC 96/180 | Astor od Penaznej hory CSHPK/S 7754 | Ben z Kmetovho polomu CSHPK/S 5339 | Flip zo Svätoplukova |
| | | | | Bonny z Kupinskej doliny |
| | | | Tolly z Krupinskej doliny CSHPK/S 6824 | Alex z Detvianskych hor |
| | | | | Oli z Krupinskej doliny |
| | | Alba vom Wolfshorn CSC 91/094 | Athos z pod Rozarky CSHPK/S 6335 | Bill Smutna Vrba |
| | | | | Dita Spacinska dolina |
| | | | Binta Biely Démon CSC ZBÜ 90/85 | Eso z Behy |
| | | | | Dorka z Malej viesky |
| | Nessel z Cibika CSC ZBÜ 96/170 | Argo Budvarka CSHPK/S 6420/89/91 | Aran z Panoramy Strakonice CSHPK/S 4892/83 | Galán ze Zizkova rodiste |
| | | | | Vatra z Farmy Zbiroh |
| | | | Asta ze Stareho vrata CSHPK/S 54060/8688 | Cendy Genao |
| | | | | Cina z Lusky |
| | | Hesy z Pozdisovkej doliny CSHPK/S 6162/88/90 | Egon z Lusky CSHPK/S 5467/86/88 | Arpád od Frystacké prehrady |
| | | | | Valina z Farmy Zbiroh |
| | | | Cita z Pozdisovskej doliny CSHPK/S 5086/84/85 | Alan z Krupinskej doliny |
| | | | | Bona z Pozdisovskej doliny |
| Kuba Kubikula Bär vom Wolfshorn CSC 07 / 340 | White Power Borderlove SPKP 8918 | Juraj von Javorina SF 31126/94 | Cézar z pod Káplnej SF 36478/91 | Hary z Pozdisovskej doliny |
| | | | | Axa z pod Káplnej |
| | | | Cedra V Javorina SF 15420/88 | Snehuliak V Javorina |
| | | | | Aja z Dolného mlyna |
| | | White Beauty Borderlove FIN 17316/98 | Orion Genao SF 37665/90 | Ben z Kmetovho polomu |
| | | | | Limba Genao |
| | | | Asta Biely diabol SF 04243/92 | Gody z Krupinskej doliny |
| | | | | Fina Spacinska dolina |
| | Inuit Bär vom Wolfshorn CSC 01/244 | Eyko Bär vom Wolfshorn CSC 96/180 | Astor od Penaznej hory CSHPK/S 7754 | Ben z Kmetovho polomu |
| | | | | Tolly z Krupinskej doliny |
| | | | Alba vom Wolfshorn CSC 91/094 | Athos z pod Rozarky |
| | | | | Binta Biely Démon |
| | | Nessel z Cibika CSC ZBÜ 96/170 | Argo Budvarka CSHPK/S 64020/89/91 | Aran z Panoramy Strakonice |
| | | | | Asta ze Stareho vrata |
| | | | Hesy z Pozdisovkej doliny CSHPK/S 6162/88/9 | Egon z Lusky |
| | | | | Cita z Pozdisovskej doliny |

= *Inzuchtkoeffizient = 12,89 %*

I = *Ahnenverlustkoeffizient = 75,81 %*

# INTERVIEW

***Frau Prof. Dr. Irene Sommerfeld-Stur, was ist der Unterschied zwischen Inzucht, Inzestzucht und Linienzucht?***

*Prof. Dr. Sommerfeld-Stur:* Dazu mal die klassischen Definitionen aus dem Tierzuchtlehrbuch

**INZUCHT:** Paarung von verwandten Tieren (oder genauer: Paarung von zwei Tieren, die näher miteinander verwandt sind als zwei zufällig aus der Population herausgegriffene Tiere).

**INZESTZUCHT:** Paarung von Verwandten ersten Grades (also Vater-Tochter, Mutter-Sohn, Vollgeschwister)

**LINIENZUCHT:** Ist eine spezielle Zuchtform, bei der auf Väter- oder Mütterlinien mit besonderen Leistungsmerkmalen gezüchtet wird und die zu einem Anstieg des Inzuchtniveaus führt.

***Was bewirkt Inzucht?***

*Prof. Dr. Sommerfeld-Stur:* Die unmittelbare Konsequenz von Inzucht ist zunächst mal nur, dass der Anteil der homozygoten (reinerbigen) Gene steigt. Das führt als erstes einmal zu einer Einschränkung der genetischen Vielfalt in der Population bzw. auch beim Einzeltier, und das ist auch einer der Gründe für negative Konsequenzen der Inzucht. Dadurch, dass die Tiere weniger unterschiedliche Gene zur Verfügung haben, können sie sich mit den zahlreichen Umwelteinflüssen, denen sie ausgesetzt sind, weniger erfolgreich auseinandersetzen und sie werden dadurch anfälliger. Es kommt zu den so genannten Inzuchtdepressionserscheinungen wie erhöhte Krankheitsanfälligkeit, geringere Fruchtbarkeit, geringere Vitalität, herabgesetzte Lebenserwartung und so weiter. Eine weitere Folge der Homozygotierung ist, dass rezessive Defektgene häufiger homozygot werden und genetische Defekte daher in größerer Häufigkeit in der Population auftreten.

Es liegt aber auch eine gewisse Chance in der Inzucht. Dass man nämlich Defektgene, die in der Population vorhanden sind, auch frühzeitig als solche erkennt und entsprechende Maßnahmen dagegen treffen kann. Diese Maßnahmen müssen dann aber auch getroffen werden! Das heißt, wenn durch Inzucht Defektgene in einer Population offensichtlich werden, dann muss sofort und effizient gegen diese Defekte selektiert werden. Und effiziente Selektion heißt in diesem Fall Zuchtausschluss der Merkmalsträger, also der direkt betroffenen kranken Tiere, aber auch Zuchtausschluss von Verwandten ersten Grades. Und das sind in erster Linie beide Elterntiere von Merkmalsträgern, denn diese tragen das betreffende Defektgen mit 100%iger Sicherheit zumindest in einfacher Dosis. Ein Zuchtausschluss sollte aber vernünftigerweise auch die Vollgeschwister und allenfalls bereits vorhandene Nachkommen von kranken Tieren betreffen.

Wenn man nun Inzucht gezielt einsetzen will, ohne der Population zu schaden, muss man

1. bei der Auswahl der Zuchttiere strengste Maßstäbe in Bezug auf alle erwünschten und unerwünschten Merkmale setzen.

2. Anpaarungen so vornehmen, dass im genetischen Umfeld der Paarungspartner keine bekannten Vererber von Defektgenen erscheinen. Paarungen sind insbesondere dann zu vermeiden, wenn bekannte Defektvererber im Pedigree beider Paarungspartner auftreten.

3. die Nachkommen sehr genau in Bezug auf das Auftreten unerwünschter Merkmale kontrollieren, und wenn bei den Nachkommen unerwünschte Merkmale auftreten, nach Möglichkeit (und natürlich auch entsprechend den Auswirkungen der unerwünschten Merkmale) die entsprechenden Konsequenzen ziehen. Sprich: im Notfall auch mal eine gesamte Linie aus der Zucht nehmen.

*Danke, Frau Prof. Dr. Sommerfeld-Stur, für Ihre Anmerkungen. Doch bleibt nun die beklemmende Frage: Was passiert mit womöglich schwerkranken Welpen, die aus Inzuchtverpaarungen entstehen?*
*Einschläfern? Ist nicht in jedem Fall erlaubt und sollte auch nicht leichtfertig als »Lösungsstrategie« ins Kalkül gezogen werden. Alle selber behalten? Das dürfte in der Regel schlecht möglich sein.*

*Abgeben / verschenken? Auch das dürfte sich als schwierig erweisen und sogar zu rechtlichen Schritten Anlass geben. Außerdem sollte gründlich hinterfragt werden, ob hier nicht der Tatbestand des Tierschutzgesetzes § 11b Abs. 1.2 erfüllt würde?! Daher besser Finger weg von Inzuchtverpaarungen!*

## POPULAR SIRE – ALLE WOLLEN DEN CHAMPION ZUM VATER

Immer wieder kommt es in der Rassehundezucht vor, dass bestimmte Rüden überproportional häufig in der Zucht eingesetzt werden, sei es, weil sie viele Titel auf Ausstellungen oder bei Arbeitsprüfungen errungen haben, ein toller Vertreter der Rasse sind, einfach nur verkehrsgünstig und gut erreichbar leben oder werbeträchtig geschickt vom Besitzer vermarktet werden. Ist so etwas bei einer Rasse mit großer Population schon nicht ratsam, so kann es bei Rassen mit kleiner Population geradezu fatale Folgen haben. Bedenkt man, dass Züchten ein Handeln und Denken in Generationen ist, so muss festgestellt werden, dass Deckrüdenbesitzer, die ihren Rüden immer und immer wieder zum Decken freigeben, aber auch Hündinnenbesitzer, die allesamt zu ein und demselben-Rüden hinströmen wie die Motten zum Licht, offenbar nur bis zum eigenen Geldbeutel (Decktaxe!) bzw. bis zum eigenen Wurfkistenrand überlegen. Ob der vielumschwärmte Mister World letztlich wirklich ein guter Vererber ist, müssen seine Nachkommen erst belegen. Und selbst wenn dies der Fall wäre, so nutzt es dem Fortkommen der Rasse hinsichtlich genetischer Varianz herzlich wenig, wenn in Folgegenerationen lauter verschwisterte und »vercousinierte« Hunde auftauchen, deren weitere Verpaarung den genetischen Flaschenhals immer mehr schmälern würde.
Und erfahrene Züchter wissen:
Champion x Champion ergibt noch lange keinen Champion!

## INTERVIEW

***Frau Prof. Dr. Irene Sommerfeld-Stur, was versteht man unter »Popular Sire«?***

*Prof. Dr. Sommerfeld-Stur:* Unter einem Popular Sire versteht man in der Tierzucht ein häufig genutztes Vatertier. Der Begriff des »Popular Sires« ist in den letzten Jahren fast zum Modewort in der Tierzucht geworden. Insbesondere in solchen Arbeitsgruppen, die sich vermehrt mit den Problemen der Erhaltung der genetischen Vielfalt in tierischen Zuchtpopulationen beschäftigen, ist der »Popular Sire« sozusagen zum Inbegriff des Schädlichen geworden.

***Bringt uns der Popular Sire mehr Regen oder mehr Segen in die Rassehundezucht?***

*Prof. Dr. Sommerfeld-Stur:* Wie so viele andere Dinge auch, sollte der Popular Sire nicht nur einseitig aus der Sicht seiner Schadwirkung betrachtet werden. Es gilt das gleiche wie bei vielen anderen Aspekten der Hundezucht auch: Nur eine sachlich distanzierte Betrachtungsweise, die alle Vor- und Nachteile berücksichtigt, ermöglicht einen konstruktiven und sinnvollen Umgang zum Nutzen der Zuchtpopulation.

Die Nachteile des Popular Sire liegen auf der Hand. Wenn ein einziger Rüde zahlreiche Hündinnen deckt, kommen andere Rüden weniger oder gar nicht zum Zug und damit gehen Gene dieser Rüden für die nächste Generation verloren. Dadurch kommt es zu einem Anstieg des Inzuchtniveaus in der Population mit den negativen Folgen der inzuchtbedingten Fitnessminderung. Verringerte Vitalität, schlechtere Fruchtbarkeit, erhöhte Krankheitsanfälligkeit und herabgesetzte Lebenserwartung gehören zu den wesentlichen Problemen der Inzuchtdepression.

Besonders problematisch wird die Sache, wenn ein Popular Sire heterozygot für ein oder mehrere Defektgene ist. Denn dann können diese weit in der Population verbreitet werden.

Dem gegenüber steht der Vorteil, dass zahlreiche Nachkommen eines Rüden auch einen sehr hohen Informationsgehalt haben, was den Zuchtwert dieses Rüden betrifft. Das gilt zumindest dann, wenn diese Informationen auch verfügbar sind. Liegen von vielen Nachkommen Informationen über Leistungen und Gesundheitsstatus vor, dann bekommt man ein gutes Bild über die genetischen Vorzüge bzw. Belastungen eines Rüden.

Gesamt gesehen überwiegen aber doch die Nachteile bzw. die Gefahren eines zu häufigen Deckeinsatzes, so dass eine flexibel gehandhabte Decklimitierung durchaus als eine sinnvolle Maßnahme in der Hundezucht betrachtet werden kann.

## DER NATÜRLICHE DECKAKT

Wie bereits zuvor geschrieben, sind alle erzwungenen Deckakte strikt abzulehnen. Rüde und Hündin müssen Gelegenheit haben, sich kennenzulernen und durch »barrierefreie«, also ohne Leine und menschliche Einwirkung, in Renn-, Rempel- und Spielsequenzen auf den Deckakt einzustimmen. Das geht mal schneller, mal kürzer, auch hier ist jede »Vermählung« anders, individuell und besonders. Es gibt die charmanten, sensiblen Casanovas, die ihre Angebetete erst nach allen Regeln der Kunst umgarnen und betören, bevor es »zur Sache« geht. Aber auch die Rambos, die der Hündin kaum Gelegenheit zum Luftholen lassen und gleich voll bei der Sache sind. Ebenso gibt es Hündinnen, die sich aufdringlich bis penetrant anbieten und jegliche Nebensache im Keim ersticken, aber wiederum auch solche, die eher schüchtern bis vermeintlich verlegen offenbar erst überzeugt werden wollen, um es mal etwas vermenschlicht auszudrücken. So sehr man sich als Züchter den Erfolg des Besuchs wünscht, man sollte die Ruhe bewahren und sich in Geduld üben, wenn »es« nach 5 Minuten eben noch nicht passiert ist. Ist der Zeitpunkt korrekt, die Tiere einander sympathisch und liegen keine störenden Einflüsse oder Erkrankungen vor, so sollte es schon klappen.

Während des Vorspiels, welches voll ist mit Ritualen der Verführungskunst, sieht man die lustigsten Abläufe. Da bespringt die Hündin den Rüden, als wolle sie ihm zeigen, was er zu tun hat, dort sieht man Rüden, welche die Hündin von vorn oder der Seite behopsen und sich insgesamt eher etwas ungeschickt anstellen, um es gelinde auszudrücken. Letztlich weiß dann aber doch die überwiegende Zahl, was zu tun ist.

› *Bei extremen Temperaturen im Sommer empfiehlt es sich grundsätzlich, die Hunde in den kühlen Morgenstunden oder am frühen Abend zusammenzuführen, um die Anstrengungen nicht unnötig zu erhöhen.*

Dauert ein Liebesspiel über einen großen Zeitraum, womöglich noch bei großer Hitze, und zeigen die Hunde deutliche Anzeichen der Erschöpfung, so sollten sie für eine Weile getrennt und zur Ruhe gebracht werden. Schließlich soll bei allem »Spaß an der Freude« kein Herzinfarkt riskiert werden. Züchter und Deckrüdenbesitzer können die Zeit nutzen, um in Ruhe einen Kaffee oder Tee zu trinken und sich ein wenig auszutauschen, um dann nach ein oder zwei Stunden die Hoffnungsträger erneut miteinander zu konfrontieren. Bei extremen Temperaturen im Sommer empfiehlt es sich grundsätzlich, die Hunde in den kühlen Morgenstunden oder am frühen Abend zusammenzuführen, um die Anstrengungen nicht unnötig zu erhöhen.

INTERVIEW

***Frau Dr. med. vet. Annette Thomée, was für gesundheitsvorsorgliche Maßnahmen sind bei Hunden vor einer Zuchtverwendung sinnvoll?***

*Dr. Thomée:* Vor dem Deckakt sollten Impf- und Entwurmungspass angeschaut werden.

Ist die Impfung innerhalb der nächsten 4 Monate nach dem Deckakt fällig, empfiehlt es sich, diese vorzuziehen, um die Hündin und die Welpen nicht während der Trächtigkeits- und Säugeperiode zu belasten.

Eine Wurmkur ist auf jeden Fall in den ersten Tagen der Läufigkeit und dann wieder zusammen mit den Welpen zu empfehlen.

Ist der Deckakt vollzogen, was durch ein rasches Trappeln des auf dem Rücken der Hündin abgestützten Rüdens gekennzeichnet ist, und sind die Hauptdarsteller im sogenannten Hängen (die Schwellkörper des Rüdens sind dabei derart stark angeschwollen, dass er in der Hündin feststeckt und diese erst nach dem Abschwellen wieder selbständig verlassen kann), kann der Mensch helfend eingreifen, wenn der Rüde nicht aus eigenem Antrieb absteigt. Ruhig und sanft hebt der Besitzer ein Vorderbein des Rüden über den Hündinnenrücken und ermöglicht so den Hunden, sich in eine bequeme Position zu stellen – und abzuwarten. Und was in der Situation eine »bequeme« Stellung ist, wissen die Hunde zumeist selber am besten, auch wenn es den Menschen nicht so erscheint. Nur bei sehr zappeligen, unerfahrenen Hunden kann es sinnvoll sein, diese sanft am Hals zu halten, beruhigend zu streicheln und mit ihnen zu sprechen. Der anatomische Aufbau der Genitalien sorgt dafür, dass das Stehen Hinterteil an Hinterteil keine schmerzvolle Verrenkung für die Vierbeiner ist. Auch wenn der Rüde nicht abdreht, sondern nur seitlich herunterrutscht, ist das Hängen für die Hunde unproblematisch.

› *Auch wenn der Rüde nicht abdreht, sondern nur seitlich herunterrutscht, ist das Hängen für die Hunde unproblematisch.*

## ›MERKE

Hängende Hunde können nicht getrennt werden! Sinnfreie Tipps wie »mit Wasser übergießen« oder »erschrecken« bringen gar nichts, da beide Tiere fest miteinander verbunden sind. Gewaltsame Trennung führt zu schweren Verletzungen – physisch wie psychisch.

Manche Rüden hängen nur wenige Minuten, andere eine viertel oder bis zu einer halben Stunde. Aber auch Deckakte ohne jegliches Hängen sind möglich und kein Indiz für eine nicht geglückte Verpaarung. Sobald das 2. Ejakulat (Rüden ejakulieren in drei Phasen das Vor-, Haupt- und Nachejakulat) abgespritzt wurde, befindet sich die Samenflüssigkeit eh in der Hündin. Die maximale Befruchtungsfähigkeit erreichen die Spermien, die über 36 Stunden lebensfähig sind, erst innerhalb der folgenden 5–8 Stunden während der Wanderung durch den Uterus. Ein Nachdecken während des gleichen Tages ist daher im Prinzip überflüssig, mehr Sinn macht es, zwischen Haupt- und Nachdecken 36–48 Stunden verstreichen zu lassen.

Es gibt aber Hündinnen, die sich nur an einem einzigen Tag oder, wenn überhaupt, nur noch am Folgetag decken lassen. Ein Decken über einen großen Zeitraum von vier und mehr Tagen, was durchaus bei manchen Hunden machbar wäre, ist nicht risikolos, da sowohl beim ersten, als auch beim letzten Deckakt Welpen entstehen können, die dann aber eine große Differenz innerhalb ihrer Entwicklungsstände zueinander haben!

## DECKSCHWIERIGKEITEN

Bei noch so guter Planung und vermeintlich optimalen Rahmenbedingungen, kommt es gelegentlich zu Deckschwierigkeiten. Die Gründe, die eine geglückte Verpaarung verhindern, sind vielschichtig und können in vielen unterschiedlichen Bereichen angesiedelt sein. Anatomische Probleme können vorliegen, wie z. B. vaginale Verengungen (z.B. Scheidenspalte, Tumore) bei Hündinnen oder Vorhautverengungen und Hodentumore bei Rüden. Gesundheitliche Beeinträchtigungen wie Entzündungen im Genitalbereich beeinflussen selbstverständlich ebenfalls den geplanten Zuchteinsatz. Aber auch bislang vielleicht noch unentdeckte Rückenleiden bei Rüde oder Hündin mögen eine negative Beeinflussung darstellen, da die Deckversuche Schmerzen verursachen und deshalb lieber eingestellt werden. Beim wiederholten Leerbleiben einer Hündin mit verschiedenen, potenten Rüden, sollte evtl. auch der Schilddrüsenstatus ermittelt werden, denn Schilddrüsenunterfunktion führt zu verminderter Fruchtbarkeit! Rüden, die mit verschiedenen Hündinnen keine Nachkommen gezeugt haben, verfügen vielleicht über zu wenige bis gar keine lebenden Spermien im Ejakulat. In solchen Fällen ist eine gründliche tierärztliche Untersuchung angezeigt.

Eine soziale Komponente kann durchaus eine Rolle spielen, z. B. wenn in einem Haushalt mehrere Hunde leben. Bei einer gemischten Hundegruppe wäre der bevorzugte Paarungspartner vielleicht das eigene Gruppenmitglied (Rüde wie Hündin), so dass eine gewisse Unlust in Bezug auf Fremdpartner besteht. Oder ein in der eigenen sozialen Gruppe rangniedriges Tier soll zur Zucht verwendet werden, was sich aber im wahrsten Sinne des Wortes nicht traut, da der dadurch zwangsläufig entstehende höhere Rangsta-

### INTERVIEW

***Frau Dr. med. vet. Annette Thomée, was können Gründe für ein wiederholtes Leerbleiben der Hündin sein?***

*Dr. Thomée:* Geht man davon aus, dass bei dem Rüden alles okay ist, ist die häufigste Ursache der falsche Decktermin. Ein Decktermin um den 10. – 13. Tag der Läufigkeit, wie oftmals beschrieben, trifft zwar häufig zu, es gibt aber durchaus Hündinnen, deren Termin davor oder weit darüber liegt. Darüber hinaus hat man auch Hündinnen, die sich erst decken lassen, wenn die Ovulation bereits vorbei ist. In solchen Fällen ließe sich nach einer Decktagbestimmung eine künstliche Besamung durchführen, doch bliebe hier die Frage, ob dieses abnorme Paarungsverhalten nicht ein Indiz dafür wäre, eine solche Hündin eben nicht in die Zucht zu nehmen.
Die Vaginoskopie ist eine hilfreiche Untersuchung bei leergebliebenen Hündinnen, nicht nur zur Bestimmung des optimalen Decktermins, sondern auch zur Feststellung von Veränderungen im Scheidenbereich. In solchen Fällen lassen sich die Hündinnen meistens nicht decken, da schmerzhaft, oder bleiben leer. Vor Einführung des Spekulums sollte der Scheidenvorhof und der hintere Scheidenbereich mit den Fingern palpiert werden. So können die Weite des Hymenalringes beurteilt und weit kaudal liegende Missbildungen erkannt werden, ebenso wie eine Aussage über einen möglichen Kaiserschnitt erfolgen.
Häufig bringen auch Ultraschalluntersuchungen der Eierstöcke (Zysten etc.) Aufschluss über den Grund des Leerbleibens der Hündin.
Nicht zuletzt müssen auch Herpes-Virusinfektionen in Betracht gezogen werden, aber auch Schilddrüsenfehlfunktionen haben Einfluss auf die Fruchtbarkeit.

tus nicht angestrebt oder sogar gefürchtet wird.

Sehr sensible Hündinnen kommen unter Umständen mit der üblichen Vorgehensweise – Hündin kommt zum Rüden – nicht zurecht, fühlen sich unwohl und unsicher in fremder Umgebung. Ist dann zusätzlich noch der Besitzer nervös und durch die erwartungsvolle Erregung hektisch und weit davon entfernt, als ruhender Pol und Fels in der Brandung wirken zu können, kann dies als störende Einflüsse zum Tragen kommen.

Manche Hündinnen stellen den fortschreitenden Läufigkeitsverlauf nach einer langen Reise sogar ein, verschieben den Deckzeitpunkt um mehrere Tage bis zu einer Woche oder stoppen die Läufigkeit komplett. Sehr ernüchternd für den Züchter, der sich allein auf den Verlauf des Progesterontests verlassen hat und plötzlich die Welt nicht mehr versteht. Natürlich gibt es auch Tierärzte, die einfach aufgrund mangelnder Erfahrung oder aufgrund anderer Umstände zu falschen Aussagen gekommen sind. Doch gibt es eben auch diese Reaktion auf veränderte Rahmenbedingungen bei unseren Hündinnen. Wir wiederholen es gern: Unsere Hunde sind keine Maschinen, sondern hochsensible Lebewesen – und eine Hündin in der Läufigkeit ist das sowieso.

Auch mit eher schüchternen Rüden, die aus vertrauter Umgebung entgegen der Norm zur Hündin auf fremdes Terrain gebracht werden, kann man unterschiedlichste Erfahrungen machen. Ist dies auch noch ein deckunerfahrener Jungrüde, so können Unsicherheit und Befangenheit den jungen Casanova erheblich ausbremsen. Verkündet dabei noch vom Nachbargrundstück bellend ein männlicher Konkurrent, dass eigentlich eher er die älteren Rechte hat, ist es häufig um die Libido geschehen.

## INTERVIEW

***Frau Dr. med. vet. Annette Thomée, ist eine Sperma-Untersuchung bei Rüden sinnvoll oder eine unnötige Geldausgabe?***

*Dr. Thomée:* Eine Spermienuntersuchung des Rüden halte ich insbesondere aus Sicht des Deckrüdenbesitzers für sinnvoll. So kann der Nachweis erbracht werden, dass der Samen frei von Bakterien ist und dass die Dichte, Beweglichkeit und Morphologie der Spermien stimmen. Spätestens dann, wenn verschiedene Hündinnen mehrmals leer geblieben sind, sollte sie vorgenommen werden. In diesem Fall sollte allerdings auch eine Herpes-Untersuchung erfolgen.

Da bei Wildkaniden biologisch tief verwurzelt die Grundmotivation verankert ist, Nachwuchs in ein gesichertes Umfeld zur Welt zu bringen, mag auch eine instabile Bindungsbeziehung oder eine als nicht ausreichend beschützt empfundene Umweltsituation dazu führen, dass sich eine Hündin nicht decken lässt.

Und – last but not least – sei auch nochmals an dieser Stelle darauf hingewiesen, dass eine individuelle Abneigung der Hündin oder des Rüden gegen den vom Menschen ausgewählten Zuchtpartner nicht einfach zu übersehen und tunlichst im Sinne des angestrebten Nachwuchses zu berücksichtigen ist. Eventuell wissen die Hunde instinktiv, dass sie nicht zueinander passen, ihre Genkombination keine optimale Basis für gemeinsame Nachkommen darstellt oder einfach, dass der vorgestellte Partner nicht in der körperlichen Verfassung ist, die eine Weitergabe des eigenen Genmaterials lohnend erscheinen lässt. Unsere Hunde sind da vielfach deutlich wissender als wir Menschen! Darin begründen sich auch die häufig festzustellenden zickigen bis aggressiven Verhaltensweisen läufiger Hündinnen. Sie müssen aufpassen, dass der Partner passt und suchen nach dem »fittesten der Fitten«, denn nur der Partner mit dem passendstem Immunsystem ist ein Garant für fitten Nachwuchs. Gleichzeitig müssen Rivalinnen ferngehalten werden. Das ist evolutionsbiologisch wichtig.

Die Fortpflanzungsstrategien der Hündin (aber auch Wölfinnen, Wildhündinnen etc., vgl. Derix et al., 1993, 1995) sind darauf gerichtet, ihren Status rund um die Läufigkeit besonders aggressiv zu verteidigen und zwar gegen alle Hündinnen, sowie gegen unerwünschte Rüden. Rüden dagegen agieren bevorzugt aggressiv, wenn ihre Bindungspartnerin in der Läufigkeit von anderen »angebaggert« wird.

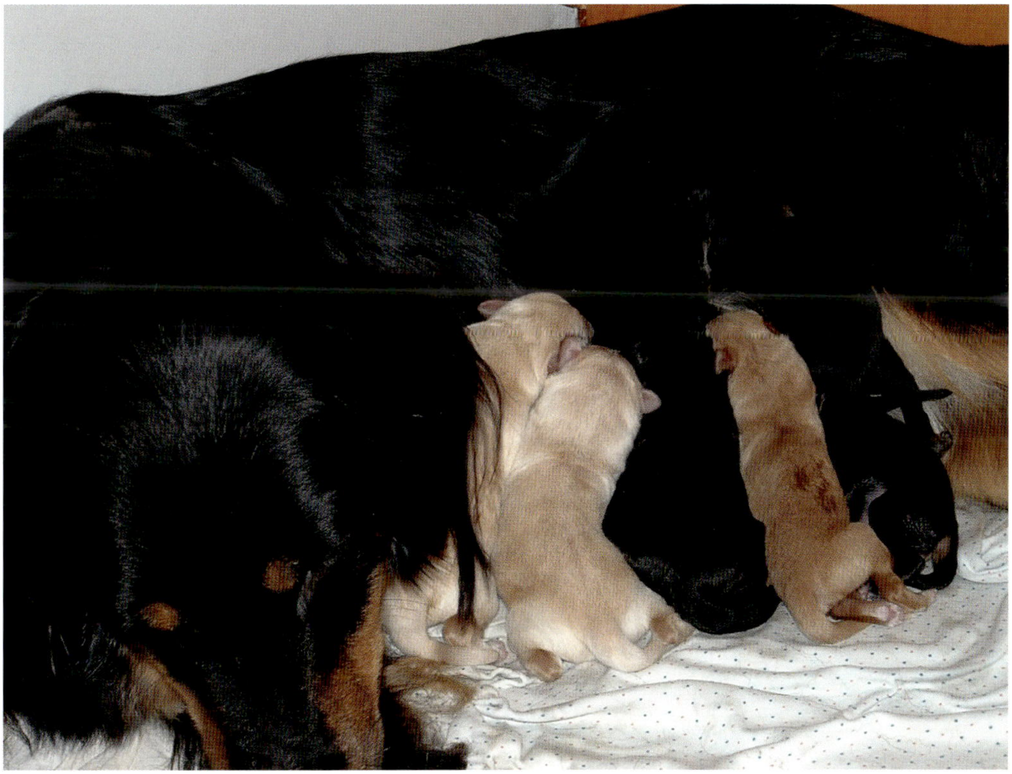

## DER OPTIMALE DECKZEITPUNKT

Gerade bei langen Anreisewegen zum Traumpartner, möchte der Züchter gern den Tag X weitestgehend definieren können. Gängige Praxis ist hier eine tierärztliche Deckzeitbestimmung, die auf Untersuchung des Progesterons im Blut in Kombination mit weiteren Hormonanalysen und durch parallel durchzuführenden Scheidenabstrich erfolgt. Wichtig ist hierbei, dass der Tierarzt mit der Auswertung der Verfahren vertraut ist, sonst kommt es leicht zu Fehlinterpretationen und falschen Angaben!

Die Vorgehensweise ist aber hinsichtlich der psychischen Belastung der Hündin nicht ganz ohne Risiken. Da die Tests regelmäßig wiederholt werden müssen, die wenigsten Hunde ihren Tierarzt aber abgöttisch lieben, stellen die mehrfachen Fahrten zum Tierarzt mit den dort erfolgenden Manipulationen (Blutabnahme, Scheidenabstrich) nicht unerhebliche Stressoren dar. Hinzu kommt, dass Warteraum und Behandlungszimmer natürlich immer auch extreme Keimbasen sind, denn nur gesunde Hunde werden hier in der Regel ja nicht hingebracht. Somit wird die läufige und für die Reproduktion vorgesehene Hündin mit einer Vielzahl von Krankheitserregern in häufiger, eng aufeinanderfallender Folge konfrontiert.

### INTERVIEW

***Frau Dr. med. vet. Annette Thomée, Züchter möchten gern den optimalen Deckzeitpunkt erwischen, deshalb entscheiden sich viele für eine Decktagbestimmung. Wie geht das vor sich? Gibt es nur Vorteile oder auch Risiken?***

*Dr. Thomée:* Eine Decktagbestimmung, insbesondere bei Problemhündinnen, macht sicherlich Sinn. Allerdings muss man auch sagen, dass diese Tests keine 100%ige Sicherheit gewährleisten. Die gesunde Beobachtungsgabe des Züchters ist nach wie vor nicht zu unterschätzen. Ich habe in meiner Praxis sowohl den Progesterontest als auch die Zytologie (Scheidenabstrich) angewandt, stimmten beide Tests überein, war es eigentlich immer ein Erfolg. Bei Diskrepanzen zwischen beiden Ergebnissen, habe ich meistens der Zytologie den Vorzug gegeben, das mag allerdings auch ein Erfahrungswert gewesen sein.

Beide Tests ordnungsgemäß durchgeführt, beinhalten keine Risiken für die Hündin, außer vielleicht einer Stressbelastung, vor allem bei sehr sensiblen Vertretern.

KAPITEL DREI

# 3 Die Trächtigkeit und ihre Einflüsse

- Normaler Verlauf der Trächtigkeit und medizinische Einflüsse
- Was ist von einer Herpes-Impfung zu halten?
- Allgemeine Außeneinflüsse während der Trächtigkeit
- Auswirkungen von Sexualhormonen auf spezielle Hirnregionen und deren Funktion
- Das Stresssystem wächst mit seinen Aufgaben
- Was die Mutter nicht isst ...
- Zuchtmiete

Die aktuellen Forschungsergebnisse der Wissenschaft belegen immer konkreter, dass und wie bereits ab dem Zeitpunkt der Befruchtung Einflüsse auf das gerade erst entstehende Leben stattfinden. Der angestrebte »gute Start« ins Leben beginnt daher nicht erst in der Wurfkiste, sondern viel früher und viel umfassender, als früher gedacht wurde. Für Züchter ist die Trächtigkeit der Hündin eine spannende Zeit, die neugierig, erwartungs- und hoffnungsvoll, ungeduldig und manchmal auch nervös stimmt. Hat die Hündin aufgenommen? Wird alles gut gehen? Wird sie eine gute Mutter sein? Wie viele Welpen kommen auf die Welt? Werden sie gesund sein und sich gut entwickeln? Kommen mehr Rüden oder Hündinnen? Und werden alle erwarteten Hundekinder ein gutes Zuhause finden können? Fragen über Fragen, die die nächsten Wochen bestimmen.

Eine Trächtigkeit ist keine Krankheit, eine tragende Hündin keine »Gebrechliche«, die von jetzt auf gleich auf Null gefahren werden muss, um sie zu schonen. Gerade in der ersten Trächtigkeitshälfte gibt es kaum körperliche Beeinträchtigungen, wenn auch durchaus manche Hündinnen Begleiterscheinungen einer Schwangerschaft an den Tag legen, die denen einer menschlichen gleichen. Da gibt es gelegentliches Erbrechen, eine gewisse Bewegungsunlust und ein erhöhtes Ruhebedürfnis, eine Form von Stimmungsschwankungen, aber auch extremes Kuschel- und Schmusebedürfnis. Mal wird am Futter gemäkelt, mal wahllos alles verschlungen, was vor das Maul kommt. Ist doch irgendwie menschlich, oder?!

Auch wenn eine umfassende körperliche Schonung in den ersten vier Wochen (noch) nicht notwendig ist, so sollten dennoch Extrembelastungen vermieden werden. Die Hündin befindet sich vielleicht nun wirklich in einer Art Paralleluniversum, stellt sich hormonell bedingt mental auf ihre Rolle als Mutter ein und wählt den Modus »low activity«. Dann lässt man sich von ihr anleiten und bietet ihr das ruhigere, weniger aktionsbeladene Umfeld, das sie sich wünscht. Andere Hündinnen wieder gehen unbeeindruckt von einer Belegung nach dem Decken gleich zur Tagesordnung über, verlangen nach ihrem gewohnten Tagesablauf und den vertrauten Aktivitäten.

Bei aller Normalität des erhofften Zustandes Trächtigkeit, so ist die Bemühung um psychische Schonung durchaus sinnmachend. Jegliche Stressfaktoren oder sonstige ungünstigen Umfeldbedingungen, können sich effektiv negativ auf den Trächtigkeitsverlauf und auf das noch ungeborene Leben auswirken, wie wir noch umfassender ausführen. Ein Umzug in ein neues Zuhause oder auch nur Umbaumaßnahmen mit viel Lärm, Unruhe, ständig ein- und ausgehenden Handwerkern und einer Vielzahl von – mehr oder weniger ungesunden – Gerüchen von Farb- und Lösungsmitteln, die Verbringung in eine Hundepension, weil die Familie in Urlaub fährt und den Vierbeiner nicht mitnehmen kann oder möchte, womöglich die Überführung des Hundes in ein Tierheim (wie es z. B. bei Tierschutzhunden vorkommen kann, weil man von einer Belegung vor der »Rettung« der Hündin nichts wusste oder gerade in diesem Umstand die Notwendigkeit zum Einfangen sah), all das und vergleichbare Situation, die ein Außer-der-Reihe darstellen, können Einfluss nehmen. Dazu ein Beispiel von einer wahren Begebenheit:

## *Unglaublich – schwer vorstellbar – bemerkenswert – schon vorgekommen: Erlebnisse und Anekdoten*

Ein eher Vermehrer als Züchter zu nennender Mensch gibt eine Hündin ab mit dem Argument, dass diese nicht in die bestehende Hundegruppe passt und daher dringend ein neues Zuhause braucht. Dieses findet das Tier bei jungen Leuten, die sich über die extreme Scheu und Nervosität der Hundedame zwar wundern, dies aber mit Umstellungsschwierigkeiten erklären. Der Alltag mit dem Vierbeiner gestaltet sich zunächst recht schwierig. Im Haus bleibt die Hündin nur hinter der Tür sitzen, bewegt sich maximal auf 3 qm, betritt aus eigenem Antrieb keine anderen Räume als den Hausflur und meidet die Räume im Obergeschoss komplett. Auch im Garten verhält sie sich ruhelos, patrouilliert unentwegt das gesamte Gelände, verkriecht sich unter Büsche und Sträucher und buddelt wie ein Weltmeister Löcher in die entlegendsten Ecken. Fressen will sie gar nicht, Leckerchen nimmt sie auch nicht – eine schwierige Situation für alle Beteiligten. Nach ca. drei Wochen sind plötzlich in der Nacht merkwürdige Geräusche zu vernehmen. Als die völlig unbedarften Menschen in den Hausflur gehen, um nachzusehen, befindet sich die Hündin in Geburtsabläufen, hat bereits drei Welpen zur Welt gebracht, sechs folgen. Obwohl die Hündin mit neun Welpen tragend war, war ihr dies absolut nicht anzusehen! Alles geht reibungslos vonstatten, die Hündin verhält sich völlig instinktsicher und regelrecht routiniert. Die Welpen werden gewissenhaft großgezogen und die Menschen bemühen sich nach allen Möglichkeiten, alles richtig, sorgfältig und verantwortungsbewusst zu meistern.

Ein wohliges Umfeld wird geschaffen, was die Hündin auch gern und vertrauensvoll annimmt. Die Welpen wachsen und gedeihen, doch ab einem Alter von sechs Wochen ist das soziale Miteinander der Hundekinder geprägt von Beißereien und Raufereien. Manchmal sind die Welpen untereinander derart verbissen, dass sie wie eine Kette aneinanderhängen und nicht mehr gemeinsam gehalten werden können. Um Schlimmstes zu verhindern, wird die gesamte Welpenschar in drei Gruppen aufgeteilt, die fortan weiter miteinander zusammenleben und störungsfrei miteinander agieren können. Nach Abgabe der Welpen in neue Besitzerhände wurde im weiteren Lebensverlauf der Hunde immer wieder berichtet, dass sie allesamt wenig stressresistent waren, bei einigen die Schwierigkeiten im innerartlichen Bereich zeitlebens anhielten und nur durch Training und Erziehung kontrollierbar waren. Mit Menschen hatten eigentlich alle keinerlei Probleme, manche waren etwas scheuer bei fremden Begegnungen, andere etwas forscher, was einer individuellen Charakterbildung entspricht. Auffallend war aber auch, dass alle Nachkommen relativ krankheitsanfällig waren, manche recht früh an Krebserkrankungen starben, andere zwar ein hohes Alter erreichten, aber immer wieder von Infekten geplagt wurden. Nur am Rande sei erwähnt, dass diese Hündin ursprünglich aus einer kontrollierten Zucht stammt und von einem »Züchter« abgegeben wurde, der sehr wohl einem, für seine propagierte Sorgfalt in Zuchtfragen stehenden Verein und Verband angehörte! Hundezucht teilt sich eben nicht in schwarz und weiß – und die Grauzone der Mittellage hat unendlich viele Farbnuancen.

Und noch eine bedenkenswerte Anmerkung zum Schluss, bevor wir uns eingehend mit dem Trächtigkeitsverlauf beschäftigen. Viele Züchter besuchen Ausstellungen, auch oder gerade mit trächtigen Hündinnen. In der Regel verbieten Ausstellungsordnungen das Vorführen von »sichtbar trächtigen« Hündinnen. Doch bis eine werdende Hundemama sichtbar tragend ist, ist die Trächtigkeit schon deutlich in der zweiten Hälfte, eher bereits im letzten Viertel. Bei einer Ausstellung wird die, in dieser Phase hoch sensible und durchaus anfälliger für Störungen befindliche Hündin nicht nur einem erhöhten Infektionsrisiko ausgesetzt, sondern auch mit einer Vielzahl stressender Faktoren konfrontiert. Auf relativ kleinem Raum befindet sich eine relativ hohe Anzahl Tiere, hektisches Treiben und Lärm, dazu nicht selten üble Gerüche überall, Nervosität und Anspannung der zugehörigen Menschen, die auf Titel und gute Bewertungen hoffen und von ihren Hunden eine Menge an Ruhe, Duldsamkeit und »Perfektion« erwarten. Nicht selten bringen Aussteller nach erfolgtem Ausstellungsbesuch neben Urkunden und Pokalen unliebsame »Gäste« (Flöhe und sonstige Parasiten) mit nach Hause oder Krankheitserreger für Zwingerhusten und anderes. Selbst, wenn eine Hündin nach außen ruhig und gelassen erscheint, können Stressoren in ihr wirken. Und auch, wenn man sich mit ihr etwas abseits hält, kann sich in ihr gefühlter Stress ausbreiten, weil sie um ihren Zustand weiß und hormonell bereits auf Nachwuchs und Brutpflege eingestellt ist. Deshalb sollte tunlichst abgewogen werden, ob der Besuch einer Großveranstaltung dieser Art wirklich notwendig ist und nicht besser davon abgesehen wird. Natürlich bietet sich hier eine gute Werbeplattform, um potentielle Käufer für den erwarteten Nachwuchs zu erreichen. Doch sollte das Wohl von Mutter und Kindern höher gestellt werden.

Häufig besuchen Züchter deshalb auch Ausstellungen, ohne die vermeintlich Mutter werdende Hündin mitzunehmen und wägen sich damit in Sicherheit. Doch kann auch dies trügerisch sein. Selbst wenn Kleidung komplett gewechselt wird, das Auto komplett gereinigt und ausgesaugt, ein Restrisiko bleibt. Natürlich lässt sich nicht jedes Risiko ausschließen und selbstverständlich soll, darf und muss eine trächtige Hündin nicht in Watte gepackt werden! Jeder Spaziergang konfrontiert ebenso mit diversen Eindrücken und Erregern, die Hündin kann sich erschrecken, es kann zu unschönen Konfrontationen kommen und, und, und. Das »normale« Leben ist schon nicht zu kalkulieren und Ereignisse nicht vorhersehbar. Doch besteht ein Unterschied zwischen Alltag und den damit zusammenhängenden Notwendigkeiten und – eigentlich in dieser Zeit überflüssigen – Zusatzaktionen.

› *Einer trächtigen Hündin müssen Stress und Strapazen erspart bleiben.*

## NORMALER VERLAUF DER TRÄCHTIGKEIT UND MEDIZINISCHE EINFLÜSSE

Die Entwicklung der Hundeembryonen hat eine Reihe von Besonderheiten. Dies beginnt bereits damit, dass die Hündin vor dem Eisprung deckbereit ist und auch die Samenzellen im weiblichen Fortpflanzungstrakt etwa eine Woche lebensfähig bleiben. Die Eizelle muss zwei bis drei Tage im Eileiter sein, um befruchtungsfähig zu werden. Aus diesen Gründen ist eine exakte Bestimmung der Trächtigkeitsdauer anhand des Decktermins nicht möglich. Eizelle und auch Embryos halten sich noch ca. 7 bis 9 Tage im Eileiter auf, und erst etwa mit dem vierten Tag nach der Befruchtung beginnen die Zellteilungen.

Um den 8. bis 9. Tag entstehen die sogenannten Blastozyten (Keimblasen), die nichts weiter sind als Hohlkugeln aus Zellen. Sie ernähren sich über die sogenannte Uterusmilch und beherbergen die embryonalen Stammzellen. Durch die Zilien des Eileiters werden diese Keimblasen in den Bereich der Gebärmutter transportiert.

Um den 10. Tag bildet sich die Neuralrinne aus, also das, was später das zentrale Nervensystem ist. Es bilden sich erst zwei parallele Wülste, zwischen denen senkt sich die Neuralrinne ein. Die Einsenkung wird immer tiefer, die Wülste wachsen wieder aufeinander zu und schließlich ist das völlig abgeschlossene Neuralrohr daraus geworden, wenn die Körperwand darüber wieder zusammengewachsen ist. Dadurch entsteht dann auch der Zentralkanal von Gehirn und Rückenmark.

Erst am 14. bis 15. Tag schließlich findet dann die Einnistung in die Gebärmutterwand (Nidation) statt. Dieser Vorgang ist von der Natur derart perfekt durchgeregelt, dass für jeden Embryo mit der ihm umgebenden Fruchthülle ein »Zimmer« (Fruchtkammer) zur Verfügung gestellt wird, das ihm ausreichend Platz in einem der beiden vorhandenen Uterushörnern bietet. Bewerben sich mehrere Embryos um die gleiche Wohnlage, um es etwas salopp auszudrücken, erhält nur einer den Mietzuschlag, die anderen sterben ab und werden resorbiert. So erhält jeder Welpe bereits in diesem Stadium seinen Platz mit genügend Raum und über seine eigene Plazenta Nahrung. Welpen und Mutter haben voneinander unterschiedliche, aber einander berührende Blutkreislaufsysteme, die die Nährstoffe übermitteln und Schadstoffe abführen.

Nun beginnt auch bereits die Differenzierung der Organanlagen. Bereits am 16. Tag ist der Vorläufer von Gehirn und Rückenmark, das Neuralrohr gebildet, etwa am 20. Tag hat der Embryo einen Schwanz bzw. eine Schwanzknospe, Augenbläschen, eine Herzwulst und deutlich erkennbare Kiemenbildung. Man spricht in diesem Stadium vom Schwanzknospenembryo. Hirnströme sind nun bereits messbar, der Kopf des Welpen erkennbar und hier und da gibt es bereits spontane Bewegungen. Am 22. Tag sieht man schließlich auch die Knospen der Extremitäten, und so etwa um den 30. Tag herum sind alle wichtigen Organsysteme angelegt und auch die spätere Körperform ist in ihren Grundzügen erkennbar. Von diesem Zeitpunkt an, wenn alle Organanlagen zumindest erkennbar sind und der Embryo die äußere Gestalt des zukünftigen Tieres zumindest in grober Näherung aufweist, spricht man übrigens von einem Fötus, die Zeitspanne wird als Fetalperiode bezeichnet. Embryonen sind streng genommen nur die ersten Entwicklungsstadien, während denen sich die Keimblätter und Organanlagen differenzieren. Föten sind diejenigen Stadien der vorgeburtlichen Entwicklung, bei denen die Organanlagen vorhanden sind und sich dann zu den Organen selbst weiter entwickeln.

In der 5. Trächtigkeitswoche erfolgt nun wieder ein Wunder der Natur, welches es auch beim Menschen gibt, dort jedoch zu Fehlentwicklungen führen kann: der physiologische Nabelbruch, in der Humanmedizin Omphalozele genannt. Hierbei wird der Darm aus der Körperhöhle ausgelagert, um Platz zu schaffen für die weitere Organentwicklung.

Ab dem 35. Tag etwa sind die Augenlider ausgebildet und auch die Ohren werden durch die Ohrmuscheln bedeckt. Die Zehen sind nun bereits getrennt voneinander und werden einige Tage später deutlich gespreizt. Bereits ab dem 35. Tag sind auch die äußeren männlichen Geschlechtsorgane erkennbar.

Ab jetzt ist ein rasantes Wachstum der Welpen festzustellen, das »Mütterchen« wird deutlich runder, ihr Gesäuge dicker, die Zitzen größer. Dennoch zeigt sich noch nicht wirklich ein voluminöser Bauch. Um den 40. Trächtigkeitstag verlagert sich der Darm dann wieder zurück in die Körperhöhle.

Ab 6. Trächtigkeitswoche werden die meisten Hündinnen deutlich ruhiger und oft auch etwas lauffaul. Sie brauchen aber Bewegung an der frischen Luft, sollten nur nicht überanstrengt und überfordert werden. In der 7. Trächtigkeitswoche beginnt das Skelett der Welpen zu verkalken. Nun sind auch bereits Welpenbewegungen von außen zu sehen oder zu fühlen – ein spannender Augenblick, wenn dies zum ersten Mal bemerkt wird! Ab dem 52. Tag ist die vollständige Körperbehaarung der Welpen vorhanden. Einige Organe, z. B. die Lunge, sind bei der Geburt aber noch nicht vollständig entwickelt, die Augenlider und die Gehörgänge sind noch geschlossen.

Den Schutz des Embryos übernehmen die Embryonalhüllen, mit der Aufgabe sowohl der Kontaktherstellung zum mütterlichen Gewebe und damit der Ernährung als auch des Schutzes der darin befindlichen Flüssigkeitspolster. Nur so kann der Embryo weitgehend frei von den Gefahren der Schwerkraft und der Austrocknung auch seine Entwicklung nehmen. Die Embryonalflüssigkeit der inneren Hülle, die Amnionflüssigkeit, ist jedoch noch aus anderen Gründen wichtig. Sie ist nämlich offensichtlich ein wesentlicher Bestandteil der auslösenden Reize, damit die Mutter sich nach der Geburt um die Welpen kümmert. Hunde besitzen eine Vollplazenta, das heißt, dass unter teilweisem Gewebeabbau des mütterlichen Gewebes eine sehr enge Verknüpfung zwischen mütterlichem und embryonalem Kreislauf entsteht. Dadurch ist ein sehr inniger Stoffaustausch möglich, jedoch entstehen dadurch eben auch bei der Geburt die größeren Wunden, die zu einem starken Blutverlust führen. Im Randbereich der Plazenta befindet sich eine Zone, in der es durch Zerstörung mütterlicher Gefäße zu Blutungen kommt. Die Abbauprodukte des dort ausgeströmten Blutes weisen eine grünliche Farbe auf, dieser grüne Saum ist für Hunde charakteristisch. Es wird angenommen, dass die Eisenversorgung des Embryos durch diese Blutabbauprozesse mit unterstützt wird.

Normalerweise trägt eine Hündin 63 Tage, Schwankungen um 4 Tage mehr oder weniger sind einigermaßen normal, jedoch können auch Schwankungen vorkommen, die eine Geburt zwischen dem 58. bis 72. Tag ergeben. Wie schon erwähnt, sind Deckdatum und Zeitpunkt der Befruchtung nicht unbedingt identisch, und dadurch ist die Berechnung der Trächtigkeitsdauer erschwert. Bei großen Würfen ist die Trächtigkeit normalerweise verkürzt, bei geringer Welpenzahl oder sogar Einzelwelpen verlängert. Bis kurz vor der Geburt wachsen die kleinen Hündchen im Mutterleib noch weiter. In den letzten Tagen vor der Geburt werden vor allem Energiereserven in der Leber angelegt. Daher sind diese letzten Tage der Trächtigkeit von größter Bedeutung für die spätere Lebensfähigkeit und das spätere Wachstum der Jungtiere.

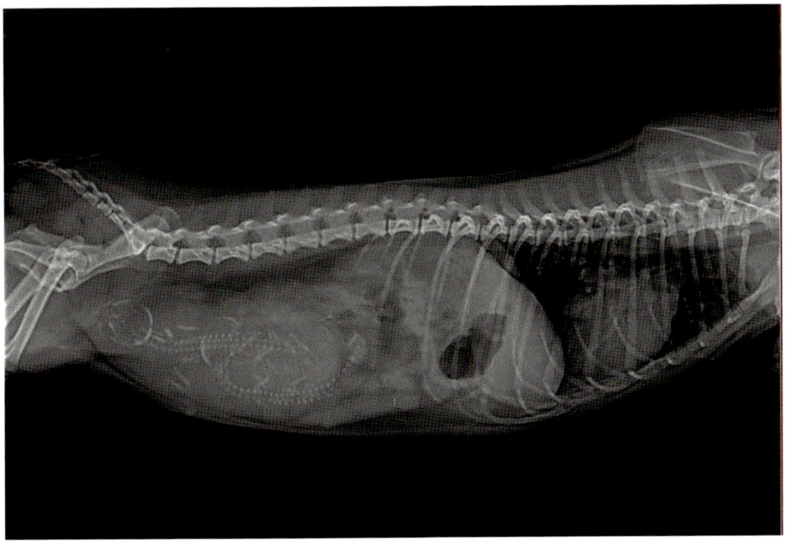

› *55. Trächtigkeitstag bei einem Zweierwurf.*

Dadurch erklärt sich auch, warum eine Deckmöglichkeit über viele Tage bis hin zu einer Woche nicht ratsam ist, auch wenn die Hündin sich noch belegen ließe und der Rüde sich deckwillig zeigt! Der dadurch eventuell entstehende individuelle Entwicklungsunterschied der Welpen führt dazu, dass die »ersten« (bezogen auf die Befruchtung, nicht auf den Geburtsverlauf!) Welpen bereits bei der Geburt im normalen Rahmen entwickelt sind, die zuletzt entstandenen Welpen aber kurzerhand mit »rausgeschmissen« werden, obwohl ihnen ein noch weiteres Verweilen im mütterlichen Brutkasten besser bekommen würde.

Eine Reihe von Einflussfaktoren können, selbst ohne besonderen Stress der Mutter, bereits auf die Lebensfähigkeit der Welpen Auswirkungen haben. So sind selbst bei ungestörter Geburt die zuletzt geborenen Welpen oftmals anfälliger für Krankheiten. Man vermutet, dass es sich dabei um die Auswirkungen einer jeweils physiologischen Sauerstoffunterversorgung dieser noch im Mutterleib befindlichen Welpen während der Kontraktion der vorangehenden Wehen handelt.

Es gibt deutliche Zusammenhänge zwischen der Körpergröße und der Welpenzahl. Bemerkenswert ist dies, weil vergleichbare Daten auch von nicht domestizierten Kaniden vorliegen (vergleiche Moehlmann und Hofer, 1998). Genau wie bei nicht domestizierten Kaniden haben auch innerhalb der Haushunderassen kleinere Rassen in der Regel weniger Jungtiere als große. Einige Ausnahmen davon betreffen Arten mit besonders langem Rumpf, etwa dem Dackel. Es scheint beim Hund also mehr um die Rumpflänge und weniger um die Körpergröße zu gehen. So beträgt die durchschnittliche Wurfgröße beim Papillon 2 bis 5, beim Cocker Spaniel 5 bis 6, beim Boxer und Deutschen Schäferhund 6 bis 8 und beim Bernhardiner 7 bis 9 Welpen. Dies spiegelt interessanterweise ziemlich genau die Trends der Welpenzahlen von vergleichbar großen, nicht domestizierten Kaniden wieder.

Bei manchen Rassen tauchen regelmäßig Berichte mit Wurfgrößen von bis zu 20 und mehr Welpen auf. Hier handelt es sich meistens um eine schon problematische Veränderung. Weder die Zeit noch die Energiereserven der Mutter reichen dann für eine umfassende Betreuung der Welpen aus, oft leiden alle unter dem Notprogramm, Zitzenplätze sind knapp und führen zu ständigen Auseinandersetzungen etc.

Daher ist es auch abzulehnen, wenn manchmal durch Hormongaben die Hündin zu größeren Wurfzahlen gebracht wird. Wurfgröße, Körpergröße und physiologische Leistungsfähigkeit stehen nämlich offenbar in engem Zusammenhang. Sie führen in der Regel auch zu Trächtigkeits- und Geburtsproblemen. Einlingswürfe dagegen zeigen meistens keine Besonderheiten in der Trächtigkeit, da die Einlinge jedoch meist schwerer und größer sind als der Rassedurchschnitt, kann es unter Umständen zu Spätgeburten oder zur Notwendigkeit eines Kaiserschnitts kommen.

Die Fütterung der Hündin während der Trächtigkeit ist von entscheidender Bedeutung für die Entwicklung der Welpen. Fettleibige Hündinnen weisen in der Regel geringere Welpenzahlen auf als der Rassedurchschnitt. Auch eine kohlenhydratarme und/oder eiweißarme Ernährung führt in der Regel zu einer Reduktion der Energiereserven der Welpen, kann zu erhöhter Sterblichkeit vor der Geburt und vor allem zu einer geringeren Lebensfähigkeit nach der Geburt führen. Wird durch künstliche Geburtseinleitung der Trächtigkeitszeitraum verkürzt, so werden die oben genannten Energiereserven der Welpen nicht ausreichend aufgebaut. Auch dies kann zu späteren Überlebens- und Entwicklungsproblemen führen. Normalerweise versucht der mütterliche Organismus, schwerwiegende Entwicklungsdefekte bei den Welpen zu vermeiden. Eher werden aus eigenen, also mütterlichen Organen, beispielsweise dem mütterlichen Skelett, Mineralien und andere lebensnotwendige Elemente zur Verfügung gestellt, meistens treten Krankheitssymptome der Mutter bereits auf, bevor die Föten absterben. Jedoch kann es durchaus vor allem in den ersten Teilen der Trächtigkeit zu einer verstärkten Resorption der Welpen kommen. Schon manch ein Züchter hat sich gewundert und traurig in die leere Wurfkiste geschaut, wenn ein (zu!) früher Ultraschall zwar Welpen gezeigt hat, dennoch keine Welpen geboren wurden. Auch wenn ein Ultraschall theoretisch ab dem 24. Trächtigkeitstag möglich ist, sollte man bis zum 32. Tag damit warten. Was dann zu sehen ist, bleibt in der Regel erhalten und ist später auch in der Wurfkiste zu sehen! Stress, Überforderung, leichte, klinisch völlig unmerkliche Erkrankungen der Mutter, aber auch mangelnde Passung des Rüden gerade in immunologischer Hinsicht, können für eine Resorption von Welpen ursächlich verantwortlich sein.

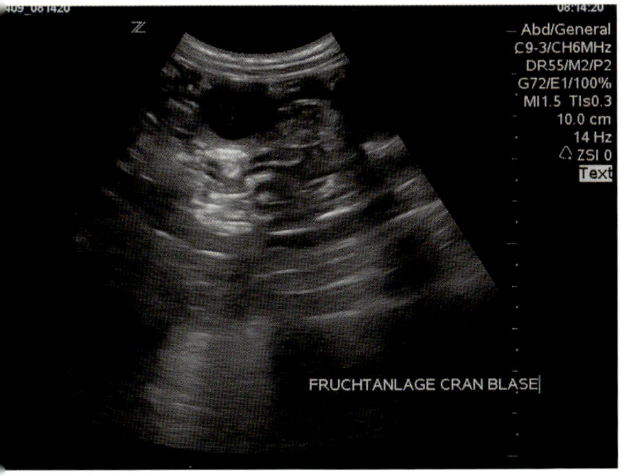


› *Ultraschall am 25. Trächtigkeitstag.*

## *Tragend oder nicht – das ist die Frage!*

Natürlich möchte man als Züchter so früh wie möglich wissen, ob es mit dem Decken geklappt hat und ob es Welpen gibt oder nicht. Viele Thesen und Mythen kursieren um die Frage »Ja« oder »Nein«. Und schon manch´ eine Hündin hat deutlichste Anzeichen einer Trächtigkeit gezeigt – physisch wie psychisch! – und war dann leider doch nicht wirklich tragend. Eine liebe Züchterkollegin und -freundin aus Österreich berichtet von dem »***Rotkäppchen-Syndrom***«, nach welchem sie in der dritten Trächtigkeitswoche eine deutliche Rotfärbung des unteren Zitzenrandes bei der werdenden Mutter feststellt. War die Rotfärbung sichtbar, war bei ihr später auch immer ein Wurf Welpen in der Wurfkiste. Wenn nicht, dann leider nicht.

Mangelversorgung vor allem mit Energie, Eiweiß und Vitamin B12 können zu einer Verringerung des Geburtsgewichts und damit auch zu einer gestörten nachgeburtlichen Entwicklung führen. Die bereits erwähnten Probleme bei kohlenhydratfreier oder kohlenhydratarmer Ernährung der Mutter sind von besonderer Wichtigkeit, da sich ja in Hundehalter- und teilweise Züchterkreisen immer noch hartnäckig das eben nicht zutreffende Gerücht hält, Hunde seien Fleischfresser und müssten daher kohlenhydrat- oder zumindest getreide- und stärkefrei ernährt werden. Dabei haben neuere molekulargenetische Untersuchungen (Axelsson et al., 2013) eindeutig belegt, dass Hunde zur Verdauung von Stärke und anderen Kohlenhydraten sehr wohl in der Lage sind und diese auch als Nährstoffe ganz dringend benötigen.

Mit steigender Wurfgröße nimmt ebenfalls die Sterblichkeit der Welpen zu, und auch mit steigendem Alter der Mutterhündin ist mit einer erhöhten Welpensterblichkeit zu rechnen. Normalerweise wirkt sich dieser Effekt erst in Altersstadien aus, in denen bei seriösen Zuchtverbänden ohnehin keine Zucht mehr erlaubt ist. Doch sollte dieser Umstand ruhig auch dahingehend Berücksichtigung finden, dass man das maximale Alter für eine Erstbelegung beschränkt und festhält, dass spätestens im 5. Lebensjahr eine Hündin zum ersten Mal Mutter wird oder ansonsten auf die Mutterschaft verzichtet.

Vor und kurz nach der Geburt ist die Sterblichkeit der männlichen Föten und Welpen erhöht, wahrscheinlich aufgrund einiger, auf dem Y-Chromoson angesiedelter sogenannte Letalfaktoren (siehe Kapitel 2). Auch einige andere Gene, etwa das Merle-Gen oder das Nacktgen, sind im reinerbigen Zustand mit Letalfaktoren und erhöhter Welpensterblichkeit belegt. Die Verpaarung solcher Träger ist daher nach dem Qualzuchtparagraphen § 11b TSchG nicht erlaubt.

Letztlich können auch einige Infektionskrankheiten bei der Mutterhündin zu Problemen während der Trächtigkeit oder der Geburt führen. Am bekanntesten dafür ist das Herpes-Virus, dass auch in Deutschland eine bedeutende Rolle bei erhöhter Neugeborenensterblichkeit spielt.

## INTERVIEW

***Frau Dr. med. vet. Annette Thomée, was ist von einer Herpes-Impfung der für die Zucht vorgesehenen Hündin zu halten?***

*Dr. Thomée:* Empfehlen muss man eine Herpes-Impfung meines Erachtens bei Zuchthündinnen, die einem hohen Infektionsdruck ausgesetzt sind, häufig auf Ausstellungen gehen oder viel Kontakt zu anderen Hunden haben. Herpes-Virusinfektionen verlaufen bei den Elterntieren häufig ohne erkennbare klinische Symptome. In seltenen Fällen kommt es bei ihnen zu einer serösen Rhinitis (eine Form von Schnupfen mit Nasenausfluss).
Es bleibt auch immer noch die Gefahr der Ansteckung durch einen infizierten Rüden beim Deckakt, insbesondere wenn er viel deckt. Bei der infizierten Hündin sieht man Bläschenbildungen an der Vulva und im Vestibulum (Scheidenvorhof), beim Rüden am Präputium (Vorhaut).
Empfehlen muss man die Impfung auch, weil die Herpes-Infektion schwerwiegende Folgen für die Hündin und die Welpen hat. Es kommt zu Aborten, Totgeburten und als Folgeerscheinung häufig zur Unfruchtbarkeit der Elterntiere.

Welpen stecken sich beim Muttertier über infizierte Sekrete aus Mund- und Nasenhöhle an, auch eine Infektion über die Plazenta ist denkbar. Die Infektion verläuft bei Welpen durch Septikämien (Blutvergiftungen) meist tödlich.
Hündinnen, die eine Herpes-Infektionen einmal durchlaufen haben, gelten als immun und übertragen Antikörper über die Kolostralmilch auf ihre Welpen, wodurch letztere geschützt werden.

## ALLGEMEINE AUSSENEINFLÜSSE WÄHREND DER TRÄCHTIGKEIT

Bereits in den ersten Abschnitten der Embryonalentwicklung, während sich die Organanlagen so ganz langsam heraus differenzieren und die äußere Form des Embryos immer mehr erkennbar wird, wirken sich Außenfaktoren auf die zukünftige Gestalt und möglicherweise auch auf das Verhalten und die Organfunktionen des Embryos aus. Bei einer ganzen Reihe von Tierarten konnte bspw. ein enger Zusammenhang zwischen einer sich entwickelnden Asymmetrie des Embryos und dem äußerlichen Stress der Mutter hergestellt werden.

Hier ist zunächst noch einmal kurz nötig, den Stressbegriff allgemein zu erklären. Stress entsteht dann, so Donald Broom, wenn ein Tier mit seinen eigenen Anpassungsfähigkeiten nicht mehr in der Lage ist, Kontrolle über seine Umwelt auszuüben. Erst dann, wenn diese Unfähigkeit, die eigene Umwelt zu kontrollieren, zu gesundheitlichen und/oder Fortpflanzungsnachteilen führt, spricht Donald Broom (2002) von Stress. Nicht zu bewältigende Problemsituationen für die Mutterhündin sollten also auch entsprechende Auswirkungen auf die Gesundheit und auf die Entwicklung der Embryonen haben. Wie bereits in Studien von mindestens 17 Vogel- und Säugetierarten belegt, entsteht Asymmetrie im Embryo vorwiegend dann, wenn die Mutter nicht zu bewältigende Stressoren erlebt. Hierzu gehören genauso gut Umweltfaktoren wie etwa Gifte, Klimaprobleme, Nahrungsmangel, wie auch soziale Faktoren wie soziale Instabilität oder Anwesenheit von gefühlten oder realen Feinden. Denken wir in diesem Zusammenhang auch nochmals an die vorher beschriebenen Ausführungen zur Mitnahme einer trächtigen Hündin zu Großveranstaltungen wie Ausstellungen oder Seminaren!

Die entstehenden Asymmetrien im Skelett müssen nicht immer von außen ohne weiteres sichtbar sein. Es handelt sich oftmals um kleine, relativ einfache Größenverschiebungen der vielen, in linker und rechter Körperhälfte ausgebildeter Knochen. Auch im Gebiss können solche Effekte auftreten. Hintergrund ist, dass die Aufrechterhaltung der ständig gleich bleibenden Konzentration von Wachstumsfaktoren, Nährstoffen und Hormonen zwischen der linken und rechten Körperhälfte ein sehr energieaufwendiger Prozess ist. Verlagert sich durch eine gesteigerte Umweltanforderung der Energiehaushalt der Mutter, werden diese Prozesse als erste dem Sparprogramm zum Opfer fallen. Auch der Zusammenhang zwischen der Regelmäßigkeit des Beleuchtungsregimes und der Asymmetrie in der Skelettentwicklung wurde bei Hühnerküken eindeutig belegt.

Die Konsequenzen der Asymmetrie sind vielfältig. So wurde belegt, dass asymmetrische Kühe schlechtere Milchqualität und geringere Milchproduktion aufweisen, bei menschlichen Frauen ist das Ausmaß von Asymmetrie in der Form und Größe der Brüste deutlich korreliert mit dem Auftreten von Brustkrebs, und ebenfalls beim Menschen wurde belegt, dass Menschen mit asymmetrischerem Körperbau einen geringeren IQ aufweisen. Asymmetrische Skelettentwicklung kann die Entstehung von Skeletterkrankungen wie HD, ED, OCD, Panostitis und Arthrosen begünstigen, wie weiter unten behandelt.

Untersuchungen an verschiedenen Vogelarten, besonders intensiv wurden hierbei Schwalben untersucht, zeigen zudem, dass bereits geringfügige Asymmetrien in der Länge der Schwanzfedern zu einem deutlich verringerten Paarungserfolg und zu einer Reduzierung der Attraktivität führen.

Genauere Zusammenstellungen von Møeller (1998) sowie Thornhill und Furlow (1998) zeigen auf, wie die Zusammenhänge zwischen verschiedenen Umweltstressfaktoren und der Embryonalentwicklung im Einzelnen funktionieren. Sie zeigen aber auch, dass die daraus entstehenden asymmetrischen Lebewesen eine ganze Reihe von weiteren Konsequenzen, vorwiegend Nachteile, in ihrem zukünftigen Leben haben. Um so mehr sollten wir darauf achten, dass die Bedingungen während der Trächtigkeit einer Mutterhündin solche Faktoren möglichst positiv beeinflussen und störende Elemente weitestmöglich ausgeschlossen werden.

Im Hinblick auf Hunde wurde diese allgemeine Abhängigkeit bisher nicht untersucht. Da die genannten Studien aber eine ganze Reihe von Tierarten, inklusive unserer eigenen Spezies, aus den Klassen der Vögel und Säugetiere, sowie sogar einige Fischstudien umfassen, können wir mit Fug und Recht annehmen, dass dies auch bei Hunden funktioniert. Wieder ist es ratsam, eher das noch nicht Bewiesene als möglich anzunehmen und zu berücksichtigen, als es aufgrund der noch ausstehenden Belege schlichtweg zu ignorieren oder von sich zu weisen. Gerade die bei Hunden aus unklarer Herkunft, mit Tierschutz- oder Auslandshintergrund oder anderen, oftmals suboptimalen Bedingungen oft auftretenden Gelenkprobleme könnten hierdurch teilweise erklärbar sein. Unbestreitbar ist gerade die Problematik von Hüft-, Ellenbogen- und anderen Gelenkproblemen bei Hunden eine multifaktoriale Geschichte. Ernährung, falsche Bewegung, Genetik und Umwelteinflüsse spielen hier in sehr komplexer Weise zusammen. Einer der Umwelteinflüsse aber kann sehr wohl auch hier in dem allgemein bekannten Zusammenhang zwischen asymmetrischer Skelettentwicklung und Stress der Mutter während der Trächtigkeit liegen.

Ebenfalls bei vielen Tierarten, nicht zuletzt auch aus der Nutztierforschung belegt, bestehen Zusammenhänge zwischen mangelnder Ernährung der Mutter, sei es durch stressbedingtes Hochfahren des Basalstoffwechsels, sei es durch Mineral- oder Nährstoffmangel selbst, und der Anheftung der Plazenta in der Gebärmutter. Ein verringerter Progesteronspiegel, wie er oftmals von solchen Ernährungsfaktoren verursacht wird, führt zu einer mangelnden Entwicklung der Schleimhaut der Gebärmutter und damit auch zu einer verringerten Fähigkeit zur Einnistung des Embryos und späteren Ausbildung und Gewebsdurchdringung der Plazenta. Die Folge sind in der Regel leichtere, kleinere und allgemein weniger gut entwickelte Embryonen und Föten. Die Folge sind aber unter Umständen auch stärkere Resorptionsraten und ein höheres Abortrisiko.

Auch im Zusammenhang mit dem Hirnstoffwechsel gibt es einige Verhaltensauffälligkeiten, von denen wir noch nicht die genaueren Einflussfaktoren wissen, die hier aber erwähnenswert sind. Bradshaw (2011) zählt unter anderem Störungen im Dopamin- und Serotoninhaushalt auf. Gerade durch die Veränderungen im Bereich des Dopamin- und Serotoninsystems können Faktoren wie Hyperaktivität, Konzentrationsschwäche, allgemein schlechte intellektuelle Entwicklungen (beim Menschen einschließlich beeinträchtigter Sprachentwicklung), mangelnde emotionale Kontrolle und beim Menschen zumindest auch Schizophrenie entstehen. Beeinträchtigte Lernfähigkeiten, geringere Differenzierung und geringe Perfektionierung des Spielverhaltens und eine allgemein abgeschwächte Fähigkeit, sich Herausforderungen zu stellen, sind weitere, auch bei Labortieren und Affen durchaus bestätigte Auswirkungen.

› *Viele vorgeburtliche Einflüsse wirken sich auf die Welpenentwicklung aus.*

## AUSWIRKUNGEN VON SEXUALHORMONEN AUF SPEZIELLE HIRNREGIONEN UND DEREN FUNKTION

Die Wirkungen der Sexualhormone in der Entwicklung des Gehirns sind ganz oft von einer bahnenden oder auch kanalisierenden Wirkung. Das bedeutet, dass oftmals zum Zeitpunkt, zu dem ein Verhalten gezeigt wird, die Anwesenheit einer erhöhten Hormonkonzentration gar nicht mehr nötig ist. Erstmals belegt, gerade bei Hunden, hat dies bereits in den 1940er Jahren und danach der amerikanische Hormonforscher Frank Beach.

Frank Beach konnte zeigen, dass nur männliche Hunde und weibliche Individuen, denen vor oder spätestens im Zeitraum rund um die Geburt das männliche Hormon Testosteron gespritzt wurde, später zum Markieren das Beinchen hoben. Des Weiteren interessierten sich auch nur männliche Hunde und weibliche, die vor oder während der Geburtszeit Testosteron gespritzt bekamen, für senkrechte Pfähle, Laternenpfähle, Baumstämme und andere typische Markierorte. Also auch das Annähern, Beschnuppern und Untersuchen solcher senkrechter Strukturen in der Landschaft ist offensichtlich eine Spätwirkung einer vorgeburtlichen Testosteronanreicherung im Gehirn. Dass die späteren Testosteronausschüttungen während der Pubertät gar nicht mehr notwendig waren, konnte Frank Beach dadurch zeigen, dass er Hunde in einem Experiment bereits bei der Geburt kastrierte. Selbst diese unmittelbar nach der Geburt kastrierten Tiere hoben dann, sobald sie in die Pubertät kamen, das Bein.

Vergleichbare Auswirkungen von Sexualhormonen sind jedoch auch in anderem Zusammenhang noch von Interesse. Beginnend mit den Studien des amerikanischen Forschers vom Saal (1989), fortgesetzt von anderen Arbeitsgruppen wie bspw. von John Vandenbergh, Norbert Sachser und Silvia Kaiser, wurden die Auswirkungen von Testosteron im vorgeburtlichen Zustand auf Gehirn und Verhaltensentwicklung verschiedenster Tierarten genauer untersucht. Am bekanntesten sind die Phänomene, bei denen weibliche Embryonen oder Föten von ihren männlichen Geschwistern oder von einer besonders testosterongesteuerten Mutter mit dem vorgeburtlichen Testosteronschub versehen wurden. Diese Tiere zeigen insgesamt vermännlichtes Verhalten, aber auch eine deutlich männliche Morphologie, etwa mit einer veränderten Ausprägung von Geschlechtsöffnungen. Auch das Streifgebietsverhalten ist anders, sie zeigen deutlich männliches Patrouillier-, Territorial- und Markierverhalten. Zumindest im Falle der Meerschweinchen ist die bekannteste Verhaltensänderung das Auftreten der Balzverhaltensweise »Rumba«, die von diesen testosterongesteuerten Meerschweinchenweibchen in ähnlicher Weise wie bei echten männlichen Tieren gezeigt wird. Wir berichteten bereits ausführlich hierüber. (siehe Kapitel 1).

Alle diese Untersuchungen erinnern eben an mitgeteilte Züchtererfahrungen. Viele Alltagsbeobachtungen an Hündinnen, die bisweilen als Rüdinnen bezeichnet werden, bekräftigen es. Viele Hündinnen heben nicht nur zum Markieren das Bein, sondern zeigen auch sonst eher rüpelhaftes, bisweilen auch ganzjährig aggressives Verhalten gegen Menschen und andere Hunde, unabhängig von ihrem Zykluszustand. Oftmals sind diese Hündinnen dann besonders maskulin im Aussehen, haben robustere Knochen, stärkere Bemuskelung, üppigere Behaarung – alles Merkmale, die ebenfalls vom sogenannten männlichen Hormon Testosteron verursacht werden. Bindungsstellen (Rezeptoren) für Testosteron finden sich nämlich gerade in der Muskulatur und in den Anlagen des Knochenbaus. Wird dort dann von diesem Hormon tatsächlich eine Bindungsstelle besetzt, führt dies zu einer verstärkten Gewebsbildung und damit eben zu robusteren Knochen oder kräftigerer Muskulatur. Die genannten Rüdinnen sind dann eben oftmals auch als einzige Hündin in einem Wurf mit lauter männlichen Geschwistern oder zumindest als nach der Geburtsreihenfolge eindeutig zwischen zwei männlichen Geschwistern im Mutterleib gelegene Welpen zu identifizieren. Wer hierzu einmal eigene Wurfdokumentationen überprüfen möchte, der bedenke aber bitte, dass in der Regel Welpen abwechselnd aus dem linken und dem rechten Uterushorn geboren werden, daher die Welpen aus ungerader (1, 3, 5, 7) bzw. gerader (2, 4, 6, 8) Wurfposition diejenigen sind, die nebeneinander lagen.

› *Rüdinnen sind oftmals als einzige Hündin in einem Wurf mit lauter männlichen Geschwistern oder zumindest als nach der Geburtsreihenfolge eindeutig zwischen zwei männlichen Geschwistern im Mutterleib gelegene Welpen zu identifizieren.*

Bemerkenswert ist, dass es zumindest ein Tiermodell auch für den gegenteiligen Effekt gibt. Züchtererfahrungen wiederum beschreiben, dass wenn ein einzelner Rüde unter lauter weiblichen Geschwistern fällt, dieser oft besonders sensibel, eher zart gebaut und in seinem Verhalten eher der gute Onkel für die nachfolgenden Welpengenerationen ist, anstatt sich selbst als guter Deckrüde entsprechend maskulin zu präsentieren. Der amerikanische Forscher Ben Galef (Clark und Galef, 1995) hat dazu ein nennenswertes, gut passendes Modell gefunden: Die mongolische Rennmaus. So abstrus es erscheint, mongolische Rennmäuse mit Hunden vergleichen zu wollen, in einem wesentlichen Punkt ähneln sich die beiden Arten tatsächlich. Und das ist das Sozialsystem. Auch mongolische Rennmäuse bilden erweiterte Elternfamilien, bei denen die Jungtiere vorangehender Würfe auch nach ihrer Entwöhnung und Unabhängigkeit noch bei den Eltern bleiben, um bei der Aufzucht jüngerer Geschwister mitzuhelfen. Die Babysitterfunktion, die sie dann übernehmen, entspricht ziemlich genau der, die wir auch von Hundeartigen kennen. Und hier beginnt nun die eigentliche Parallele: Ben Galef hatte nämlich eine Reihe von männlichen Rennmäusen, die eindeutig als einziges männliches Jungtier in einem Wurf von lauter weiblichen Geschwistern geboren wurden. Alle diese männlichen Rennmäuse zeigten sich viel mehr dazu motiviert, als Babysitter zu Hause zu bleiben, sich um die jüngeren Geschwister zu kümmern, diese zu putzen, zu wärmen, zu betreuen und mit ihnen zu spielen, anstatt nach dem Erreichen der Geschlechtsreife selbst abzuwandern und in der Gründung einer eigenen Familie ihre Fortpflanzungserfolge zu suchen. Vorgeburtliche Einflüsse von Sexualhormonen sind sehr groß. Aber auch in anderen Bereichen des Gehirns sind durch die vorgeburtlichen Hormoneinflüsse schon erhebliche Programmierungen und Veränderungen zu beobachten.

## DAS STRESSSYSTEM WÄCHST MIT SEINEN AUFGABEN

Bei den Auswirkungen stressender und belastender Situationen auf die schwangere Mutterhündin bzw. deren Weitergabe an die noch ungeborenen Welpen, müssen wir uns wiederum mit den beiden unterschiedlichen Stressformen und Stresssystemen befassen. Das aktive Stresssystem, dass von den Hormonen Adrenalin und Noradrenalin gesteuert wird, ist offensichtlich während der Embryonal- und Fötalentwicklung noch nicht besonders empfindlich. Jedenfalls gibt es bisher nicht viele Hinweise darauf, wie sich ein aktiviertes Adrenalin-Noradrenalinsystem der Mutter auf die Entwicklung der Jungtiere im Einzelnen auswirken könnte. Einzelne Hinweise deuten jedoch an, dass Hyperaktivität, möglicherweise auch Konzentrationsschwäche und ähnliche, eher unspezifische Auswirkungen bei den Ungeborenen entstehen können. Untersuchungen an Ratten, Ziegen und Schweinen (Rousel et al., 2005) zeigen zum Teil erhöhte emotionale Reaktivität bei Tieren, deren Mütter vor der Geburt erhöhten Katecholaminstress hatten, sich also beispielsweise in deutlicher oder regelmäßiger Kampf- oder Fluchtmotivation befanden. Ein Extrembeispiel aus der Hundewelt (leider wahr!) ist eine Hündin, die hochtragend in eine Schutzhundeprüfung gebracht wurde.

Männliche Tiere wurden nach solchen Katecholaminanstiegen eher inaktiver, weniger neugierig und weniger reaktionsbereit. Allgemeine Erregbarkeit und verstärkte Aktivität, bisweilen auch häufige Aktivitätswechsel, also geringe Stetigkeit im Verhalten, waren weitere Spätfolgen des vorgeburtlich erhöhten Katecholaminspiegels. Letztlich wurden als chemische Ursachen dafür erhöhte Aktivitäten der für die Hormonbildung zuständigen Enzyme gefunden.

Später, nach der Geburt, ändert sich dies. Wird dann der Hund in die Lage versetzt, eigene Erfahrungen zu machen, problematische Situationen zu lösen und mit seiner eigenen Problemlösefähigkeit damit auch positive Erfahrungen zu verknüpfen, so wird unter dem wiederholten Einfluss des dann produzierten Noradrenalins die Rechnerkapazität (Zellzahl und Verknüpfungsdichte) in den Zentren des Mittelhirns vergrößert, was der Fähigkeit der aktiven Stressbewältigung dient. Eine wiederholte, immer wieder erfolgreiche Bewältigung von belastenden, aber eben doch überstandenen Situationen führt daher eher zu einer Stabilisierung und zu einer größeren Gelassenheit im Umgang mit vergleichbaren Situationen in der Zukunft. Man lernt eben aus den Erfahrungen heraus, dass diese bewältigbar sind und man sich deshalb nicht allzu heftig darüber aufregen muss. Diese lernverstärkende und verhaltensstabilisierende Wirkung des Noradrenalins ist jedoch erst nach der Geburt nachweisbar. Vor der Geburt sind solche Erkenntnisse noch nicht getroffen worden.

Wie im vorherigen Absatz besprochen, sind aktive und erfolgreiche Problemlösungen der Mutter eher auf dem Umweg über die Testosteronproduktion der Mutterhündin und dessen Übergang in die Kreisläufe der ungeborenen Welpen bekannt. Die Wirkungen sind jedoch auch hier, wie zum Beispiel Studien an Primaten und Nagetieren zeigen, bei männlichem und weiblichem Nachwuchs wieder entgegengesetzt: Weibchen werden maskulin und allgemein im Verhalten robuster (inkl. Rumbatanz bei Meerschweinen), Söhne dagegen eher entwicklungsverzögerte Muttersöhnchen und »Weicheier«. Diese Wirkungen lassen sich auch an veränderten Zellverknüpfung im Gehirn ablesen.

› *Man lernt aus den Erfahrungen heraus.*

Ganz anders jedoch sind die Wirkungen des passiven Stresssystems mit den Leithormonen der Nebennierenrinde, vorwiegend des Cortisols. Eine vorgeburtliche Erhöhung des Cortisolspiegels durch unbewältigbare Stressoren oder Kontrollverlusterlebnisse der Mutter, führt tatsächlich zu einer Veränderung der Hirnarchitektur des Welpen. Auch hier wächst das Gehirn mit seinen Aufgaben. Während jedoch das Wachstum der für die aktive Stressbewältigung zuständigen Zentren eher zu einer Verbesserung der Problemlösungsfähigkeit und damit zu einer psychischen Stabilisierung führt, führt das

Wachstum der mit dem passiven, nicht bewältigbaren Stress verknüpften Hirnregionen eher zu einer größeren Stressanfälligkeit, Angstanfälligkeit und oftmals emotionaler Instabilität. Für die Entstehung von Angst, Panik und anderen Reaktionen des passiven Stresssystems sind mehrere Zentren des Gehirns verantwortlich. Da ist zunächst der vordere Teil des seitlichen Stirnhirns, vor allem dessen rechte Hirnhälfte. Neben dieser, als präfrontaler Cortex bezeichneten Region, ist es noch der Mandelkern (Amygdala), der für die emotionale Bewertung nahezu aller Situationen und Erlebnisse verantwortlich ist. Im Bereich des Bodens des Zwischenhirns (Hypothalamus) entspringen die Fasern, die letztlich die Stresshormondrüsen aktivieren. Und dann gibt es noch den blauen Kern (Nucleus coeruleus), von dem Fasern zu den beiden Teilen des Stresssystems, dem aktiven Stresssystem des Nebennierenmarks wie auch dem passiven Stresssystem der Nebennierenrinde, führen. Über die Entwicklungen der genannten Hirnteile ist in den letzten Jahrzehnten bei sehr vielen Labortieren, auch bei Primaten einschließlich des Menschen, geforscht worden. Kurz zusammengefasst sind vor allem im Bereich des Nucleus coeruleus, des blauen Kerns, die Wirkungen der vorgeburtlichen Stressoren auf die Mutter nachgewiesen. Mütter, die vor der Geburt z. B. durch unregelmäßige Nahrungsversorgung, Feinddruck, soziale Instabilität oder andere, nicht bewältigbare Stresssituationen belastet waren, erhöhen nicht nur ihren eigenen Cortisolspiegel. Dieser wirkt sich dann auch auf die Entwicklung des Gehirns der Ungeborenen aus, da Cortisol eben sehr gut über die Placenta auch in den Nabelschnurkreislauf der ungeborenen Jungtiere gelangen kann. Je mehr Cortisol die Mutter hat, desto stärker wächst der blaue Kern – und desto empfindsamer ist dann das Stresssystem des daraus entstehenden Jungtieres.

In Bereichen des frontalen Stirnhirns, das ebenfalls an der Entstehung von Angst und Stress beteiligt ist, sind ebenfalls veränderte Empfindlichkeiten bei Jungtieren von gestressten oder emotional stabilen Müttern belegt. Da die genannten Hirnregionen in Form eines Netzwerks durch Nervenfasern miteinander verbunden sind und sich die Erregungen auch gegenseitig hin und her schieben, ist klar, dass jede Veränderung, egal an welcher Stelle, an welchem Knotenpunkt des Netzwerks auch immer, zu einer bleibenden Auswirkung auf das Verhalten des gesamten Organismus führen dürfte.

In der Humanpsychiatrie sind die Untersuchungen über die Auswirkungen bereits am weitesten gediehen. So zeigte sich, dass die Kinder von während der Schwangerschaft stark gestressten Müttern, vor allem, wenn diese Kontrollverluststress und eine übermäßige Aktivierung ihres Cortisolsystems erleben mussten (z. B. durch Trauer um einen sehr nahe stehenden Menschen, Verbrechen oder andere schwerwiegende und traumatische Erlebnisse), selbst Jahrzehnte später noch zu einer erhöhten Anfälligkeit für Selbstmordtendenzen, Schizophrenie und Depressionen bei den Nachkommen dieser gestressten Mütter führen.

Besonders spannend sind die neuen Studien, die einen Zusammenhang zwischen vorgeburtlichem Stress der Mutter oder Serotoninmangel und später beeinträchtigtem Oxitocin-Vasopressin-System des Nachwuchses belegen. Das Oxitocin-Vasopressin-System ist besonders für die Fähigkeit sozialer Beziehungsbildung, sowie Unterstützung in Stresssituationen und die daraus entstehenden positiven Auswirkungen auf soziales Lernen, psychische Stabilität und Gesundheit zuständig. Serotonin (siehe Kapitel 7) ist entscheidend für Affektkontrolle und gelassene

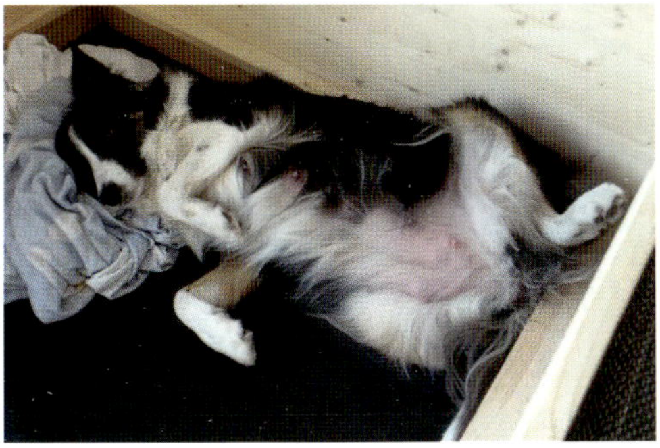

Grundstimmung und wird auch als natürlicher Stimmungsaufheller und körpereigenes Antidepressivum bezeichnet.

Vorgeburtlicher Stress durch Kontrollverlust, z. B. durch länger andauernde, eingeschränkte Bewegungsmöglichkeiten, Alkohol, Umweltchemikalien, Angstzustände, aber auch vorgeburtlicher Serotoninmangel, führen häufig zu später verringerter Bildung von Oxitocin, Vasopressin und deren Bindungsstellen. In der Folge kommt es insgesamt zu beeinträchtigtem Sozialverhalten (de Souz et al., 2013, Wolstenholm et al., 2012), aber auch zu erhöhter Ängstlichkeit (He, 2014). Taylor et al. (2012) zeigte bei Ratten einen Zusammenhang zwischen Immunreaktionen der Mutter und Spielverhalten sowie Vasopressionsystem ihrer Söhne. Hatte die Mutter in der Trächtigkeit eine erhöhte Immunaktivität, z. B. bei Krankheit, litt das Vasopressinsystem der Söhne und damit deren neurologische Sozialkompetenz.

## WAS DIE MUTTER NICHT ISST ...

Selbst in einem so abgegrenzten und besonderen Bereich wie den Nahrungsbevorzugungen ist durch vorgeburtliche Einflüsse bereits eine erste Entwicklung nachweisbar. Versetzt man das Futter einer schwangeren Mutterhündin mit Aromastoffen, so stellt man hinterher fest, dass die Welpen beim Übergang zu fester Nahrung solches Futter bevorzugen, dass auch diese Aromastoffe enthält. In einem Teil der Versuche hatte man die Aromastoffe mit der Geburt der Welpen abgesetzt oder durch andere ersetzt. So konnte man nachweisen, dass diese Aromastoffe sowohl über den mütterlichen Kreislauf und den Plazenta-Kreislauf das Gehirn des Ungeborenen, als auch über die Muttermilch später das Gehirn des bereits geborenen Welpen erreichen. Welpen von Müttern, die die gleichen Aromastoffe während der Trächtigkeit und der Säugezeit gefüttert bekamen, entwickelten eine stärkere Bevorzugung für diese Duft- und Geschmacksstoffe als Welpen, deren Mütter entweder nur in der Schwangerschaft oder nur in der Säugezeit mit dem jeweiligen Duftstoff konfrontiert waren (Wells und Hepper, 2006).

Aromastoffe sind hier nicht automatisch als künstliche Aromastoffe zu verstehen. Die Bezeichnung »aromatische Verbindung« bezieht sich lediglich auf die chemische Struktur der betreffenden Moleküle und damit auf deren Eigenschaft, eben auch durch die Gefäßwände der Plazenta ins Blut des embryonalen Kreislaufes überzutreten und später offensichtlich auch über den Hirnkreislauf des Embryos dessen Gehirnstrukturen beeinflussen zu können. Auf welchen Mechanismen genau diese Duft- und Aromabevorzugung dann schließlich beruht, ist noch unklar. Nachgewiesen ist sie allemal. Und das bedeutet, dass möglichst eben schon die trächtige Mutterhündin mit möglichst vielen verschiedenen Futterarten gefüttert werden sollte, um den Embryonen und späteren Welpen eine möglichst breite Palette von interessanten und später wünschenswerten Futterstoffen anzubieten. Über die Bedeutung dieses Phänomens bei der nachgeburtlichen

› *Es schmeckt offenbar!*

Geruchs- und Nahrungsprägung werden wir an späterer Stelle dieses Buches noch berichten. Der Einstieg in die Nahrungsbevorzugung jedoch kommt offensichtlich bereits vorgeburtlich.

Zusammenfassend kann also festgestellt werden, dass das soziale Umfeld, die ökologische Umgebung, die Lebensgewohnheiten und die Haltungsbedingungen einer trächtigen Mutterhündin bereits in sehr vielen Formen und auf unterschiedliche Weisen auf die späteren Entwicklungsschritte und Persönlichkeitseigenschaften ihrer Nachkommen Einfluss nehmen werden. Die stabile Umgebung eines gut geführten Züchterhaushalts mit allen, für die Mutterhündin notwendigen Formen sozialer Unterstützung, Rückzugsmöglichkeiten und der Fähigkeit zur eigenen Problembewältigung, sind also erhebliche Voraussetzungen für die spätere positive Entwicklung der Welpen.

## ZUCHTMIETE

Auch Praktiken wie etwa Zuchtmiete, bei denen trächtige Mütterhündinnen außerhalb ihrer angestammten Familie und des vertrauten Umfelds gewissermaßen ausgelagert werden, sind hochgradig bedenklich und abzulehnen. Gern argumentiert ein Mietzüchter, dass es in seinem Fall etwas anderes wäre, da die Hündin aus seiner eigenen Zucht stammt und somit mit ihm und dem Umfeld bestens bekannt sei. Das ist aber etwas blauäugig und die Situation – bewusst oder unbewusst – schönredend, denn Fakt ist, dass der Welpe ursprünglich ausgezogen ist und nun als erwachsenes Tier ein anderes Lebensumfeld hat. Gerade in der hochsensiblen Phase der Trächtigkeit und Mutterschaft wirken sich effektiv erlebte, individuell verspürte oder auch nur gemutmaßte Neuerungen, Veränderungen und Instabilitäten aus. Bei dem einen Tier mehr, bei dem anderen weniger, hier deutlich spürbar, dort vielleicht gar nicht bemerkbar bei der Mutterhündin, aber mit unerklärlichen Auswirkungen beim Nachwuchs in Form erhöhter Infektanfälligkeit, verringerter Belastbarkeit, retardierter Entwicklung. Und ist das sprichwörtliche Kind in den Brunnen gefallen, dann liegt es drin!

Manch´ einem Mietzüchter sind solche Risiken durchaus bewusst und er möchte vermeiden, sich selbst als Mietzüchter outen zu müssen. Ein geeignetes Mittel für solche Fälle: die doppelte Eigentümerschaft! Auf der Ahnentafel wird der Züchter kurzerhand als Miteigentümer eingetragen, so dass es nicht auffällt, wenn Hündin von Frau X oder Herrn Y bei Züchter Z Welpen zur Welpen bringt, da Züchter Z ja offizieller Mitbesitzer des Tieres ist. Effektiv lebt die Hündin aber nicht im Züchterhaushalt, sondern in anderer Umgebung und wird zu Zuchtzwecken »umgesiedelt«. Hier erlebt sie ein völlig anderes Keimfeld, einen völlig anderen Sozialstatus, muss sich mit von ihrer gewohnten Routine abweichenden Tagesabläufen auseinandersetzen und sich diesen unterordnen. Sie hält sich eben nicht an ihrem »1. Wohnsitz« auf – und das ist ebenso bedenklich und mit Risiken verbunden, als würde ein noch nicht als »Mütterchen« entlarvtes Individuum z. B. aus Tierschutzgebaren aus dem gewohnten Umfeld gerissen (Umsiedelung gedeckter Hündinnen, deren Trächtigkeit – noch – nicht bekannt ist). Mutterschaft beginnt ja nicht erst mit der Geburt von Welpen, und Risiken werden nicht dadurch minimiert, dass bei Zuchtmieten Hündinnen ab dem Zeitpunkt der Belegung oder mindestens vier Wochen vor dem erwarteten Geburtstermin der Welpen beim Züchter einquartiert werden, wie es manche Zuchtreglements vorschreiben.

Apropos Zuchtreglements: In den meisten Zuchtvereinen und Zuchtverbänden wird die Zuchtmiete nur als Sonderfall vorgesehen und als züchterische Ausnahme genehmigt. Manche Zuchtvereine verbieten sie generell, was sinnvoller erscheint. Was sind Gründe für eine Zuchtmiete? Wenn argumentiert wird, dass gerade diese eine Hündin so wertvoll für die Zucht ist, so sollte der jeweilige Zuchtverein lieber jegliche Unterstützung anbieten, um den eigentlichen Besitzer zu befähigen, der Hündin samt ihrer zugehörigen Menschen im gewohnten Umfeld stressfrei und umsorgt eine Mutterschaft zu ermöglichen, statt mit mehr oder weniger schwammigen Bestimmungen Zuchtmieten zuzulassen. Anderenfalls scheinen eher Geld und züchterische Profilierung im Vordergrund zu stehen. Die Hündin wird zur Sache, die Welpen zur Ware ... – Und das ist nicht nur gesetzes-, sondern eigentlich sogar verfassungswidrig!

# KAPITEL VIER

# Geburt / Geburtsverlauf

- Die natürliche Geburt
- Geburt und Stress
- Die Geburt per Kaiserschnitt

Eine Geburt ist die natürlichste Sache der Welt. Eine tragende Hündin ist nicht krank und eine gebärende Hündin (bei normalem Geburtsverlauf!) nicht in einem besorgniserregendem gesundheitlichen Ausnahmezustand. Dennoch ist es selbstverständlich ein spannender, aufregender und für alle Beteiligten auch anstrengender Vorgang – für die effektiv werdende Mutter physisch wie psychisch, für die Menschen in der Warteschleife und auf Beobachtungsposten mental anstrengend. Und jede Geburt ist irgendwie anders, das wissen vor allem die »alten Züchterhasen« zu bestätigen.

Schon in den Tagen vor dem eigentlichen Geburtstermin steigt der Stresslevel, die Hündin wird unruhiger und mit ihr der Züchter. Wird alles gut gehen? Geht es ohne Komplikationen glatt? Werden die Welpen gesund zur Welt kommen und die Mama alles gut überstehen? Viele Fragezeichen, viele Sorgen, viele Gedanken – und da soll man ruhig bleiben und der Hündin Ruhe, Normalität und Sicherheit vermitteln. Keine leichte Aufgabe, das muss zugegeben werden! Gerade Zuchtanfänger haben da manchmal einen schwierigen Stand. Ein Segen, wenn sich ein erfahrenerer Zuchtkollege bereit erklärt, das Geburtsgeschehen vor Ort (oder wenigstens mittels einer Telefonstandleitung) mit zu begleiten, sinnvolle Tipps zu geben, die sich kräuselnden Nerven des Züchters immer wieder etwas glattzubügeln und ein offenes Ohr für die Sorgen und Fragen, aber auch Begeisterungsstürme in dieser Phase bietet. Bei Anwesenheit vor Ort sollte es aber eine bekannte und vertraute Person sein, die gleichermaßen von Hund und Mensch geschätzt wird und dessen Anwesenheit gern gesehen ist und nicht in stressender Duldung ausartet! Manchmal möchten auch Welpeninteressenten, nette Nachbarn, Kum-

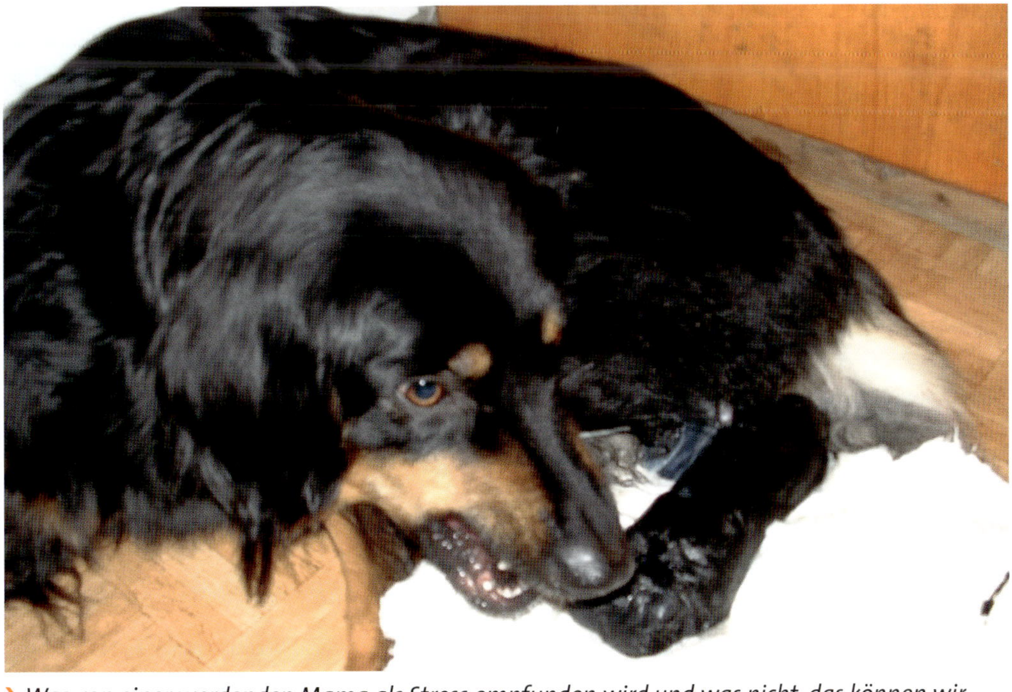

› *Was von einer werdenden Mama als Stress empfunden wird und was nicht, das können wir Menschen gar nicht bis ins Detail ermessen.*

pel der Kinder oder andere Fremdpersonen dem Ereignis Hundegeburt beiwohnen. Bei allem Verständnis für diese Anteilnahme und freudige Erwartung, so sollte aber auch der Hündin in dieser Situation eine gewisse ruhespendende Intimität und ungestörte Vertrautheit zugestanden werden. Wir haben bereits in den vorangegangenen Ausführungen hinreichend darauf hingewiesen, wie ungünstig sich jeglicher unnötige Stress auswirken kann. Und was letztlich wirklich stressend von der werdenden Mama empfunden wird, das können wir Menschen gar nicht bis ins Detail ermessen.

Im Rahmen dieses Buches soll nun nicht der gesamte Geburtsverlauf bis ins letzte Detail beschrieben werden. Zu diesem Thema gibt es hervorragende andere Bücher wie z. B. von Aldington/Sieber (1984) oder Hansen (2006), auf die im Anhang verwiesen wird. Unser Schwerpunkt liegt auf verhaltensbiologische Zusammenhänge, so wollen wir uns im Wesentlichen auf diese Einflüsse auch in diesem Kapitel beschränken.

## DIE NATÜRLICHE GEBURT

Gerade wenn der Zeitpunkt der Geburt naht – die Temperatur fällt meist deutlich ab auf Werte unter 37° und das Wiederansteigen gibt Aufschluss auf den Geburtsbeginn innerhalb der nächsten 24 Stunden, die Flanken sind eingefallen, die Hündin ist unruhig und mehr oder weniger stark hechelnd, um nur einige Anzeichen zu nennen -, braucht die Hündin ihre vertraute Umgebung und ihre direkten Bindungspartner um sich herum. Der Tierarzt des Vertrauens sollte informiert werden, dass das glückliche Ereignis unmittelbar bevor steht und sich für den Fall der Fälle in Rufbereitschaft befinden. Auffallend häufig beginnen Hundegeburten spätabends, nachts oder in den frühen Morgenstunden und die Dauer ist äußerst variabel. Mal geht es »Schlag auf Schlag«, mal zieht es sich über viele Stunden. Selbst Geburten über zwei Tage sind möglich und müssen nicht gleichbedeutend mit Totgeburten einhergehen. Gerade bei großen Würfen mit neun, zehn oder noch mehr Welpen geht es oft zügig los, verlangsamt sich dann unter Umständen oder die Hündin schläft zwischendurch ein wenig, um neue Kräfte zu sammeln. Eine Pause zwischen zwei Welpen von bis zu zwei Stunden kann durchaus vorkommen und ist nicht grundsätzlich ein Warnsignal für Geburtsschwierigkeiten. Doch sollte die Hündin gut beobachtet werden, um beurteilen zu können, ob sie »nur« etwas ruht und Kräfte sammelt oder ob sie in deutlichen Presswehen verweilt, ohne dass die Geburt voranschreitet, was ein Alarmsignal für Komplikationen und eine Situation für die Nachfrage beim Tierarzt oder dessen Herbeirufen sein sollte. Eventuell müssen wehenstärkende Maßnahmen ergriffen werden, die nicht jeder Züchter eigenmächtig zu leisten in der Lage ist.

Kommt die Geburt nicht richtig in Gang, so werden Menschenmütter in Krankenhäusern gern ins Treppenhaus geschickt, um Stufe für Stufe rauf und runter zu laufen. Auch unsere Hundemütter können durchaus noch etwas bewegt werden. Und manch ein erster Welpe kam auf einer Autofahrt zur Welt. Doch sollten derartige Maßnahmen nicht unnötig ergriffen werden und die Hündin beunruhigen, doch einen Versuch sind sie durchaus wert, wenn man seine Hündin kennt und weiß, was man ihr zumuten kann. Und letztlich kann der Beginn einer Geburt im Auto ja auch auf dem Weg zum Tierarzt ausgelöst werden. Deshalb bei notwendigen Tierarztfahrten mit der vor der Geburt stehenden Hündin Decken, Tücher und eine Wärmflasche sicherheitshalber mit an Bord haben! Und

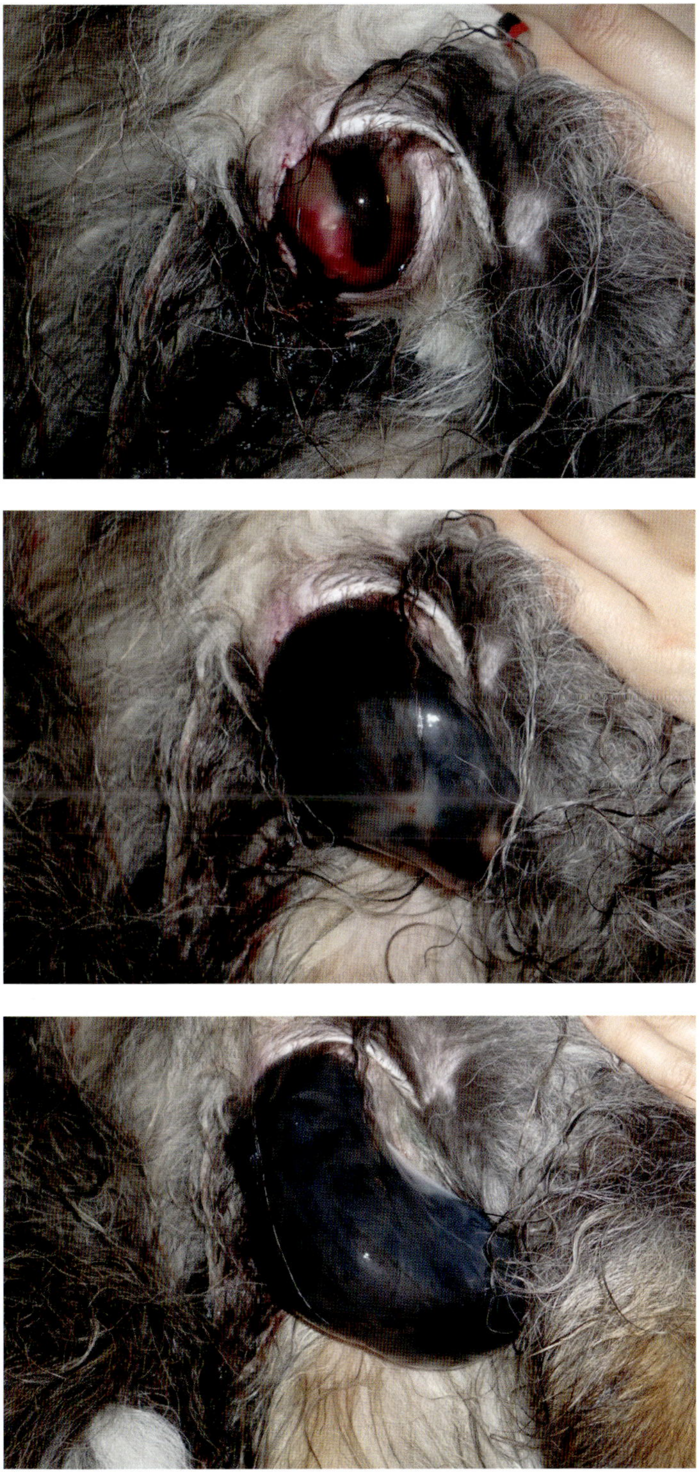

› *A new star is born!*

ist der erste Welpe dann erst einmal geboren, dann sollte das Auto umgedreht und der Heimweg angetreten werden, denn meist geht nun alles seinen normalen Gang und der Tierarztbesuch ist überflüssig und nur noch in Ausnahmefällen nötig.

Ist die Hündin erschöpft, so können durchaus stärkende Hausmittel angeboten werden, wie z. B. ein Gemisch aus Kaffee mit Milch (1:1) und Traubenzucker. Manchmal wird behauptet, das wäre »giftig« für Hunde; die Generationen von Hundemüttern, die dies Getränk dankbar angenommen haben, belegen aber das Gegenteil.

Immer wieder zu lesen und vom Grundsatz her auch durchaus korrekt, ist der Hinweis auf die Sauberkeit der Wurfkiste und der Wurfumgebung. Doch auch hierbei wird manchmal etwas zu viel des Guten betrieben. Kein Wildtier desinfiziert vor der Niederkunft die gesamte Wurfhöhle plus Umgebung, dennoch überleben Mutter und Nachwuchs. Die Wurfkiste nach dem Aufstellen gründlich zu reinigen, eventuell auch mit Desinfektion auszusprühen, ist noch akzeptabel. Doch unmittelbar vor dem Geburtstermin sollte auf jegliche scharfen Chemikalien (und nichts anderes sind Desinfektionsmittel!) verzichtet werden. Für den Geburtsverlauf sollten gewaschene Handtücher stapelweise zur Verfügung stehen, die Wurfkiste selber mit saugfähigen Tüchern oder Unterlagen ausgekleidet sein. Ist die Geburt abgeschlossen, so können Mutter und Kinder kurzfristig »ausgesiedelt« werden (Welpen dabei warm halten, eventuell zu einer in Tüchern gewickelten Wärmflasche legen) und die Kiste chemiefrei säubern und neu mit Tüchern, Decken und/oder Unterlagen auslegen. Und dann alles zurück ins frisch gemachte Bett und Ruhe und Erholung walten lassen! Nun sollte sich das Zutun des Züchters auf Zuschauen und Staunen beschränken, die Mutter bei ihrer neuen Aufgabe nicht gestört, aber nach deren Wünschen und Bedürfnissen begleitet und ihr zur Seite gestanden werden.

## INTERVIEW

***Frau Dr. med. vet. Annette Thomée, wie kann ein Züchter den Kreislauf der Mutter bei der Geburt und der Welpen nach der Geburt unterstützen?***

***Dr. Thomée:*** Ich habe meinen eigenen Hündinnen, aber auch Hündinnen, die bei uns in der Klinik geworfen haben, während und nach der Geburt immer Milchkaffee mit Traubenzucker zur Kreislaufunterstützung angeboten. Die Hündinnen haben diesen in der Regel gerne genommen, während sie der Kaffee 1–2 Tage nach der Geburt nicht mehr interessierte.

Nach der Geburt schnorchelnde Welpen sollte man sich mit dem Rücken in die Handfläche legen, Kopf nach oben. Den Kopf mit dem Zeigefinger mittig und rechts und links mit Daumen und Mittelfinger ebenso wie den Körper gut fixieren, den Arm dann kräftig nach unten schlagen. Das aus den Nasenöffnungen austretende Fruchtwasser entfernt man vorsichtig mit einem weichen Läppchen. Eventuell muss die Prozedur wiederholt werden.

Zur Atemstimulanz kann ein Tropfen Respirot oder Dopram-V auf die Zunge der Welpen gegeben werden. Manche Züchter schwören auch auf einen Tropfen (!) Cognac.

Frau Dr. med. vet. Thomée ist eine renommierte Tierärztin, Leiterin einer Tierklinik und Züchterin von Boxern. Ihre auf Erfahrung und Kompetenz beruhenden Tipps werden dennoch kontrovers diskutiert. Es empfiehlt sich, im Vorfeld (!) einer Geburt mit seinem Haustierarzt zu sprechen, sich geeignete Maßnahmen für Notsituationen benennen und zeigen zu lassen und mögliche Handgriffe zu üben.

Manche erstgebärenden Hündinnen sind – sehr zur Enttäuschung der Züchter – von der extra angeschafften Wurfkiste wenig begeistert und beäugen sie mehr skeptisch als euphorisch. Sind womöglich noch andere Hunde mit im Haus, so kann es vorkommen, dass diese gern und ausgiebig die Kiste beziehen, die vorgesehene Haus- bzw. Kistenherrin aber desinteressiert an der ihr zugedachten Wurfhöhle vorbeigeht. Bitte unterlassen Sie jegliche Versuche der »Zwangsbegeisterung«. Selbst, wenn die Hündin sich entschließt – und diese Wahl sollte man ihr zugestehen –, ihre Welpen auf ihrer eigenen Decke im Flur, auf dem Lieblingsplatz im Wohnzimmer oder auch auf der ihr gewohnten Couch zur Welt zu bringen, so lassen sich nach der Geburt Mutter und Kinder leicht umsiedeln – und dann gibt es in der Regel auch keine Probleme und die Kiste wird gern angenommen. Ein guter Schutz von Teppichen, Couchbezügen u. a. sind übrigens Inkontinenzbetttücher (keine Spannbetttüchen, sondern Laken!), die eine größere Fläche abdecken, keine Flüssigkeit nach unten lassen und nach der Geburt ausgekocht werden können.

## *Unglaublich – schwer vorstellbar – bemerkenswert – schon vorgekommen: Erlebnisse und Anekdoten*

Zum ersten Mal soll Hündin Marla Mutter werden. Alles ist vorbereitet, die Wurfkiste steht bereits seit zwei Wochen am Ort und ist für den Geburtsverlauf eingerichtet. Alle Anzeichen deuten darauf hin, dass »es« heute Nacht passiert. Die Spannung wächst! Als Marla immer heftiger hechelt, schicken Herrchen und Frauchen sie in die »tolle Kiste«. Marla marschiert bereitwillig hinein, um dort ein paar Runden zu kratzen und zu scharren und dann schnurstracks wieder hinauszuhopsen. Als sie vor der Kiste anfängt zu pressen, lassen ihre Menschen sie gewähren. Welpe Nummer 1 kommt auf einer Decke vor dem eigentlich vorgesehenen Wurfareal, der Kiste, zur Welt. So geht es weiter bis zur Nummer 4, dann wird es etwas eng, denn so war es ja nicht geplant. Frauchen denkt pragmatisch und legt die Welpen bei einer neuerlichen Presswehe einfach neben sich in die Kiste, so dass Marla Platz zum Pressen und Gebären hat. Die Hundemama schaut kurz zu, scheint

› *Nicht immer wird die Wurfkiste begeistert angenommen. Doch das legt sich in der Regel bald und gründlich, wenn die Welpen erst auf der Welt sind.*

aber einverstanden und ist mit anderen Dingen gerade dringender beschäftigt. Und was macht Marla? Sie bringt ihren nächsten Welpen zur Welt, packt ihn, nachdem sie ihn beleckt und die Plazenta gefressen hat, legt ihn zu den anderen in die Kiste und geht selber auch hinein. Dort kontrolliert sie alle Kinder, beleckt und stupst sie, liegt kurz bei ihnen und geht dann wieder vor die Kiste, um dort den nächsten Kameraden zur Welt zu bringen. Das Spiel wiederholt sich: Auspacken aus der Fruchthülle, belecken, abnabeln, Plazenta fressen, Welpe packen und in die Kiste legen. Sie legt sich dazu, lässt die Welpen saugen und kümmert sich um diese, verlässt bei der nächsten Presswehe wieder die Kiste und so weiter. Neun putzmuntere Welpen kommen zur Welt und nach Beendigung der Geburt liegt die gesamte Familie entspannt und zufrieden in der – schön sauber gebliebenen! – Kiste!

Hundewelpen sind sogenannte Nesthocker, nach der Geburt noch hilflos und insgesamt nicht vollständig ausgereift. »Die Körperzusammensetzung der Welpen zeigt ebenfalls die physiologische Unreife auf (Meyer et al., 1985). So sind Trockensubstanz- und Proteingehalte im Vergleich zum adulten Hund niedrig, der Wassergehalt und damit einhergehend der Natriumgehalt jedoch erhöht. Die niedrigen Gehalte an skelettbildenden Mineralstoffen – Calcium und Phosphor – bringen den geringen Reifegrad besonders zum Ausdruck. Sie beruhen sowohl auf einer geringen Mineralisierung der Skelettknochen als auch auf einem geringen Skelettanteil im Körper. Bei kleineren Rassen, die mit einem größeren relativen Geburtsgewicht zur Welt kommen, ist die Mineralisierung der Skelettknochen bereits weiter fortgeschritten als bei Tieren von größeren Rassen mit einem geringeren relativen Geburtsgewicht (Meyer et al., 1981).« (Unsöld, Diss. LMU, 2003, S. 13)

Um die Atmung zu aktivieren ist es notwendig, dass die Welpen von der mütterlichen Zunge leckend massiert werden. Bei deutlich reglosen Welpen, kann der Züchter diesen Mechanismus nachahmen, indem er sich den Neugeborenen in einem Handtuch auf die Handfläche legt und ihm mit einem zweiten Handtuch mit sanftem (!) Druck über Nacken und Rücken streicht. Auch ein kurzzeitiges (!) Halten des Welpennackens unter laufendes kaltes Wasser (der Welpe wird kopfüber gehalten, so dass das Wasser über den Nacken und über den Oberkopf läuft), kann zähe Lebensgeister wecken. Gerade in langen Geburtsverläufen kommen zum Schluss nicht selten etwas entkräftete Welpen zur Welt, die über die gezielte Kombination von Rubbeln und Wasser durchaus zurück ins Leben geholt werden können. Auch schnorchelnde Welpen, die offenbar Fruchtwasser in die Atmungsorgane bekommen haben, lassen sich über leichtes (!) Ausschlagen (der Welpe liegt komplett in der Handfläche, die andere Hand umschließt ihn mit, der Kopf wird durch die Hände abgestützt, dann führt man die

› *Ein Welpe kann auf unterschiedliche Weise zur Welt kommen: mit dem Kopf zuerst, mit dem Po zuerst, in der Fruchthülle, »ausgepackt« – alles möglich und alles normal.*

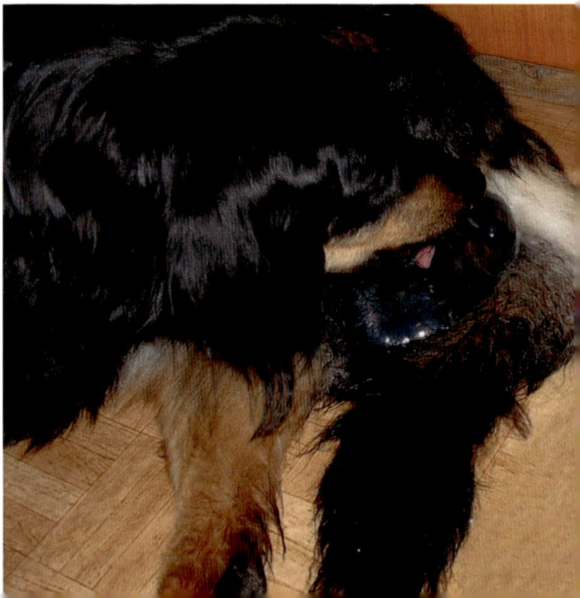

geschlossenen Hände mit dem kopfüber liegenden Welpen darin in einem Bogen gen Boden. Vorsicht: nicht fallen lassen, evtl. vor der Geburt trocken üben mit einem Stiftemäppchen! (Siehe auch Interview Thomée, Seite 96) Es ist übrigens völlig egal, ob Welpen mit dem Kopf oder mit dem Hinterteil zuerst geboren werden. Problematische Steißlagen gibt es bei Hunden nicht. Problematisch wird es nur, wenn ein Welpe quer vorm Geburtsausgang liegt, diesen quasi verschließt, und nachkommende Welpen bereits nachrücken, ohne den Querlieger in die korrekte Geburtsposition drücken zu können. Da bleibt dann meist nur der Kaiserschnitt.

Welpen, die vor dem 58. Trächtigkeitstag geboren werden, sind in der Regel nicht überlebensfähig. Sie haben das durchschnittliche Geburtsgewicht der für sie üblichen Rasse oder ihres Typs noch nicht zu 75 % erreicht und weisen einen noch sehr eingeschränkten und unzureichenden Entwicklungsstand auf. »Bei Welpen mit deutlich unter dem Durchschnitt liegendem Geburtsgewicht kann sich der im Vergleich zu schwereren Welpen geringere Reifegrad an verschiedenen Organsystemen zeigen. So liegen am Respirationstrakt eine unvollständigere Entwicklung der Alveolen, eine schwächere Atemmuskulatur und eine abnormale Elastizität vor. Dadurch kann kein Unterdruck erreicht werden und es kann vorkommen, dass manche Welpen nur periodisch atmen. Oft ist die Fähigkeit zur Glucuronidierung in der Leber nicht ausreichend gegeben, was zu Ikterus begleitet von Hypoglykämie und Hypoproteinämie führen kann. Die Niere eines untergewichtigen Welpen ist nicht fähig, Urin zu konzentrieren, die Clearance von Harnstoff, Chlorid, Kalium und Phosphor ist damit erniedrigt. Können die Stoffwechselabfallprodukte aus den Zellen nicht so schnell abtransportiert werden wie sie entstehen, kann es zur Ödembildung kommen. Die bakterizide und bakteriostatische Wirkung des Serums ist geringer. Welpen kühlen aufgrund eines Mangels an isolierendem Fett schnell aus, insbesondere untergewichtige Welpen sind anfällig für Hypoglykämie, Sepsis, Lungenentzündung und Blutungen. Nach dem Tod eines solchen Welpen kann man ein abnormales Leber/Hirn – Verhältnis feststellen. Kräftige, lebhafte Welpen weisen eine mindestens doppelt so große Lebermasse als Gehirnmasse auf. Ist die Lebermasse weniger als 1,5 mal so groß wie die Hirnmasse, stirbt der Welpe üblicherweise (Mosier, 1978).« (Unsöld, Diss. LMU, 2003, S. 14)

Dem Geburtsgewicht kommt nach Meyer et al. (1985) eine große Bedeutung bei der Bewertung der Überlebenschance bei. Fehlernährung oder Erkrankungen der Mutter, Umweltgifte, Stress oder angeborene Defekte können niedrige Geburtsgewichte verursachen. Laut Statistik liegt das relative (!) Geburtsgewicht eines Welpen bei ca. 2,25 % des Gewichts der Mutter. Wie oben bereits angemerkt wurde, liegen größere Rassen etwas unter dem relativen Mittel, kleinere Rassen etwas darüber. Eine regelmäßige Gewichtskontrolle, in den ersten drei Wochen täglich, danach wöchentlich, gibt Aufschluss über gesunde Zunahmen und entlarvt »Kümmerlinge«. Welpen sollten nach zehn Tagen ihr Geburtsgewicht verdoppelt haben. Früher wurde häufig behauptet, dieses sei bei Abschluss der ersten Lebenswoche geschehen, was viele Züchter arg unter Druck gesetzt hat, wenn es bei ihren Welpen nicht so war. Völlig zu Unrecht, denn die 10-Tage-Frist entspricht wesentlich eher der Realität! Auch die weitere Gewichtsentwicklung verursacht manchem Züchter Kopf- und Magenschmerzen. Haben die Kleinen korrekte Gewichte, bekommen sie alles, nehmen sie gut zu? Auf Seite 111 zeigen wir als Beispiel die Gewichtsentwicklung eines mittelgroßen Hundes.

## GEBURT UND STRESS

Gern wiederholen wir, was bereits an anderen Stellen hinreichend ausgeführt wurde: Stress während des Geburtsverlaufs ist unbedingt zu vermeiden und wirkt sich negativ auf die Mutter und ihre noch zur Welt kommenden oder gerade gekommenen Nachkommen aus. Ein besonderes Augenmerk gilt hier dem ersten Wurf einer Hündin, er ist prägend für alle weiteren Geburtsverläufe! Diesem wichtigen Umstand haben wir in Kapitel 6 deshalb einen eigenen Abschnitt gewidmet, siehe Seite 130. So wird auch nochmals deutlich, wie schwierig die Situation für Mütter (und in der Folge für das weitere Leben der Nachkommen!) ist, die z. B. erst kurz vor einer Geburt in ein neues Zuhause kommen, in ein Tierheim überstellt werden oder sich anderweitig mit völlig veränderten, von ihrer gewohnten Routine unterscheidenden Umgebungs- und Alltagssituationen abfinden und sich mit diesen auseinandersetzen müssen! Daher mag die Einrichtung eines Wurf- und Welpenzimmers vom Züchter gut gemeint sein, für die Hündin aber eine psychische Belastung darstellen, wenn sie nun in dieser angespannten Phase aus der ihr gewohnten und vertrauten Umgebung herausgenommen wird. Und so paradox es klingen mag, gleiches gilt, wenn der Hund in der Regel (was eigentlich für das Sozialwesen Hund von uns eh komplett abgelehnt wird, aber eben vorkommt!) in reiner Zwingerhaltung dahin vegetieren muss, nun aber für die Geburt und die erste Aufzuchtsphase in einen Stall, Keller oder sonst wohin umziehen muss. Das gewohnte Umfeld fehlt!

Natürlich bringen auch Komplikationen während oder nach der Geburt Stressoren mit sich, die Auswirkungen auf die Kinder und deren Entwicklung haben. Komplikationen begründen sich nicht nur auf physiologische Störungen, auch die psychische Verfassung darf nicht unterschätzt werden. Oftmals bekommen wir Menschen stressende Vorgänge gar nicht mit, unterschätzen Einflüsse, achten zu sehr auf körperliche Normwerte und offensichtliche Gegebenheiten und interpretieren Situationen und Reaktionen nach menschlichen Maßstäben. Vielleicht verursachen die vor Begeisterung quiekenden und um die Wurfkiste herumspringenden Kinder der Familie Unruhe, vielleicht verbreiten die weiteren im Haushalt mitlebenden Hunde eine Atmosphäre der Unsicherheit, vielleicht tobt gerade zum Zeitpunkt der Geburt draußen ein Sturm oder ein Gewitter, was die Hündin verängstigen und was sie mit dem Geburtsgeschehen in kausalen Zusammenhang bringen kann.

An dieser Stelle sei darauf hingewiesen, dass die esoterische Welle mittlerweile durchaus auch ins Wurfzimmer der Hundezüchter geschwappt ist. Feng Shui wird ebenso für unsere Vierbeiner angeboten und findet durchaus (zahlungskräftige!) Abnehmer unter den Hundebesitzern. Auch wenn segensreiche Einflüsse auf die Hundepsyche durch z. B. DAP-Geruchsstoffe bekannt und nachgewiesen sind, so lässt sich nicht automatisch ableiten, dass bestimmte Räucheressenzen und vermeintlich beruhigender Walgesang von unseren Fellnasen mit ihren wesentlich weit reichenderen Sinnesleistungen ebenso aufgenommen werden wie von uns Menschen. Wobei auch manch´ Zweibeiner von solchen Dingen eher nervös gemacht wird, statt sich zu entspannen.

## INTERVIEW

***Frau Dr. med. vet. Annette Thomée, was halten Sie von Calcium Frubiase während der Geburt?***

*Dr. Thomée:* Calcium Frubiase Ampullen während der Geburt halte ich für sehr sinnvoll. Je nach Größe der Hündin während der Geburt 1/2–1 Ampulle ein- bis zweimal. Sinnvoll ist es aber auch, die Calciumzufuhr bereits in der zweiten Hälfte der Trächtigkeit und in der Säugephase zu steigern und zwar nicht nur im Hinblick auf die Skelettentwicklung der Welpen, sondern auch um einer purperalen Tetanie vorzubeugen.
Die Hündin braucht während der Trächtigkeit keine erhöhten Futtermengen, aber wie in der Säugephase ein qualitativ hochwertigeres Futter, insbesondere, was die Eiweißqualität und das Calcium betrifft.
In der zweiten Hälfte der Trächtigkeit und während der Säugephase (und hier besonders!), empfiehlt sich die Beifütterung von Calcium citricum (je nach Größe der Hündin und des Wurfes 2–6 Tbl. tgl.).

## DIE GEBURT PER KAISERSCHNITT

Es gibt immer wieder Gründe, die einen Kaiserschnitt nötig machen (z. B. Querlage eines Welpen, Einfrüchtigkeit, Wehenschwäche u. a.). In der Regel werden heutzutage Kaiserschnitte operativ so durchgeführt, dass die Hündin ohne Probleme ihre Welpen nach dem Eingriff säugen kann. So erhalten die Kleinen die für ihre Entwicklung und ihr Immunsystem so wichtige Kolostralmilch (Milch der ersten vier Tage). »Das neonatale Immunsystem ist noch nicht voll funktionsfähig, der Immunstatus ist stark abhängig vom Antikörpertiter, den der Welpe hauptsächlich (90–95 %, Tizard, 2000) über das Kolostrum und nur zu 5–10 % über die Placenta endotheliochorialis während der Gravidität bekommt. Die relative physiologische Reife des Organismus wird durch das Geburtsgewicht widergespiegelt.« (Unsöld, Diss. LMU, 2003, S. 14)

Dennoch bleiben die Auswirkungen einer Narkose auf Mutter und Kind/er, auch wenn diese von den Veterinärmedizinern als gering bezeichnet werden. Im Interesse der betroffenen Lebewesen sollte daher gründlich abgewogen werden, ob der Kaiserschnitt überhaupt nötig ist oder ob nicht zumindest zuerst andere Versuche unternommen werden können, um die Geburt auf natürliche Art und Weise vonstatten gehen zu lassen. Es ist schon auffällig, dass z. B. an Sonn- und Feiertagen oder zu späteren Abendstunden, noch bevor ein Wehentropf gelegt wird, lieber gleich »das Messer gefetzt« wird. Natürlich geht ein Kaiserschnitt schneller und bringt mehr Einnahme nach der Gebührenordnung. Leider sieht es in der Humanmedizin auch nicht viel anders aus ... Doch das dürfen nicht die Hauptkriterien sein. Deshalb hinterfragen Sie Ihren Tierarzt, wenn er zum Kaiserschnitt rät, ob es nicht andere Maßnahmen gibt, die risikofrei eine natürliche Geburt vielleicht noch ermöglichen.

Hündinnen, die nur über Kaiserschnitt ihre Welpen zur Welt bringen können, haben in der Zucht nichts zu suchen. Ihnen fehlen zumeist auch viele andere Fähigkeiten des Brutpflegemechanismus´, die über Hormonausschüttungen während der Geburt in Gang gesetzt werden. Und komplette Rassen, deren Hündinnen eine natürliche Geburt aufgrund der physiologischen Gegebenheiten von Mutter und/oder Kindern gar nicht mehr bewerkstelligen können, müssen/sollten ihre Zuchtstrategien von Grund auf überdenken, denn hier kann etwas nicht stimmen und Inhalte des Qualzuchtparagraphen (§ 11b TSchG ) scheinen zum Tragen zu kommen!

### INTERVIEW

***Frau Dr. med. vet. Annette Thomée, welche Risiken bestehen bei einem Kaiserschnitt für Mutter und Welpen?***

*Dr. Thomée:* Es gibt nichts schöneres als eine normale Geburt – und keine Narkose ohne Risiko. Ist ein Kaiserschnitt unabdingbar, sei es durch ein Hindernis im Geburtskanal, einen querliegenden Welpen, Wehenschwäche o. a., sollte nicht lange gezögert werden. Bei Wehenschwäche sollte zuerst ein Wehentropf gelegt werden, um zu schauen, ob sich dann etwas tut. Hat die Hündin massive Presswehen, geht Fruchtwasser ab und es tut sich danach innerhalb der nächsten 3–4 Stunden aber nichts, hat man die normalen Möglichkeiten, wie einmal um den Block oder Treppen laufen (immer schön mit Handtuch bei Fuß) ausgeschöpft, sollte ein Tierarzt konsultiert werden. Je länger man wartet, desto größer ist die Kreislaufbelastung für die Hündin und umso größer das Narkoserisiko.

# 5 Die Umgebung:
## Nicht zu hektisch und nicht zu steril, aber sauber, risikofrei und trocken

- Die Wurfkiste
- Die Einrichtung der Wurfkiste
- Rund um die Wurfkiste
- Standort der Wurfkiste

Obwohl wir in den vorangegangenen Kapiteln schon immer wieder auf wesentliche Kriterien zur Umgebung von Mutter und Kindern zu sprechen gekommen sind, möchten wir noch einmal ausdrücklich auf wichtige Dinge, wenn auch teils wiederholend, hinweisen. Ergänzend einige Begebenheiten aus hinweisen oder berichtet bekommenen Erfahrungen.

## DIE WURFKISTE

Eine Wurfkiste sollte aus nicht splitterndem, leicht zu säubernden Materialien unter Verzicht auf chemiehaltige Anstriche oder Verbindungselemente hergestellt sein. Das keine herausstehenden Nägel, Schrauben oder sonstige Dinge mit Verletzungsrisiko angebracht sein dürfen, versteht sich von selbst. Der Sinn und Unsinn übermäßiger Desinfektion wurde bereits ausreichend angesprochen. Eine gute Größe lässt sich leicht ermitteln, indem man die Größe eines für den Hundetyp der Mutter passenden Körbchens oder Kissens ca. verdoppelt, schließlich sollen Mutter und Kinder ausreichend Platz haben, aber sich auch nicht in einer zu großer Kiste verlieren. Eine rundum verlaufende Randsicherheitsleiste (siehe auch Seite 158) ist ausdrücklich zu empfehlen. Der vordere Eingang der Kiste muss höhenverstellbar sein, so dass die Hündin mit dickem Bauch bzw. hängendem Gesäuge leicht ein- und aussteigen kann, die Welpen aber vorm Herauspurzeln aus der Kiste gesichert sind. Hat die Wurfkiste kleinere Füße, so dass sie nicht direkt auf dem Boden steht, kann unter der Kiste eine Luftzirkulation stattfinden. Es ist darauf zu achten, dass es nicht zu kalt in der Bodenregion ist. Besteht die Kiste nur aus einer Art Rahmen, so ist ebenfalls auf die Bodentemperatur zu achten. Eventuell erweist sich die Unterlage von Styroporplatten (Baumarkt) als sinnvolle Isolierung, die aber entsprechend ganzflächig und atmungsaktiv (!) abgedeckt werden muss. Plastikplanen sind hierzu ungeeignet, da sich Kondenzfeuchtigkeit bilden kann, die dann nicht entweicht und innerhalb des Kistengrunds verbleibt. Ungefähr ab der 3. Lebenswoche der Welpen sollte die Kiste auf einer Seite komplett geöffnet werden, damit die Kleinen, deren Entdeckergeist nun geweckt ist und die zusehends aktiver werden, die Kiste nach eigenem Gusto verlassen können. Nun wird die Welpenwelt großräumiger abgesteckt und z. B. durch variabel aufstellbare Welpengitter begrenzt.

› *Eine handwerklich hervorragend gearbeitete Wurfkiste vom »Hummeljakob« aus dem Erzgebirge. (www.hummeljakob.de)*

### *Unglaublich – schwer vorstellbar – bemerkenswert – schon vorgekommen: Erlebnisse und Anekdoten*

Bella hat einen gesunden, sechsköpfigen Wurf zur Welt gebracht. Zuerst entwickeln sich die Kleinen sehr gut, die täglichen Gewichtszunahmen sind stetig und im erfreulichen Rahmen. Alles ist rege und munter, der Züchter zufrieden. Am 10. Lebenstag der Hundekinder bemerkt der Züchter einen leicht säuerlichen Geruch in der Kiste. Dann bemerkt er recht breiige Kotabsonderungen, deren Konsistenz ausgeflockt erscheint und nicht den braunen, trockenen, kleinen Würstchen, die bisher sichtbar waren, entspricht. Die Welpen sind weiterhin munter, doch nehmen diese Durchfälle zu und umfassen bald den gesamten Wurf. Der hinzugezogene Tierarzt untersucht alles gründlich und stellt fest, dass im Kot eine deutliche Erhöhung von E. Coli-Bakterien nachweisbar ist. Diese Bakterien sind in gewisser Anzahl normal und in jedem Darm vorhanden, eine Erhöhung kann aber bei entsprechender Immunschwäche zu lebensbedrohlichen Durchfällen führen. Hier war der Grund für die Schwächung der Welpen eine zu geringe Bodentemperatur in der Wurfkiste. Nach besserer Isolierung nach unten und Erhöhung der Raumtemperatur in Kombination mit einem gut welpenverträglichen Naturmedikament, war die Sorge nach einer Woche ausgestanden, alles wieder putzmunter und vital.

## DIE EINRICHTUNG DER WURFKISTE

Welpen und Mutter müssen rund um die Uhr trocken liegen, deshalb empfiehlt sich die Ausstattung der Kiste mit Decken und Laken aus Naturmaterialen (z. B. Baumwolle, Leinen). Auch die aus Mikrofasern bestehenden Drybeds sind ausgesprochen empfehlenswert, da sie Feuchtigkeit nach unten abtransportieren, der Floor stets trocken bleibt. In diesem Fall müssen natürlich saugstarke Materialien unter dem Drybed liegen. Inkontinenzlaken oder -unterlagen aus dem Medizinbereich sind sehr praktisch, wenn auch nicht ganz preiswert. Eine kostengünstige Variante ist Zeitungspapier, das aber Unmengen von Papiermüll erzeugt und hinsichtlich der Druckerschwärze und sonstiger Zusatzstoffe ebenfalls abgedeckt werden sollte. Ausgediente Baumwollbettbezüge und Bett- oder Badetücher lassen sich gut waschen und decken große Flächen ab. Ein mehrmaliges Wechseln pro Tag ist gerade bei großen Würfen und mit fortschreitendem Alter der Welpen eine Selbstverständlichkeit, denn die Kleinen produzieren schon beachtliche »Pfützen«. Ratsam ist es, die Welpen auf helle Decken zu legen. So sieht man am ehesten, wenn ungesunde Ausscheidungen und Absonderungen auftreten!

Weiches Spielzeug aus Naturmaterialien oder größere Nackenkissen (gibt es auch hundbezogen in Knochenform oder ähnlichem) sehen nicht nur lustig in der Wurfkiste aus (was eher dem Menschen gefällt, den Welpen relativ egal ist), sondern werden auch gern als eine Art Kissen oder zum Ankuscheln genutzt. Immer ist darauf zu achten, dass keine Verletzungsgefahr von solchen Gegenständen ausgeht! So sind Plüschtiere mit Augen oder Nasen aus Plastik kein geeignetes Utensil für die Welpenaufzucht, da die Plastikteile ab einem bestimmten Alter belutscht und mit den durchbrechenden Zähnen be- und zerknabbert werden. Vorsicht: Scharfe Kanten können entstehen oder Plastikteile verschluckt werden!

### *Unglaublich – schwer vorstellbar – bemerkenswert – schon vorgekommen: Erlebnisse und Anekdoten*

Ronja ist eine erfahrene Mutter, schon zwei Würfe hat sie zur Welt gebracht und problemlos großgezogen. Zwischenzeitlich ist die Familie umgezogen, nun lebt sie sehr ländlich und betreibt einen kleinen Pferdehof. Da von den Pferden jetzt viel frisches Stroh zur Verfügung ist, streut die Züchterfamilie für Ronjas kommenden Wurf die Wurfkiste

üppig mit Stroh aus und zieht eine Siloplane darüber. Dann gibt es weitere Auflagen aus Decken und Tüchern. Ronjas Welpen kommen problemlos zur Welt, alle sind glücklich und zufrieden. Da es bislang nie Probleme gegeben hat, schläft die Züchterin nur die erste Nacht in unmittelbarer Nähe von Mutter und Kindern, schaut aber in den Folgenächten in kurzen Zeitabständen immer nach dem Rechten. Alles ist gut – bis zur 4. Nacht! In dieser ist plötzlich kein einziger Welpe mehr in der Kiste zu sehen, nur Ronja liegt da und schläft. Wo sind die Kleinen hin? Ronja wird aus der Kiste gerufen, alle Decken und Tücher ausgeräumt. Nichts! Doch da, in einer Ecke ein großer Riss in der Plane! Und darunter im Stroh – die Welpen! Das ist noch einmal gut gegangen, doch die Plane hätte leicht einen Erstickungstod verursachen können. Noch in der gleichen Nacht flogen Plane und Stroh aus der Kiste heraus, drinnen blieben Decken, Tücher, Welpen und Ronja.

## RUND UM DIE WURFKISTE

Die Region rund um die Wurfkiste sollte gut zu reinigen sein. Spätestens, wenn die Welpen die Kiste verlassen, erweisen sich Linoleum oder Gummiböden (z. B. Stallgummi oder Gummimatten, wie sie in Tiertransportern liegen) als segensreich, denn schnell suchen sich die Kleinen ihnen angenehme Orte als Toilette. Auch jetzt kann großflächig Zeitungspapier ausgelegt werden, doch gewöhnen sich die Kleinen dann an diese Unterlage zur Verrichtung ihrer Notdurft und scheuen später bei den neuen Besitzern nicht davor zurück, die Fernsehzeitung, das auf dem Boden liegende Buch oder die gerade aktuelle Illustrierte zu »segnen«. Gelernt ist gelernt. Manche Züchter bieten den Welpen ab Anfang 5. Lebenswoche eine Art größeres Katzenklo an, welches mit einem Stück Rollrasen ausgelegt ist. Das klappt durchaus gut und lässt die Welpen von Anfang an den richtigen Bodenuntergrund aufsuchen, wenn »es drückt«.

»Das reflektorische Kot- und Harnabsetzen bis zum Tag 28 ermöglicht es der Hündin, das Nest sauber zu halten (Beaver, 1995). Der freiwillige Kot- und Harnabsatz beginnt zwischen Tag 16 und 21 (Rüsse und Schwab, 1990). Nach 18 Tagen suchen die Welpen eine Ecke der Wurfkiste auf, um sich zu entleeren, nach 21 Tagen macht die ganze Gruppe in eine bestimmte Ecke. Nach 28 Tagen, wenn der anogenitale Reflex verschwunden ist, nehmen männliche und weibliche Welpen eine sitzende Haltung zum Harnabsatz ein (Beaver, 1995).« (Unsöld, Diss. LMU, 2003, S. 19)

Vor Wärmelampen über Wurfkisten muss dringend gewarnt werden, sie werden häufiger eingesetzt, als es effektiv nötig ist! Und ist die Einrichtung einer Wärmequelle notwendig, so sollte diese in einer Ecke angeboten werden und nicht großflächig das gesamte Areal bestrahlen. So kann der Welpe selber entscheiden, ob er das Angebot annimmt oder sich entziehen möchte, weil es zu warm ist. Auch ist diese Maßnahme, wenn überhaupt, eher nur in der ersten Lebenswoche notwendig. Der sogenannte »rooting reflex« veranlasst den Welpen, sich auf warme Objekte oder Subjekte (Mutter, Geschwister) zuzubewegen. Dieser Reflex flacht aber zu Ende der ersten Lebenswoche ab.

Eine Rotlichtlampe ist riskant, da sie viel zu stark das Austrocknen der Welpen fördert. Aber auch eine Heizdecke hat normalerweise nur dann ihren Sinn, wenn einer oder mehrere Welpen durch eine Infektionskrankheit geschwächt sind und die erhöhte Temperatur dem Körper hilft, die Krankheitserreger zu bekämpfen. Gesunde Welpen brauchen, vorausgesetzt sie wachsen in einem Raum im Haus auf (was bei verantwortungsvollen Züchtern ja wohl der Grundstandard wäre), keine Wärmedecken. Nur dann wird die Fähigkeit, die Körpertemperatur eigenständig zu kontrollieren, mit der Zeit auch voll entwickelt. Welpen müssen deshalb auch, wenn sie auf ihren Beinchen stehen und halbwegs laufen können, ins Freie dürfen. Nur dann wird diese Fähigkeit zur Temperaturregulation auch unter unterschiedlichen Umgebungsbedingungen und Temperaturen gefördert. Da eine eingeschränkt Fähigkeit zur Temperaturregulation wiederum später auch einen erheblichen Belastungsfaktor für das Herz-Kreislaufsystem eines Hundes darstellt, kann man nicht oft genug vor den Folgen einer solchen Verhätschelung warnen. Auch hier ist gut gemeint eben mal wieder das Gegenteil von gut gemacht.

Alles, was für die Welpen zur Gefahrenquelle werden kann (Treppen, zu schmale Geländer vor Abgründen, Steckdosen usw.), ist entsprechend abzudecken und zu sichern.

## STANDORT DER WURFKISTE

Den optimalen Ort zum Aufbau der Wurfkiste zu finden, ist nicht unbedingt ganz einfach. Die Hündin soll in ihrer vertrauten Umgebung bleiben, dennoch Ruhe, Zurückgezogenheit und Sicherheit für sich und ihre Kinder erfahren. Der Standort sollte lichtdurchflutet, gut belüftet, frei von Zugluft und muss (!) jederzeit für die Hündin frei zugänglich sein. Der Mensch hätte gern die kleine Hundefamilie »mittendrin«, erhofft sich dabei auch die optimale Frühprägung und beste Sozialisierungsgegebenheiten. Doch häufig wäre ein »Daneben« besser als das »Mittendrin«. Ein Beispiel hierzu zeigt die kleine Geschichte um Irma und die Standort-Zeichnungen Z1 und Z2.

Mutter und Kinder brauchen in der ersten Zeit viel Ruhe, diese weitestgehend ungestört. Gesunde Welpen schlafen viel! »Die Schlafphasen eines neugeborenen gesunden Welpen machen 90 % des Tages aus. Beim Aufwachen gähnen die Welpen üblicherweise, schreien nicht und weisen einen guten Muskeltonus auf. Schlafende Welpen sollten nicht geweckt werden. Muskelkontraktionen während des Schlafs sind in den ersten vier Wochen normal und zeigen aktivierten Schlaf an. Ihr Verschwinden in dieser Zeit weist auf Gesundheitsstörungen hin (Rüsse und Schwab, 1990). Nach vier Wochen stellen die Zuckungen sich ein. Durch Studien an neugeborenen Ratten konnte gezeigt werden, dass das ZNS während des aktivierten Schlafes sogar bei sehr unreifen Tieren eine erhöhte neuronale Aktivität zeigt. Auch neugeborene Ratten weisen im Schlaf eine hohe motorische Aktivität mit häufigen REM-Phasen (rapid eye movement) und unkoordinierten myoklonischen Zuckungen auf. Trotzdem ist fraglich, ob der aktivierte Schlaf bei der neugeborenen Ratte mit dem REM-Schlaf adulter verglichen werden kann. Werden neugeborene Ratten dieser Schlafphasen beraubt, zeigen sie später eine geringere Entwicklung des Gehirns und Verhaltensstörungen (Mirmiran, 1986). Inwieweit die Muskelzuckungen im Schlaf von Hundewelpen durch ähnliche Vorgänge erklärt werden können und ob die Deprivation der aktivierten Schlafphasen zu ähnlichen Schäden führen kann, bleibt noch zu untersuchen.« (Unsöld, Diss. LMU, 2003, S. 16)

## Unglaublich – schwer vorstellbar – bemerkenswert – schon vorgekommen: Erlebnisse und Anekdoten

Irma hatte ihren ersten Wurf zur Welt gebracht und alle waren glücklich und froh, dass acht Welpen zügig und komplikationslos das Licht der Welt erblickt hatten und nun zufrieden mit der Mama in der Wurfkiste schlummerten. Eher beiläufig erzählte der Züchter dem zur ersten Wurfabnahme in der ersten Lebenswoche der Welpen zu Besuch gekommenen Zuchtwart, dass zwar alles reibungslos läuft, die Mutterhündin aber doch eine gewisse und für ihre mentale Stärke ungewöhnliche Unruhe an den Tag legt. Nur am Abend würde es besser und in der Nacht schlafe sie wie ein Stein. Da wirklich nichts Auffälliges festzustellen und Irma für ausgesprochene Souveränität bekannt war, wurden die Rahmenbedingungen etwas genauer unter die Lupe genommen. Schnell fand sich eine mögliche und wie sich hinterher herausstellte auch zutreffende Erklärung: Die Wurfkiste stand mit im Wohnbereich, jedoch so platziert, dass alle Besucher von der Haustür kommend oder auf dem Weg vom WC zur Sitzgelegenheit des Wohnbereichs gehend an ihr vorbeigehen mussten. Hinzu kam, dass die riesige, für Irma gut sichtbare Fensterfront bereits alle vom Tor kommenden Ankömmlinge samt der im Hof tätigen Personen offenbarte. Obwohl Irma mental ausgereift und stabil war, reagierte sie in dieser ungewohnten Rolle als Mutter äußerst sensibel. Ein einfaches Umstellen der Wurfkiste, wie es Zeichnung 1 und Zeichnung 2 zeigen, veränderte hier die Situation merklich zum Positiven!

***Beispiel einer gut gemeinten Wurfkistenplatzierung, die aber problematisch sein kann (nicht muss!)***

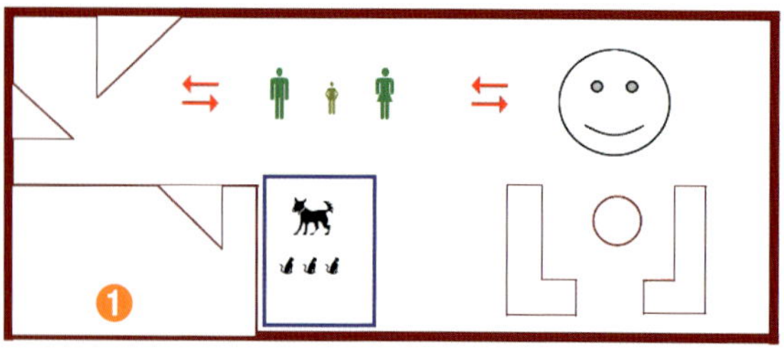

› *Die Wurfkiste wird im Wohnbereich derart platziert, dass sie quasi mittendrin steht. Nicht bedacht wird, dass der »Durchgangsverkehr« stets an der Wurfkiste vorbeigehen muss, somit durchaus Unruhe – bis Unsicherheit! - für die Mutter und Störungen für die Welpen verursachen kann! (1)*

› *Besser wäre es, wenn die Wurfkiste etwas geschützter steht, z. B. durch Platzierung etwas abseits der Laufrouten zu den anderen Zimmern, der Haustür und des Wohnbereichs. (2)*

KAPITEL SECHS

# 6 Welpenentwicklung und -förderung

- Die Gewichtsentwicklung von Welpen
- Entwicklungsabschnitte und verhaltensbiologische Bedeutung
- Praxisbezogene Welpenentwicklung in Wochenschritten
- Besucher – ab wann und wie viele?
- Konditionierung auf den Pfiff aus der Hundepfeife
- Förderung und Stabilisierung der Welpenpsyche
- Was ist ein »optimaler« Zeitpunkt für die Welpenabgabe?
- Wohlorganisierter Umzug statt Entführung und Verschleppung
- Der 3. Lebensmonat
- Fordern und Fördern – aber immer in Maßen
- Welpe, Junghund und Spiel
- Sinnvoll und empfehlenswert oder riskant und überflüssig: Welpenprägungsspielgruppen

## DIE GEWICHTSENTWICKLUNG VON WELPEN

Der regelmäßigen Gewichtskontrolle – anfangs täglich, ab 3. Woche mindestens einmal wöchentlich – kommt eine große Bedeutung bei der Beurteilung von Entwicklung und Gesundheitsstatus zu. Gesunde Welpen nehmen regelmäßig zu, sind weder ausgemergelt, noch überfettet.

Deutlich zeigt sich, dass die häufig zu hörende Faustregel der »Gewichtsverdoppelung innerhalb der ersten Lebenswoche« nicht zwingend zutreffend ist, die Verdoppelung vielmehr innerhalb der ersten 10 Lebenstage erreicht sein sollte. Gerade züchterische Anfänger setzen sich selbst (und ihre Hündin) oft unter Druck, wenn die Zunahmen nach einer Woche nicht das ursprüngliche Geburtsgewicht um 100 % übertreffen. Völlig zu Unrecht! Wichtig sind vielmehr kontinuierliche Zunahmen, die bei den Einzeltieren prozentual im ungefähr gleichen Rahmen verlaufen sollten. So hat der Welpe mit einem Geburtsgewicht von 400 g und einem Gewicht von 700 g nach einer Woche 75 % an Gewicht zugenommen, der Welpe mit einem Geburtsgewicht von 600 g und einem Gewicht von 1050 g nach einer Woche prozentual die gleiche Zunahme. Dennoch sind manche Züchter erschreckt und fürchten Komplikationen, da Welpe 1 »erst« 700 g wiegt, wohingegen sein Geschwisterchen doch »schon« über einem Kilo liegt. Auch hier sollte man sich nicht verrückt machen (lassen) und sich zur eigenen Beruhigung einfach mal ein wenig in Prozentrechnung üben. Auffallend und zu beobachten sind eher die Fälle, wo die prozentualen Zunahmen deutlich (!) unter denen der Geschwister liegen. Eventuell sind hier Geschwistertiere deutlich größer und rabiater und lassen den »Kleinen« nicht an die prallsten Zitzen oder stören ihn anderweitig bei der Milchaufnahme. Auch sind die Kleineren im Wurf beim Saugen schneller müde und nehmen kleinere Milchmengen auf. Diesen kann eine ungestörte Zwischenmahlzeit geboten werden, indem man dem oder den Welpen ohne Beisein der Geschwister bei der Mutter verweilen lässt, z. B. wenn diese vor der Kiste liegt. Und das ist allemal sinnvoller, als vorschnell zur Babyflasche zu greifen und zu versuchen, den vermeintlichen »Kümmerling« mittels Fläschchenzufütterung zu mästen! Was natürlich nicht als »kontra Flaschenzufütterung« zu verstehen ist, wenn diese notwendig erscheint oder zur Entlastung der Mutter bei sehr großen Würfen angezeigt ist!

***Beispiel durchschnittlicher Gewichtsentwicklung bei mittelgroßen Hunden, siehe Seite 111***

(Typ Slovenský Čuvač, Hovawart, Golden Retriever und ähnlich)
**Gesamt:**
113 Welpen,
54 Rüden / 59 Hündinnen,
aus 17 Würfen

| R | H | Tag 1 | Tag 2 | Tag 3 | Tag 4 | Tag 5 | Tag 6 | Tag 7 | Wo 2 | Wo 3 | Wo 4 | Wo 5 | Wo 6 | Wo 7 | Wo 8 |
|---|---|---|---|---|---|---|---|---|---|---|---|---|---|---|---|
| 3 | 7 | 392 | 400 | 437 | 475 | 554 | 628 | 693 | 1157 | 1794 | 2517 | 3550 | 4299 | 5500 | 6791 |
| 3 | 4 | 484 | 579 | 636 | 700 | 760 | 781 | 921 | 1586 | 2221 | 3007 | 4143 | 5929 | 7071 | 7857 |
| 4 | 0 | 398 | 406 | 436 | 494 | 574 | 650 | 680 | 1400 | 1764 | 2388 | 3198 | 4385 | 6550 | 8875 |
| 3 | 4 | 470 | 520 | 578 | 685 | 774 | 850 | 960 | 1583 | 2110 | 3086 | 4307 | 5100 | 6100 | 7500 |
| 2 | 5 | 446 | 494 | 559 | 626 | 700 | 766 | 857 | 1469 | 2110 | 2830 | 4000 | 5750 | 6560 | 7757 |
| 4 | 3 | 564 | 593 | 556 | 682 | 803 | 850 | 910 | 1436 | 1971 | 2780 | 4321 | 5500 | 6350 | 8143 |
| 4 | 2 | 457 | 500 | 570 | 628 | 700 | 760 | 850 | 1350 | 1750 | 2650 | 3500 | 5200 | 6550 | 8100 |
| 5 | 4 | 367 | 380 | 447 | 527 | 604 | 717 | 785 | 1330 | 1810 | 2770 | 3867 | 5250 | 6367 | 8000 |
| 8 | 0 | 479 | 504 | 549 | 603 | 660 | 734 | 798 | 1263 | 2090 | 3076 | 4081 | 4638 | 6488 | 8063 |
| 2 | 5 | 469 | 506 | 561 | 617 | 690 | 751 | 854 | 1286 | 1837 | 2886 | 4029 | 5500 | 6560 | 8100 |
| 1 | 3 | 483 | 548 | 590 | 660 | 728 | 795 | 893 | 1508 | 2020 | 3233 | 3952 | 5250 | 6600 | 8338 |
| 5 | 5 | 506 | 547 | 603 | 666 | 709 | 796 | 867 | 1244 | 1715 | 2928 | 3232 | 5400 | 6170 | 8100 |
| 2 | 5 | 423 | 483 | 541 | 587 | 665 | 709 | 786 | 1239 | 1997 | 3130 | 4103 | 5579 | 6979 | 8386 |
| 3 | 4 | 494 | 476 | 513 | 560 | 615 | 675 | 726 | 1227 | 2286 | 3061 | 4029 | 5495 | 6807 | 8243 |
| 2 | 3 | 442 | 465 | 496 | 567 | 611 | 714 | 772 | 1471 | 2236 | 3174 | 4380 | 5996 | 7180 | 8000 |
| 2 | 3 | 618 | 662 | 766 | 814 | 894 | 948 | 1116 | 1800 | 2518 | 3686 | 4768 | 5698 | 7240 | 8640 |
| 1 | 2 | 550 | 600 | 617 | 687 | 790 | 853 | 913 | 1400 | 2103 | 2503 | 3717 | 5133 | 6367 | 8617 |
| 54 | 59 | 473 | 510 | 556 | 622 | 696 | 763 | 846 | 1401 | 2019 | 2763 | 3952 | 5300 | 6555 | 8089 |

Prozentuale Berechnung der Gewichtszunahmen anhand der Durchschnittsangaben aus obiger Tabelle, bezogen auf die ersten acht Lebenswochen:

| | | |
|---|---|---|
| 1. Lebenswoche | → | 79 % |
| 2. Lebenswoche | → | 296 % |
| 3. Lebenswoche | → | 426 % |
| 4. Lebenswoche | → | 619 % |
| 5. Lebenswoche | → | 836 % |
| 6. Lebenswoche | → | 1121 % |
| 7. Lebenswoche | → | 1386 % |
| 8. Lebenswoche | → | 1710 % |

Diese Prozentangaben sind natürlich nicht analog auf alle Rassen gleich anzuwenden. Extrem kleine Rassen liegen unterhalb dieser Durchschnittswerte, extrem großwüchsige darüber. Für Rassen, deren Endgewicht bei ca. 25–30 kg für Hündinnen und ca. 45–50 kg für Rüden liegt, sind diese Werte aber weitestgehend passend.

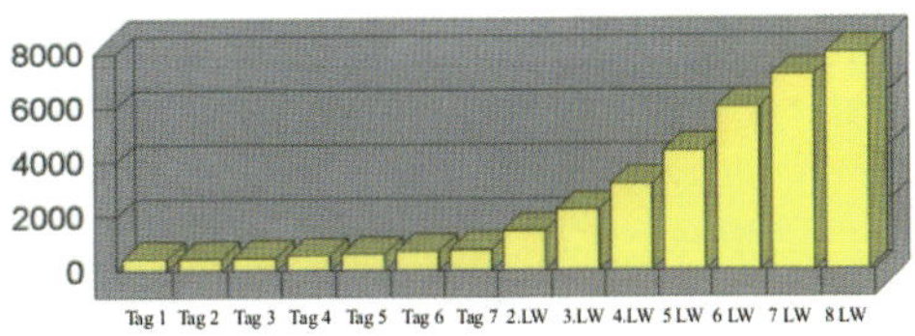

# Entwicklungsabschnitte und verhaltensbiologische Bedeutung

## *Entwicklung von Gehirn und Nervensystem*

Die wichtigsten Studien über die Entwicklung des Gehirns bei Hundewelpen stammen von Fox, der im Jahre 1975 ein umfassendes Buch zu diesem Thema und auch zur Verhaltensentwicklung des Hundes veröffentlicht hat. Dieses Buch ist in vieler Hinsicht auch heute noch als Standardwerk zu sehen. Wie bei den meisten höher entwickelten Tieren, ist auch beim Hund das Gehirn nach der Geburt noch keineswegs fertig. Die Entwicklung vollzieht sich in mehreren Abschnitten, die zumindest bis zum Ende des zweiten oder dritten Monats anhalten. Es ist zu betonen, dass aus praktischen Gründen die Studien von Michael Fox in der zehnten Woche beendet waren, wir können noch keine detaillierten Angaben darüber machen, wie sich das Gehirn eines vierzehn- oder eines zwanzigwöchigen Welpen genau von dem eines jüngeren oder älteren Artgenossen unterscheidet. Die wichtigsten Prozesse in der Reifung des Gehirns eines Welpen spielen sich in den ersten sechs Wochen ab. Bis zum Alter von ca. sechs Wochen ist noch eine Zunahme der Neuronenzahl, also der Zahl der für die Rechnerleistung des Gehirns wichtigeren Nervenzellen, zu beobachten.

Auch biochemisch ändert sich in den ersten sechs Wochen noch einiges. Erst ab einem Alter von ca. sechs Wochen sind die Konzentrationsverhältnisse von Stoffwechselprodukten wie etwa Aminosäuren, Traubenzucker und anderen, für die Tätigkeit des Hirns notwendigen Substanzen denen eines erwachsenen Hundes vergleichbar. Das Mischungsverhältnis von DNS, also der eigentlichen Erbmasse, und RNS, also den für die Umsetzung der Erbinformation notwendigen Zwischenträger-Botenstoffen, ähnelt erst dann denen eines erwachsenen Tieres.

Die Zahl der Nervenfasern und der von Zelle zu Zelle geknüpften Verbindungen (den sogenannten Dendriten) nimmt ebenfalls in den ersten Lebenswochen noch dramatisch zu. Während die Zahl der Dendriten, die sozusagen für die Nahkommunikation zwischen Nachbarzellen verantwortlich sind, vorwiegend in der Zeit der dritten bis vierten Lebenswoche zunimmt, wird die Zahl der Nervenfasern, die für die Fernkommunikation auch zwischen weiter entfernten Regionen des Gehirns verantwortlich sind, auch noch später vermehrt. In einigen Teilen des Gehirns ist die Vermehrung der Nervenfasern bis zum Ende des zweiten oder sogar bis in den dritten Lebensmonat beobachtbar. Nicht nur die Zahl der Nervenfasern spielt jedoch für die Kommunikation innerhalb des Gehirns eine Rolle. Auch die Geschwindigkeit, in der die Leitung erfolgt, ist von Bedeutung. Hierfür ist vorwiegend die Umhüllung der Nervenfasern mit den als Myelinscheiden bezeichneten Isolierhüllen verantwortlich. Diese Isolierhüllen verhindern nicht nur das Auftreten von Fehlschaltungen und Kurzschlüssen, sie sorgen auch für eine beschleunigte Reizleitung. Gebiete des Gehirns – oder auch des Nervensystems anderswo –, die von solchen Myelinscheiden umhüllt sind, werden als weiße Substanz bezeichnet. Und da diese weiße Substanz sich auch sehr gut im mikroskopischen Bild ablesen lässt, sieht man deutlich, dass die sogenannte Myelinisierung, also die Ausbildung dieser Hüllen, erst ab der vierten bis fünften Woche so richtig los geht. Sie zieht sich bis zur mindestens zehnten Woche hin. Die Myelinisierung beginnt in den vorderen Körperabschnitten und pflanzt sich dann langsam, aber sicher, über den Schulter- und Rumpfbereich bis zum Becken und zur Hinterextremität fort. Dies ist auch wohl einer der Gründe dafür, dass Welpen, wie wir noch sehen werden, am Anfang vorwiegend mit den Vorderbeinchen krabbeln und erst später eine größere Beweglichkeit der Hinterbeine und des hinteren Rumpf- und Beckenbereichs erreichen. Die Myelinisierung, die ca. um die zehnte Woche abgeschlossen scheint (man beachte aber, dass die detaillierten Studien von Fox dann ebenfalls endeten), und die Vermehrung der Nervenzellen selbst, sind sozusagen die Voraussetzungen, um die Rechnerkapazität und auch die Speicherkapazität im Gehirn herzustellen. Kein Computer funktioniert jedoch ohne Stromzufuhr und kein Gehirn kann arbeiten ohne Versorgung durch Hilfszellen. Mehrere Gruppen von Hilfszellen, von Spezialisten als Gliazellen und Sternzellen (Astrozyten) bezeichnet, kümmern sich speziell um die bessere Versorgung des Gehirns mit Nährstoffen, mit Energie und auch mit Baumaterial. Die Zahl dieser Hilfszellen, deren Anwesenheit und reibungslose Funktion eine wichtige Voraussetzung für die Bereitstellung aller im Gehirn nötigen Substanzen ist, beginnt so richtig erst mit der fünften bis sechsten Woche zu wachsen. Bis zur zehnten oder zwölften Woche kommt es weiterhin zu einer Vermehrung und zu einer Differenzierung dieser Arten von Hilfszellen. Die Hilfszellen liegen nicht nur einfach im Hirngewebe herum, sie bilden selbst Auswüchse, um sozusagen ihre Kundschaft mit einem besseren Verteilungsnetz bedienen zu können. Die Wachstumsprozesse dieser Auswüchse und die Differenzierung der Nährzellen, sind am stärksten zwischen der dritten und fünften Woche, enden jedoch, wie erwähnt, erst wesentlich später.

› *Die mütterliche Zuwendung und ihre hingebungsvolle Pflege begünstigen eine gute Entwicklung der Welpen.*

Auch mangelnde soziale Fürsorge, länger andauernde soziale Isolation und andere Beeinträchtigungen des sozialen Umfelds in den ersten Lebenstagen und Wochen, können bereits zu einer Störung der Myelinisierung im Gehirn führen. Untersuchungen an Labortieren haben deutlich gezeigt, dass die für die Bildung der Myelinscheiden verantwortlichen Zelltypen im Gehirn mangelentwickelt, zu klein und wenig verzweigt waren, wenn diese Mäusewelpen beispielsweise eine längere Periode sozialer Isolation hinter sich gebracht haben.

Dass das Gehirn mit seinen Aufgaben wächst, dass die vielfältigen Verschaltungen, die Bildung von Synapsen und Verknüpfungen zwischen den Nervenzellen nur dann ordentlich abläuft, wenn auch die notwendigen, dafür geeigneten Reize vorhanden sind, wurde in vielen Untersuchungen bereits bestätigt. Diese Phase, in der die Umweltreize große Bedeutung haben, beginnt bereits mit dem ersten, zaghaften Öffnen der Augenspalten für die Sehfähigkeit, im ersten Öffnen des Gehörgangs für die Hörfähigkeit usw. Nur dann, wenn diese Sinnesorgane und auch die von ihnen dann hinterher ausgelösten Bewegungsabläufe vom Hund regelmäßig verarbeitet und selbständig betätigt werden, kommt es hinterher zu einer Umhüllung der Nervenfasern mit den sogenannten Markscheiden, die wir ja bereits als Schutz vor Kurzschluss und als Beschleuniger der Nervenleitung kennengelernt haben. Es ist also beispielsweise schon aus diesem Grund nicht sinnvoll, die Welpen immer an die Zitze anzulegen. Sie sollten auch die Möglichkeit haben, selbst dorthin zu robben, das schaffen sie bereits am ersten Lebenstag. Andernfalls wird die Koordination der Bewegungsmuskulatur auf Dauer fehlerhaft und lückenhaft bleiben. Wie Rauth-Widmann (2014) so treffend bemerkt, leiden diese Hunde dann später unter einer Einschränkung ihrer Motorik, die durchaus dem Krankheitsbild einer multiplen Sklerose beim Menschen ähnlich wird.

Einerlei, ob es sich um kognitive, soziale, motorische oder sensorische Bereiche des Gehirns handelt, nur derjenige, der mit einer Vielfalt von Reizen und lösbaren Problemen konfrontiert wird, zeigt später ein gut verzweigtes und mit vielen, auch gut verknüpften Nervenzellen ausgestattetes Gehirn. Das Gehirn ist eben wirklich eines der wenigen Organe, dass durch Benutzung besser wird.

## *Die Entwicklung des Hormonsystems*

Von ebenso großer Bedeutung ist, dass ca. um die fünfte Woche herum das Hormonsystem eine wesentliche Reifung erfährt. Selbstverständlich haben auch Welpen, sogar ungeborene Hunde, schon ein Adrenalinsystem. Erst ab der fünften Woche etwa beginnt dieses jedoch auch verstärkt auf Außenreize zu reagieren. In dieser Zeit beobachtet man dementsprechend auch einen Anstieg der Nervosität und der Reaktion auf unbekannte Außenreize. Wie wir später sehen werden, ist eine Differenzierung des Adrenalinsystems ca. ab der fünften Woche auch verantwortlich dafür, dass dann bereits die ersten Persönlichkeitsunterschiede wahrgenommen werden können. Welcher Art dieser Reifungsprozess in diesem wichtigen Abschnitt gerade ist, wird noch untersucht. Er führt dazu, dass die Welpen nunmehr verstärkt auf Außenreize, beispielsweise mit einer Schreckreaktion reagieren. Und er unterscheidet sich offensichtlich stark selbst innerhalb der Folgegeschwister eines Wurfs, sonst könnte nicht in diesem Alter erstmals der besonders naseweise, zukünftig wohl als Anführertyp zu charakterisierende Welpe sich herausdifferenzieren.

In einer, für die zukünftige Verhaltensentwicklung des Hundes besonders wichtigen Region scheinen die Nervenfasern und ihre Verknüpfungen zwischen der fünften und achten Woche ganz besondere Bedeutung zu haben. An der Basis des Großhirns liegt eine Schaltzentrale, die wegen ihres anatomischen Aufbaus als Streifenkörper bezeichnet wird. In dieser Region gibt es unter anderem auch viele Nervenfasern, die vom Dopaminsystem, der als Selbstbelohnungsdroge des Gehirns bezeichneten Substanz, gesteuert werden. Tiere, die in einer sehr langweiligen Standardumgebung ohne Anreize, ohne die Möglichkeit zur Lösung von Problemen und damit zu selbst verschafften Erfolgserlebnissen aufwachsen, bekommen Defizite in dieser so wichtigen dopaminabhängigen Region des Streifenkörpers. Die dopaminabhängigen Fasern sind dann nur in sehr geringer Zahl vorhanden. Hunde, die in interessanten, abwechslungsreichen Umgebungen aufwachsen dagegen, haben eine gute Ausstattung mit dopaminergen Fasern im Bereich des Streifenkörpers. Die Anwesenheit von Dopaminfasern im Streifenkörper wiederum ist ein wichtiger Schutz gegen das Entstehen von Stereotypien und anderen, rhythmisch wiederholten Zwangshandlungen.

Die Entwicklung des Hormonhaushaltes lässt sich ja in der Regel nicht klar in vor- und nachgeburtliche Einflüsse unterteilen. Viele Hormone, seien es Sexualhormone, Schilddrüsenhormon oder die Hormone der Nebennierengewebe, haben in der embryonalen, nachgeburtlichen und frühkindlichen Entwicklung organisierende und induzierende Effekte, das heißt, sie steuern die Entwicklung verschiedener Hirnabschnitte und deren Vernetzung. Ebenso aktivieren sie die Genabschnitte, die dann wiederum für die Bildung von Rezeptoren verantwortlich sind. In späteren Entwicklungsabschnitten sind diese Hormone dann eher aktivierend oder erregend, wobei in vielen Fällen ein besonders hoher Hormonspiegel zur aktuellen Auslösung des betreffenden Verhaltens gar nicht mehr nötig ist. Siehe das Beispiel des kastrierten, aber trotzdem das Bein hebenden Hundes. Bemerkenswert ist wiederum, dass die Sexualhormone nicht nur für die Steuerung des Sexualverhaltens verantwortlich sind. Die frühe Anflutung der Sexualhormone ist nachweislich auch für die Entwicklung des Hypothalamus, also des Zwischenhirnbodens, als wichtigem Schaltzentrum des limbischen Systems im Emotionszusammenhang von Bedeutung.

› *Auch Artgenossen, die anders aussehen als die Verwandtschaft, sollten frühzeitig kennengelernt werden können. Schön, wenn man selber zusätzliche Hunde im Haushalt hat und es so entspannt wie hier ablaufen kann.*

Die Entwicklung der Hirnstromkurven zeigt ebenfalls, dass schon vor dem Öffnen der Augen wahrgenommene Lichtblitze nicht nur der Verbesserung des optischen, sondern auch der Verbesserung des akustischen Verarbeitungssystems im Gehirn dienen können. Elektrische Potentiale in verschiedenen Sinnessystemen, die mit der Reifung der Sinnesorgane zusammenhängen, können in unterschiedlichen Lebenswochen ausgelöst werden. Zwischen der zweiten und dritten Woche ändern sich auch die Tätigkeit und die Form der langsamen Hirnstromwellen des ruhigen Schlafens, erst ab der vierten bis fünften Woche sind die Hirnstromkurven in Ruhe und Schlaf deutlich denen des erwachsenen Hundes ähnlich. Danach können in den Hirnstromkurven nur noch geringfügige Veränderungen beobachtet werden. Bei einer Vergleichsstudie für Hirnentwicklung neugeborener Hunde verschiedener Rassen (z. B. Cocker Spaniel, Beagle und Drahthaarterrier sowie einiger weiterer), wurden die Größenverhältnisse, sowie die Muster an Furchen und Windungen des Gehirns im Laufe der Welpenzeit untersucht. Die unkompliziertesten Furchungsmuster hatten nicht ganz unerwartet die Basenjis (eine besonders ursprüngliche Rasse), die größte individuelle Variabilität in Form und Gewicht des Gehirns war beim schottischen Schäferhund zu finden, gerade bei Cocker Spaniel und Beagle waren die Hirnoberflächen der Tiere nicht bei allen Individuen gleich gefaltet.

Nach der vierten Lebenswoche sind Längen- und Breitenverhältnis des Gehirns weitgehend denen des erwachsenen Hundes ähnlich, bis zur sechsten Lebenswoche findet man das größte Hirnwachstum. In den folgenden

Monaten verändern sich nur noch die Größen der Großhirnhälften, die Vergrößerung des Schläfen- und des Seitenlappens im Gehirn, sowie eines Teiles des Althirns, der mit der geruchlichen Orientierung zu tun hat. Auch die Furche zwischen Alt- und Neuhirn wird erst in der nachgeburtlichen Welpenentwicklung so richtig vorgenommen. Die Längenvergrößerung des Gehirns, die erst im Laufe der ersten sechs Welpenwochen stattfindet, geht vorwiegend mit einer Verdickung und Vergrößerung der Stirn- und Hinterhauptregion und einer zunehmenden Komplexität der Windungen einher. In der zweiten und dritten Lebenswoche ist eine sehr schnelle und deutliche Gestaltänderung des Gehirns zu beobachten.

Im Bereich des motorischen Kortex, also der Hirnrinde, die für die Steuerung von Bewegung verantwortlich ist, sind bereits zwischen der vierten und fünften Lebenswoche die wichtigsten Zellreifungsprozesse abgeschlossen, jedoch vergrößern sich manche Zellen noch bis zur zehnten Woche. Es ist zu betonen, dass gerade die Reifung der motorischen Fähigkeiten in dieser Zeit offensichtlich, wie durch Befunde aus anderen Tiergruppen stark vermutet wird, auch erfahrungsabhängig ist und zum Beispiel durch Spiel und andere Bewegungsreize gefördert wird. Auch im Bereich der sensorischen Hirnrinde, die mit der Verarbeitung von Sinnesreizen zu tun hat, ist die Differenzierung zwar in den ersten drei Lebenswochen vollzogen, jedoch sind in späteren Wochen noch Reduzierungen der Zelldichten (also Entwicklungsprozesse als konkrete Anpassung an bestimmte Situationen) zu beobachten. Die Myelinisierung innerhalb des Gehirns verläuft in den meisten Hirnabschnitten einigermaßen gleichmäßig, nur im frontalen Forderhirn, dass für die Entwicklung sozialer Kompetenz und sozialer Beziehungen besonders wichtig ist, wird diese erst sehr viel später vollzogen.

Wie bereits erwähnt, fehlen leider Angaben zur weiteren Differenzierung und Ausbildung von synaptischen Verknüpfungen (also Kontaktstellen zwischen den Fasern), Rezeptordichten und zur Entwicklung von Hirn-Hormon-Wechselwirkungen nach der zehnten Woche. Studien an anderen Säugetieren haben jedoch gezeigt, dass insbesondere die Verdichtung der Fasern und Verknüpfungen im Hippocampus (verantwortlich unter anderem für räumliche Orientierung, aber auch Aktivität, Neugier und Lernbereitschaft), wie auch im Bereich des Zwischenhirns und der für räumliche Steuerung und räumliche Auswertung verantwortlichen Teile der Hirnrinde und des Kleinhirns, stark von den Erfahrungen der Jungtierzeit abhängig sind. Die Fähigkeit zur fein koordinierten und motorischen Beweglichkeit ist eine direkte Folge der in früher Jungtierzeit verfügbaren Orientierungs-, Bewegungs- und Koordinationsmöglichkeit. Offenkundig dient hier räumliches Erkunden, Spielverhalten, insbesondere Bewegungs- und Sozialspiel, auch zu einer Verbesserung der motorischen wie sensorischen Leistungsfähigkeit des Nerv-Muskel-Systems und stellt damit eine Vorbereitung auf spätere exakte und fließend elegante Bewegungen dar.

› *Räumliches Erleben dient der Verbesserung der motorischen wie sensorischen Leistungsfähigkeit des Nerv-Muskel-Systems.*

## *Die Entwicklung der Sinnesorgane*

Die Entwicklung der Sinnesorgane ist ja, wie schon allein die Einordnung der Hundewelpen als Nesthocker oder auch Lagerjunge zeigt, in der nachgeburtlichen Phase oftmals auch vom Menschen direkt zu beobachten. Die Leistungsfähigkeit und die Grenzen der Leistungen hundlicher Sinnesphysiologie wurden in dem Buch von Brigitte Rauth-Widmann (2014) deutlich gemacht. Eine kleine Übersicht über die beginnende Wahrnehmungsfähigkeit und über die Erreichung der maximalen Empfindlichkeit verschiedener Sinnesorgane zeigt uns, welche unterschiedlichen Entwicklungsprozesse ein Hundewelpe durchläuft:

1. Der **Tastsinn**, sei es Druck, Berührung oder auch Vibration, beginnt bereits im Mutterleib, also vor der Geburt, und erreicht den höchsten Entwicklungsstand bereits wenige Tage nach der Geburt. Nur an den Pfotenballen sind die Tastrezeptoren erst einige Wochen später voll leistungsfähig.

2. Der **Temperatursinn**, der Kälte und Wärme unterscheidet, beginnt ebenfalls bereits im Mutterleib und ist wenige Stunden nach der Geburt voll entwickelt.

3. Die **Schmerzrezeptoren** werden ebenfalls bereits im Mutterleib aktiv und sind, ebenso wie der **Lage- und Gleichgewichtssinn**, bereits wenige Tage nach der Geburt voll entwickelt.

4. Die **chemische Wahrnehmung** über das Jakobsonsche Organ, das im Mund liegende, zusätzliche chemische Sinnesorgan im Gaumen, ist bereits im Mutterleib entwickelt und schon nach der Geburt gut ausgeprägt, erreicht seine volle Leistungsfähigkeit aber erst zum Zeitpunkt der Geschlechtsreife.

5. Der klassische **Geruchssinn** über das eigentliche Riechorgan, also die Riechschleimhaut in der Nase, ist bereits nach der Geburt wahrnehmungsfähig und nimmt seine Leistungsfähigkeit zunehmend immer mehr auf. Das Riechepithel ist aber erst mit dem vierten bis fünften Monat vollständig entwickelt. Die Verbesserung der Differenzierungsmöglichkeit von Geruchsstoffen ist sogar noch weiter, mindestens bis zur Pubertät zu beobachten.

6. Das **Geschmacksempfinden** über die Zunge ist mit ziemlicher Sicherheit bereits im Mutterleib entwickelt und wenige Tage nach der Geburt vollständig leistungsfähig.

7. Das **Sehorgan**, das Auge, ist mit etwa vierzehn Tagen am Beginn und im Alter von ca. drei Monaten voll entwickelt.

8. Das **Hörorgan**, das im Innenohr sitzt, kann über die Ohrkanäle etwa ab siebzehn Tagen schon erste Vibrationen und Töne empfinden, im Alter von ca. drei Monaten ist es vollständig entwickelt.

Gerade die Wahrnehmungsfähigkeit der Föten, der noch ungeborenen Hunde, für Druck und Vibration und für Schmerzen, ebenso aber für Kältereize, ist bereits im Alter von rund sieben Wochen, damit deutlich vor der Geburt nachgewiesen. Wärme und sanftes Schaukeln führen bereits zu einer entspannten Körperhaltung und auch die Pulsrate geht dann merkbar zurück. Auch dies ist wiederum ein deutlicher Hinweis darauf, wie wichtig es ist, dass die Mutterhündin in den Tagen ihrer Trächtigkeit Ruhe, Gelassenheit, möglichst wenig Hektik hat und vor nicht zu bewältigenden Problemen bewahrt bleibt.

Von besonderer Bedeutung für die Welpen bereits unmittelbar nach der Geburt, und auch in späteren Lebensstadien des Hundes noch erfolgreich einsetzbar, ist die Wahrnehmung des Zitzensuchpheromons, eines geruchlichen Lockstoffs, der den Weg zur Milchbar aufweist. Sie müssen den Weg zur mütterlichen Zitze ja möglichst schnell und auf direktem Wege finden. Dazu ist es am besten, wenn es gewissermaßen ein Hinweisschild »Zur Milchbar da entlang!« gibt. Dieses Hinweisschild existiert tatsächlich bei vielen Säugetieren und wird Zitzensuchpheromon genannt. Seine Wahrnehmung beginnt wahrscheinlich im Jakobsonschen Organ, dem als Rinne und Vertiefung im Mundach des Hundes deutlich zu erkennendem, zusätzlichen chemischen Sinn. Das Zitzensuchpheromon kann jedoch, vor allem bei Welpen mit sehr souveränen Mutterhündinnen, auch in höheren Altersklassen noch erfolgreich eingesetzt werden. Studien über die deutlich feststellbare Reduzierung von Stress, über die verbesserte Lern- und Konzentrationsfähigkeit in Welpengruppen, die Verringerung von Reisekrankheit und auch die Verringerung von Trennungsproblemen, sind sogar für erwachsene Hunde noch nachgewiesen.

Die eigentliche Riechschleimhaut der Hundewelpen, dafür gibt es zum Beispiel Hinweise durch die kaum vorhandenen elektrischen Aktivitäten der Riechnervenfasern, ist wohl in den ersten Tagen nach der Geburt einsatzfähig. Einige Geruchsstoffe, vor allem solche, die von der Milch ausgehen, können wohl schon registriert werden. Wir haben darüber bereits im Zusammenhang mit dem Beginn der Nahrungsprägung schon vor der Geburt gehört.

› *Einige Geruchsstoffe, vor allem solche, die von der Milch ausgehen, können schon sehr früh registriert werden.*

## *Welpen und Schmerzempfindung*

Betont werden soll noch mal die besondere Schmerzempfindlichkeit von Hundewelpen. Sie ist vermutlich sogar stärker und empfindlicher als später. Dazu trägt wahrscheinlich auch die in diesem Alter noch sehr geringe Myelinisierung bei. Wenn die Ummantelung der Nervenfasern noch unvollständig ist, leiten die Nerven eben nicht nur solche Reize, die direkt von ihren Rezeptoren kommen, sondern werden durch Querverschaltungen und Kurzschlüsse eventuell auch aktiviert, wenn irgendwo in der Nachbarschaft ein elektrischer Reiz entlanghuscht. Durch die schlechte gegenseitige Abschirmung werden sogar Reize aus ganz unterschiedlichen Teilen des Körpers vermischt, und die Schmerzen werden selbst an Stellen empfunden, die gar nicht beeinträchtigt oder verletzt wurden. Ein weiterer Faktor, der die erhöhte Schmerzempfindlichkeit und die Gefahr solcher Quervernetzungen über große Flächen des Körpers mit steuert, ist die noch kaum entwickelte Fähigkeit im Zentralnervensystem hemmende Funktionen auszuüben. Im Gehirn erwachsener Tiere gibt es Quervernetzungen, die eine Kontrastwahrnehmung verbessern. Dadurch wird automatisch, wenn an einem Punkt des Körpers ein Schmerzreiz entsteht, die unmittelbare Umgebung dieser Region sozusagen auf Stillstand geschaltet und die Schmerzwahrnehmbarkeit in der Umgebung dieser Vernetzung ist verringert. Diese hemmenden Quervernetzungen jedoch werden bei Hunden erst nach der Geburt in den ersten Lebenswochen ausgebildet. Zuvor ist diese Kontrastverschärfung nicht möglich. Auch eine im Gehirn stattfindende Schmerzlinderung zum Beispiel durch Ablenkung, wenn ein spannenderer Reiz gleichzeitig oder kurz danach auftritt, ist wohl in diesem frühen Entwicklungsstadien daher noch nicht möglich. Vorsicht also gerade bei jungen Welpen: im Alter von wenigen Tagen bis Wochen ist ihre Schmerzwahrnehmung wesentlich bedeutsamer und wird wohl auch von dem kleinen Organismus als sehr viel dramatischer empfunden.

## *Optimale Anpassung und fließende Entwicklungsphasen*

So eingeschränkt uns die Sinnesumgebung eines neugeborenen oder wenige Wochen alten Hundewelpen auch erscheinen mag, so ist sie es keineswegs. Diese Welpen sind nicht einfach unfertig und warten nur darauf, endlich erwachsene Hunde zu werden. Sie sind an die jeweiligen Umweltbedingungen, in denen sie sich jetzt zurechtfinden müssen, hervorragend angepasst. Im Laufe ihrer Altersentwicklung ändern sich eben die Umweltbedingungen und damit wird auch die Anpassung, gerade der Sinnesorgane, verändert.

In der ersten Entwicklungsphase, in der nur die unmittelbare Umgebung der Mutter und die Wurfgeschwister von Bedeutung sind, reichen eben ein Wärme-, Tast- und chemischer Sinn aus. Selbst in dieser Zeit kommt es aber bereits zu Kontakten mit der Mutter und den Wurfgeschwistern, und sogar erste, als Spielverhalten interpretierbare Bewegungen lassen sich durchaus schon beobachten. Im zweiten Entwicklungsstadium geht die Orientierung dann auf die chemischen Sinne über. Dies bedeutet bereits eine wesentliche Erweiterung des Aktionsradius´. Nun muss man nicht mehr unmittelbar angekuschelt an die Mutter oder im Abstand von ganz wenigen cm bleiben, um ihr Wärmefeld wahrzunehmen. Man kann bereits erste Ausflüge unternehmen, denn die chemischen Sinne erlauben durchaus auch eine Rückorientierung auf Distanz. Vollends wird dann die Ausflugsfähigkeit gestärkt, wenn auch der optische Sinn, die Sehfähigkeit, beginnt

› *So eingeschränkt uns die Sinnesumgebung eines neugeborenen oder wenige Wochen alten Hundewelpen auch erscheinen mag, so angepasst ist er an seine augenblicklichen Umweltbedingungen.*

Nun reicht ein kurzes Kopfdrehen, um sich von der Lage und dem Aufenthalt von Mutter, Geschwistern oder auch der Wurfhöhle zu überzeugen. Jetzt steht dem Welpen erstmals für seine Erkundungen ein größerer Abstand zu seinem Heim erster Ordnung offen. Wird der Kontakt unterbrochen, und dies ist für den neugeborenen Welpen eben bereits ein Abstand von mehr als einigen cm, später ein immer größer werdender Abstand, so kommt es zu deutlichen Verlassenheitsrufen. Diese wiederum werden von einer kompetenten Mutter beantwortet und der Welpe dadurch »gerettet«.

Nicht vergessen werden dürfen auch die inneren Sinnesorgane. So ist beispielsweise die Magenfüllung wichtig, um einen satten, zufriedenen Welpen dann in Schlafstimmung zu versetzen. Für die Milchsaugleistung ist die Magenfüllung offensichtlich zunächst unbedeutend. Hierfür sind die Tastsinne in der Umgebung von Lippen, Zunge und Munddach verantwortlich. Erst in späteren Entwicklungsstadien verlagert sich die Kontrolle der Nahrungsaufnahme. Jetzt sind trockene Zitzen plötzlich nicht mehr interessant, die Motivation zum Saugen und zur erneuten Nahrungsaufnahme bestimmt das Hungergefühl.

Nicht zuletzt aufgrund der unterschiedlichen Sinnesleistungen, aber auch aufgrund einer Reihe von Reflexen, die im Laufe der Welpenentwicklung auftreten bzw. nachlassen, wurden früher die Entwicklungsstadien von Hundewelpen sehr streng und starr beschrieben. Zurückgehend auf die Untersuchungen von Fox, deren neurobiologische Bedeutung wir bereits kennengelernt haben, wurde zunächst eine neugeborenen (neonatale) Phase für die ersten zwei Lebenswochen beschrieben, die einen langsamen Übergang von fötalen zu nachgeburtlichen Verhaltensweisen beinhalten sollte. Die Hinterbeine beginnen langsam sich zu krümmen und zu strecken, Urin wird auf äußere Stimulation abgesetzt (also reflexähnlich) und auch andere testbare Reflexe sind bereits da. Die zweite, als Übergangsstadium bezeichnete Entwicklungsphase zwischen dem vierzehnten und einundzwanzigsten Lebenstag, wäre mit dem Öffnen der Augen und mit einem langsamen Übergang der Zuständigkeit von peripheren Sinnen in die zentrale Gehirn- und Rückenmarksregion gekennzeichnet. Dann wurde die Sozialisationsphase vom einundzwanzigsten bis vierundachtzigsten Tag beschrieben, in der Konditionierungen, reflexartige Antworten auf plötzlich auftretende Geräusche, beginnende optische und akustische Orientierung und der Beginn der sozialen Beziehungen auftreten sollten. Die Neugeborenenreflexe verschwinden und stattdessen reagiert der Hund wie ein Erwachsener auf die Reize seiner Umgebung. Mit der Entwöhnung begänne dann angeblich die Juvenilphase, in der die sozialen wie auch Bewegungsfähigkeiten heranreifen sollten. Weitere Stadien wurden dann noch hinzugefügt und differenziert.

Entwicklungsbiologische Untersuchungen an verschiedensten Tierarten zeigen jedoch allgemein, dass solche starren Stadien mit spezifischen Entwicklungsprozessen keineswegs die Regel sind. Eine allgemeine Kritik des starren, an fixierten Entwicklungsstufen orientierten Konzeptes findet sich beispielsweise bei Miklosi (2007). Ein funktioneller Ansatz, bei dem man sich sehr viel mehr auf die Wechselwirkungen zwischen Umwelt, Genetik und

› *Die Entwicklung von Hundewelpen folgt keinen starren Stadien.*

der daraus resultierenden Reifung des heranwachsenden Tieres orientiert, ist wesentlich zielführender. Ein Entwicklungsprozess ist ein Ablauf, in dem die Fähigkeiten des Tieres, seien sie auf Sinnesleistungen oder auf Verhaltensantworten beruhend, sich nach und nach über die Zeit hinweg perfektionieren. Sinnesleistungen entwickeln sich, verbessern sich, physiologische Mechanismen (auch beispielsweise hormonelle Steuerungen) entstehen zunächst unabhängig voneinander und beginnen mehr und mehr in einer Vernetzung mit dem Verhalten dann zu einer Reaktion zu führen. Letztlich wird das Verhalten des Tieres immer mehr dem eines Erwachsenen ähnlich, dies ist aber ein fast unmerklich schleichender Übergang und keineswegs ein plötzlich durch Entwicklungssprünge von einer Phase zur nächsten beschreibbarer Stufenprozess. Der letzte große Entwicklungssprung ist letztlich das Öffnen von Augen und Gehörgang, und selbst dieses kann sogar innerhalb einer Rasse oder gar innerhalb eines Wurfs zu sehr verschiedenen Zeiten auftreten.

Ein weiterer Entwicklungssprung ist dann der Beginn der Pubertät, und auch diese kann, wie wir noch sehen werden, von Außen- und Innenfaktoren verschoben werden. Daher betrachtet man heute die Welpenentwicklung sehr viel flexibler und »alles fließt«. Die Neugeborenenphase bis zum Beginn des ersten Augenöffnens, die Übergangsphase zwischen dem ersten kleinen Lidspalt und der vollständigen Hörfähigkeit, diese beiden Stadien sind die einzigen, die nach neueren Betrachtungen (vergleiche auch Serpell und Jagoe, 1995, Kaulfuß und Würbel, 2008, und eben Miklosi, 2007) noch erhalten bleiben. Die nachfolgenden Phasen werden dann bis zum Beginn der Pubertät in eine gemeinsame Sozialisierungsphase zusammengefasst.

Verhaltensentwicklung, so zeigt auch die Übersicht bei Miklosi, besteht wohl aus dem Zusammenwirken von steuernden, richtungweisenden Regeln einerseits und den Stoffregeln, die bestimmte Verhaltensperioden beenden, andererseits. Diese, gewissermaßen als Fahrplan vom Erbgut vorgegebenen Regeln, sind keineswegs starr, auch sie sind zum Beispiel durch Ernährungszustand, Gewichtsentwicklung und andere Faktoren beeinflussbar. Die Wirkung der richtunggebenden Regeln wiederum lässt sich nochmals unterscheiden, wenn man kanalisierende, erleichternde, aufrecht erhaltende, auslösende und verstärkende Wirkungen unterscheidet. Kanalisierende Effekte sind solche, die die individuellen Unterschiede eher abnehmen lassen. Sie sind es auch, die darauf hinwirken, dass beispielsweise Einzelwelpen auch dann ihr typisches soziales Verhalten entwickeln können, wenn sie keine Spielkameraden haben. Erleichternde Wirkungen sind solche, die gegebenenfalls manche Verhaltensweisen auch früher auftreten lassen. Wenn die Welpen die Möglichkeit zum Jagen oder zum Beobachtungslernen haben, können die Fähigkeiten in der Individualentwicklung auftreten. In einigen Bereichen der Verhaltensentwicklung müssen gleichbleibende Umweltreize geboten werden, um das Verhalten auch aufrecht zu erhalten. Beispiel hierfür wäre das regelmäßige Lecken der Körperöffnungen in den ersten Lebenswochen, um Kot- und Urinabsatz zu erhalten.

› *Findet sich für mutterlose Welpen eine fürsorgliche Ersatzpflegerin, so ist das ein großer Segen!*

## *Verschiedene Orte, verschiedene Entwicklungsschritte*

Verhaltensökologisch betrachtet, spielen sich die verschiedenen Entwicklungsphasen der Hundewelpen in unterschiedlichen Umgebungen ab. Die ersten drei Wochen sind in der Wurfhöhle oder bestenfalls in deren unmittelbarer Umgebung. Außer der Mutter kommt da selbst in Rudeln von Wölfen und anderen nicht domestizierten Hundeartigen niemand an die Welpen heran. Der Mensch, der als Züchter bisweilen die Funktion eines verständnisvollen Großelternteils wahrnehmen sollte, kann mit besonderem Vertrauen der Mutterhündin durchaus eine Ausnahme zu dieser Regel darstellen. Fremde Menschen haben dagegen genauso wie die anderen Hunde des Haushalts in diesem Alter in der Regel noch nichts bei den Welpen verloren. Im Zeitraum ab Ende der dritten Woche beginnen die Welpen dann die Wurfhöhle zu verlassen und sich vor dieser aufzuhalten. Nun kommen auch andere Rudelmitglieder manchmal zu Besuch und die ersten Babysittertätigkeiten werden auch bereits von der Mutter auf andere Rudelmitglieder übertragen.

› *In der Natur begleiten die Welpen ihren Sozialverband bei dessen täglichen Exkursionen erst ab ca. vierzehnter bis sechzehnter Woche.*

Der dritte, räumlich wiederum anders organisierte Entwicklungsabschnitt, beginnt mit der achten Woche. In diesem Zeitraum finden wir die Welpen überwiegend am Rendezvousplatz, einem besonderen, geschützten, aber durchaus schon mit vielfältigen Umweltreizen ausgestatteten Teil des Kernreviers ihrer elterlichen Gruppe. Ob sie dort mit einem Babysitter oder alleine nur mit ihren Wurfgeschwistern bleiben, beeinflusst bereits zu einem wesentlichen Teil ihren späteren Persönlichkeitsfaktor Geselligkeit. Wir werden auf diese Einflüsse später noch zurückkommen.

Ca. ab der vierzehnten bis sechzehnten Woche schließlich begleiten die Welpen ihren Sozialverband bei dessen täglichen Exkursionen. Sie sind jetzt keineswegs schon als Jäger in das kooperative Geschehen des Beutefangs einbezogen, vielmehr beginnt erst langsam ihre Ausbildung, die dann im Laufe des nächsten Jahres perfektioniert werden muss.

Untersuchungen an verwilderten Haushunden, beispielsweise in der Toskana (Bloch, 2007), aber auch an anderen Stellen Italiens und in Indien (Boitani und Ciucci, 1995, Pal, 1998) zeigen, dass die Entwicklungsprofile der Haushundwelpen sich unter diesen Bedingungen zeitlich kaum von denen der Wolfswelpen unterscheiden. Jedoch beginnt die Übergangsphase bei Wölfen im Vergleich zu Haushunden etwas früher, endet auch etwas früher, die Überschneidung zwischen der Übergangsphase in der Verhaltensentwicklung und der ökologisch bedingten Reizaufnahme (vorwiegend des Menschen und seiner Umgebung als sozialisierende Effekte) ist bei Wölfen also gegenüber den Hunden verschoben. Auch dies ist möglicherweise ein Grund dafür, dass Haushunde eben besser auf den Menschen sozialisiert und in menschliche Familien integriert werden können.

## Wann wird wie gelernt?

Spätestens im Alter von fünf Wochen beginnt dann auch eine Phase, in der kompliziertere Lernaufgaben bewältigt werden können. So wurden Welpen zunächst darauf trainiert, einen Würfel wegzuschieben, um dann eine Futterbelohnung zu bekommen. Nur wer den weißen Würfel wegschob, erhielt das Futter, der schwarze Würfel war also der Negativreiz. Sobald dieser Versuchsaufbau gelernt war, wurde die Belohnung umgekehrt, also der schwarze Würfel belohnt. Das Umkehrlernen war ab der fünften Lebenswoche möglich, jedoch brauchten fünf Wochen alte Welpen wesentlich länger dazu, als sechzehn Wochen alte Artgenossen. Bemerkenswert war jedoch, dass die acht Wochen alten Welpen nochmals eine Verzögerung gegenüber den fünf Wochen alten aufwiesen. Ebenso war die Zahl der Extinktionsversuche, also der Versuche, die es benötigte, bis die neue Konstellation verinnerlicht war, bei den acht Wochen alten Welpen niedriger – sie hatten es schneller wieder vergessen – als bei den Sechzehnwöchigen. Neunzehnwöchige hatten die kürzestes Extinktionszeit. Variabilität, also Schwankungsbreite, zwischen den verschiedenen Individuen bei der Lösung der Probleme nahm mit dem Alter ab, jüngere Welpen hatten größere individuelle Unterschiede in der Bewältigung. Am deutlichsten wurden die Unterschiede, wenn man die unter zehn Wochen und die über zehn Wochen alten Welpen zu Versuchsgruppen zusammengefasst hatte. Dann wurde erst richtig deutlich, dass die Zwölf- bis Sechzehnwöchigen wesentlich kürzere Lernzeiten und wesentlich kürzere Extinktionszeiten hatten. Junge Welpen brauchten also nicht nur länger zum Lernen, sonder behielten auch beharrlicher an dem einmal Gelernten fest.

Eine zweite Reihe von Versuchen beschäftigte sich mit der Entwicklung einer verzögerten Reaktion. Dem Hund wurde eine Futterbox gezeigt, und sobald er gelernt hatte, darauf zuzugehen und sich das Futter zu holen, wurde er in eine Versuchsbox gebracht, die er erst nach einigen Minuten verlassen und dann das vorher Gelernte ausführen konnte. Hunde, die in normaler reizangereicherter Umwelt aufwachsen, verkraften durchaus ca. 300 Sekunden, also fünf Minuten Wartezeit, Hunde, die in reizeingeschränkter Umwelt aufwuchsen, hatten dagegen bereits nach 25 Sekunden die Aufgabe vergessen.

Hunde im Alter von vier Wochen benötigten bereits die längste Zeit, bevor sie die Aufenthaltsbox verlassen hatten, ältere Hunde waren wesentlich schneller in der Eingewöhnung und im Beginn des eigentlichen Tests. Die Zwölfwöchigen lernten sehr schnell die korrekte Handlungsabfolge, ließen sich relativ wenig durch irrelevante Hinweisreize in der Umgebung ablenken, waren jedoch ausgesprochen aufgeregt in der Startbox. Bei den Sechzehnwöchigen wiederum sind eine deutlich verlängerte Aufenthaltszeit in der Startbox und ein insgesamt variableres Verhalten zu beschreiben. Die Reaktion zwischen der vierten und zwölften Woche führte zu einer zunehmenden Verbesserung der Ergebnisse, sechzehnwöchige Hunde hatten in dieser Testsituation offensichtlich wieder größere Mühe. Die Zwölfwöchigen waren also insgesamt am besten, auch beim Wählen einer falschen Zielbox ebenso wie bei der Merkzeit. Fox (1971) diskutiert diese Befunde im Hinblick auf die Entwicklung des Langzeitgedächtnisses und erwähnt auch andere Studien, die ebenfalls zeigen, dass Welpen zwischen der achten und zwölften Woche eine Phase der Unaufmerksamkeit und Instabilität aufweisen, in der wenig Hemmungen und Handlungsverhinderungen stattfinden, stattdessen aber ein ge-

neralisiertes Konditionierungslernen ermöglicht wird. Die Versuche zeigen insgesamt, dass Konzentration, Lernbereitschaft, Merkfähigkeit und Gedächtnisdauer sehr unterschiedliche Entwicklungen durchlaufen und es keine gemeinsame Eigenschaft (»Intelligenz«) gibt, die den Welpen in dieser Zeit lernfähig oder weniger lernfähig macht.

Die Fähigkeit zum Umlernen und auch die Trainierbarkeit des Umlernens (die Frage, ob mit wiederholtem Training der Hund schneller das Umlernen kapiert), wuchs in anderen Studien zwischen dem fünfundzwanzigstem Lebenstag und dem vierten Lebensmonat kontinuierlich. Erst nach dem Alter von vier Monaten bestand dann die Möglichkeit, durch ein wiederholtes Trainieren des Umlernens die Lern- und Problemlösung in der Zukunft sinnvoll zu verbessern. Nach dem Ende des vierten Lebensmonats zeigten die genannten Studien auch eine zunehmende individuelle Variabilität zwischen den getesteten Hunden. In den Studien von Fox wurden auch acht erwachsene Rüden getestet, bei denen nochmals eine deutliche Verbesserung gegenüber der Fähigkeit der zwölfwöchigen Welpen auftrat.

Fox referiert in diesem Zusammenhang auch einige Daten über die Entwicklung des EEGs, der Hirnstromkurven bei Hunden, die, wie bereits erwähnt, ebenfalls zeigen, dass erst ab dem Alter von vier Monaten die EEG-Wellen sich langsam und graduell ändern, bis zum Alter von vier Monaten sehr rapide und dramatisch erkennbare Frequenzänderungen zu sehen sind. Im Alter von vier bis fünft Monaten nimmt die Amplitude, also der Ausschlag der EEG-Wellen, deutlich ab. Fox verweist in diesem Zusammenhang nochmals auf die Befunde, dass gerade im Bereich des Frontalhirns, das für höhere Lernleistungen, aber auch für die Hemmung von Verhaltensweisen (sozusagen Innehalten und Nachdenken statt blindlings handeln) zuständig ist, die Myelinisierung der Fasern erst im Alter nach der zwölften Woche richtig ausgebildet wird.

Bei Untersuchungen des Erkundungsverhaltens im Alter zwischen fünf und sechzehn Wochen fiel auf, dass eine Reihe von Hunden, sogar mit besonderer Häufigkeit die Sechzehnwöchigen, innerhalb von zehn Minuten überhaupt nicht aus der Startbox kamen. Viele dieser Hunde, vor allem die ganz jungen und die Sechzehnwöchigen, zeigten auch bei der Annäherung an den menschlichen Beobachter eine große Zurückhaltung. Die Aktivitätsrate der Testgruppe stieg insgesamt im Laufe des Alters an, die Lautgebung fiel zwischen der fünften und achten Woche stark ab, stieg aber zwischen der zwölften und sechzehnten Woche dann wieder an.

Altersgruppenunterschiede zeigten sich zum Beispiel darin, dass fünf bis acht Wochen alte Welpen sich am meisten mit einem Plüschhund beschäftigten, ab der zwölften Woche richteten sich ihre Interessen auf einen Spiegel, in der sechzehnten Woche war sogar der Spiegel das einzige Objekt, das mehr als anderes untersucht wurde. Bereits ab der siebzehnten Woche zeigte sich, dass die rang-

höchsten Tiere einer Welpengruppe jeweils am unaufmerksamsten waren und sich am wenigsten mit den Außenreizen beschäftigten. Teilweise isolierte Welpen zeigten eine wesentlich stärkere Beschäftigung mit dem Spiegel als diejenigen, die ohne Isolation mit Wurfgeschwistern aufwuchsen. Offenbar war ihre soziale Erfahrung geringer und sie erkannten im Vergleich zu besser sozialisierten Welpen mit mehr Erfahrungen daher nicht so schnell, dass dieses Gegenüber etwas »merkwürdig« war.

Wurden dieselben Welpen in verschiedenem Alter immer wieder getestet, so zeigten sie eine zunehmende Erkundungsfreudigkeit und eine immer stärkere Bevorzugung komplexerer Reize mit höherem Alter. Die Querschnittsgruppe, die nur einmal und dann pro Welpe eben in unterschiedlichen Altersabschnitten getestet wurde, hatte oberhalb des Alters von zwölf Wochen eine zunehmende Stressausprägung bis hin zu Stressschlaf. Fox folgert daraus, dass vor der zwölften Woche die Einführung in neue und komplexe Umwelten dringend erforderlich ist. Die Auswirkungen von Isolationsaufzucht in unterschiedlichem Alter werden von Fox ebenfalls zusammenfassend diskutiert, hier treten als wichtige Befunde auf, dass gerade Hunde, die zu zurückhaltenderen und zahmeren Rassen gehören, bei vorheriger Isolation dann zwischen der vierzehnten und sechzehnten Lebenswoche ein Isolationssyndrom entwickeln, das den Symptomen autistischer Kinder entspricht. Die Reduktion betrifft hier Intensität von Sozialverhalten als auch extreme Reduktion des manipulativen und Erkundungsverhaltens. Auch Stereotypien und eine kaum bis gar nicht vorhandene Vokalisationsbereitschaft, sowie eine gestörte Schmerzempfindlichkeit treten auf.

Handaufzuchten haben erhebliche Probleme, sich mit Hunden normal zu verständigen. Insbesondere das Verständigungsverhalten und die Vokalisation sind hier betroffen. Je nach Rasse werden zum Teil submissive, Individualspiel bevorzugende und nicht aggressive oder besonders angstaggressive Individuen erzeugt. Wir werden über die Einflussfaktoren, die eine positive und negative Entwicklung bewirken können, später noch ausführlicher berichten.

Insgesamt zeigen diese Versuche, wenn sie auch im Einzelablauf manchmal etwas umständlich erscheinen mögen, vor allem wiederum, dass soziale und nichtsoziale Erfahrungen, innere Programme der Hirn- und Verhaltensentwicklung und daraus entstehende Verhaltensanpassungen in mosaikartiger, aber eben nicht immer konkret vorhersehbarer Weise in Wechselwirkung treten. Gedächtnis, Aufmerksamkeit, Lernfähigkeit und Impulskontrolle entwickeln sich sehr unterschiedlich. Wir sollten hier einfach unsere Welpen möglichst viel selber entscheiden lassen, ihre Entscheidungen aber dann auch mit Erfahrungsgewinn belohnen.

## *Einflüsse auf die Jungtierentwicklung*

Bereits seit einer Reihe von Jahrzehnten ist bekannt, dass Hundewelpen, die in der Zeit der neonatalen Phase regelmäßig vom Menschen gekrault, geknuddelt oder auch milden Kältereizen ausgesetzt werden (bitte nur für kurze Zeit!) später stabiler, stressresistenter und auch mit einem verbesserten Immunsystem krankheitsresistenter werden. Gleiche Untersuchungen wurden sogar auch mit Fuchswelpen durchgeführt und auch von verschiedenen Arten von Labortieren sind solche Befunde bekannt. Es ist also durchaus angebracht, bereits in den ersten Lebenstagen die Welpen öfter hochzunehmen, zu kraulen und dann wieder zurückzusetzen. Jedoch darf keineswegs ein übertriebenes, permanentes Manipulieren daraus werden. Vergleichbare Untersuchungen sogar an Pferdefohlen, immerhin Laufjunge gleich Nestflüchter, zeigen, dass allzu viel des Guten auch ungesund sein kann. Die derzeit in manchen Pferdezüchterkreisen übliche Praxis der sogenannten Fohlenprägung (die mit Fohlen wenig und mit Prägung gar nichts zu tun hat, stattdessen ein permanent organisiertes Durchkitzeln,

› *Bereits seit einer Reihe von Jahrzehnten ist bekannt, dass Hundewelpen, die in der Zeit der neonatalen Phase regelmäßig vom Menschen liebkost werden, stabilere und stressresistentere Lebewesen werden.*

Abreiben mit Plastiktüten, Einbinden mit Körperbändern etc. umfasst), führt keineswegs, wie erwartet wurde, zu ruhigen und besser auf Menschen bezogenen Pferden. Stattdessen entstehen hektische, nervöse und dem Menschen eher skeptisch gegenübertretende Pferde daraus.

**An dieser Stelle sei auf zwei konträre Spekulationsansätze hingewiesen:**

- In den USA wurden in Anlehnung an humanbiologische Untersuchungen postnatale Versuchsreihen bei Welpen gemacht mit der Fragestellung, ob verstärkter Körperkontakt zum Menschen beim Welpen Entwicklungsbeschleunigung zur Folge hat. Sinn ergibt es, funktionieren doch Tast- und Geruchssinn von Geburt an und bilden damit eine Basis für tiefe, anhaltende Eindrücke. Dies zeigen ja gerade auch die Erfahrungen mit den »Knuddelwelpen« und die Studien von Meaney et al (2007) über den Zusammenhang mit der Hautrezeptorik (s. u.).

- Dem gegenüber steht eine andere und durchaus unter Züchtern verbreitete These, nach welcher Welpen, die zu viel, vor allem aber auf falsche Art und Weise, im frühen Alter vom Menschen in die Hand und in die Höhe genommen werden, physiologische Verspannungen entwickeln sollen, die sich in der weiteren Entwicklung negativ auf das Skelettsystem auswirken sollen. Allzuviel ist also ungesund, der goldene Mittelweg das Ideale. Werden Welpen zu viel hantiert, erhalten wir die gleichen Gefahren wie bei den zuvor beschriebenen zwangsgekitzelten Pferdefohlen.

In diesem Zusammenhang soll deshalb darauf hingewiesen werden, dass Welpen immer, speziell auch im zunehmenden Alter, unter Brustbein und Gesäß fassend aufgenommen werden sollten, um die noch weichen Gelenke und die unfertige Wirbelsäulenkonstruktion nicht zu belasten.

Die Auswirkungen der frühwelplichen Manipulationen und auch des leichten Auskühlens, sind in den letzten Jahren verstärkt untersucht worden. Wenn man sich mit Labortieren statt mit Hunden beschäftigt, ist die Analyse der zugrundeliegenden Mechanismen einfacher. Michael Meaney und seine Arbeitsgruppe (Meaney et al., 2007) haben hier bahnbrechende Studien geliefert. Mäuse- oder Rattenjunge, die von ihren Müttern in den ersten Lebenstagen intensiv beknabbert, geputzt und beleckt werden, entwickeln – wie eben erwartet – die bessere Stressresistenz und die insgesamt ruhigere und ausgeglichenere Persönlichkeit.

Bemerkenswert ist aber, was Meaney und sein Team an neurobiologischen Grundlagen erforschen konnten:

Die Berührungsreize durch die leckende, putzende und knabbernde Mutter werden nämlich über die Tastrezeptoren auf der Haut des Welpen wahrgenommen und ins Gehirn gemeldet. Dort lösen sie zweierlei Folgeaktionen aus: zum einen wird die Zellteilungsrate in dem wichtigsten Stresszentrum, dem blauen Kern (Nucleus coeroleus), verringert, der blaue Kern als Haupt-Stresszentrum bleibt also kleiner. Zum anderen werden die Rezeptoren für das sogenannte Sozialhormon Oxytocin, vor allem im Bereich des vorderen Stirnhirns, vermehrt gebildet. Beide Effekte sind durchaus epigenetisch, dass heißt, sie bleiben auch für zukünftige Zellgenerationen erhalten. Möglicherweise werden sie sogar von Mutter auf Tochter übertragen, denn gute stabile Mütter bekommen in der Regel Töchter und Enkelinnen, die ebenfalls gute, stabile Mütter sind.

› *Gute, stabile Mütter bekommen in der Regel Töchter und Enkelinnen, die ebenfalls gute, stabile Mütter sein werden.*

## Die Bedeutung des Geburtsverlaufs beim 1. Wurf einer Hündin

Am wichtigsten in diesem Zusammenhang ist der erste Wurf Jungtiere. Meaney und sein Team konnten zeigen, dass Mäuse- oder Rattenmütter, die den ersten Wurf ruhig, ohne Stress und ohne Gefahren aufziehen konnten, stabile Mütter wurden. War dann beim zweiten Wurf ein Problem, so hatte der zweite Wurf eben Pech und wurde auch weniger gut betreut. Konnte der dritte Wurf daraufhin ohne Gefahren und in einer ruhigen Umgebung aufgezogen werden, wurden die Welpen des dritten Wurfs wieder stabil und auch gut betreut. Die Töchter aus dem zweiten Wurf waren dann zwar schlechtere, die Töchter aus dem dritten Wurf aber wieder gute Mütter. Wurde dagegen der erste Wurf mit instabilen, stressreichen oder gefährlichen Umgebungsbedingungen aufgezogen, so programmierte sich die Muter selbst für die Zukunft auf Instabilität. Gute Lebensbedingungen beim zweiten oder dritten Wurf führten dann nicht zu einer Verbesserung ihres mütterlichen Verhaltens.

Da sich auf diese Weise Traditionsketten aufbauen, sieht so etwas sehr schnell über mehrere Generationen von Mutter über Tochter zu Enkelin wie Genetik aus. Dass es trotzdem epigenetische Faktoren sind, zeigt eben ein Austausch und Kreuzaufzuchtexperiment. Nimmt man die Jungtiere einer instabilen Mutter gleich nach der Geburt weg und schiebt sie einer stabilen Mutter unter, so werden sie zu guten, stabilen und stressresistenten Tieren. Sind es Töchter, werden sie auch gute Mütter. Werden umgekehrt die Jungtiere einer guten Mutter gleich bei der Geburt weggenommen und einer instabilen Mutter oder einer gefährlichen Umwelt ausgesetzt, werden diese Nachkommen selber instabil und wenn sie Töchter sind, auch schlechte, instabile Mütter.

Diese Befunde sind zweifellos, wegen der dabei wirksamen generellen neurobiologischen Mechanismen, auch auf die Hundezucht übertragbar. Umso wichtiger ist es also, vor allem mit stabilen und damit auch zuverlässig aufziehenden Mutterhündinnen zu züchten. Hat man eine nervöse, stressanfällige Mutter und möchte mit ihr, aus welchen Gründen auch immer, doch züchten, so muss der Mensch als Züchter gewissermaßen die Rolle der kompetenten Großmutter übernehmen und sich eben umso mehr und in richtiger Weise um die Welpen kümmern.

Auch die Effekte der leicht ausgekühlten Welpen sind offensichtlich durch diese Mechanismen erklärbar. Welpen, die aus dem Nest fallen und leicht auskühlen, werden hinterher von ihrer Mutter umso intensiver beleckt, geputzt und gewärmt. Diese Effekte sind es anscheinend, die dann zu den verbesserten Stressresistenzen und zur verbesserten Gesundheit, sowie auch zur schnelleren Entwicklung dieser Welpen beitragen. Denn Welpen, die in der genannten Weise leichte Herausforderungen in ihrer neonatalen Phase zu bewältigen haben, schalten gewissermaßen den Turbolader zu und entwickeln sich auch wesentlich schneller. Die Effekte dieses dann sich schneller entwickelnden Welpen im Wurf, haben wir behandelt.

› *Kleine Herausforderungen aktivieren den Turbolader in der Entwicklung.*

In der Mäuse- und Rattenforschung wurden auch noch andere unangenehme Auswirkungen frühwelplicher Lebensbedingungen simuliert. Mäuse- und Rattenmütter, die in den ersten Lebenstagen und Wochen sich nicht ausgiebig um ihre Jungen kümmern konnten, weil sie zum Beispiel sehr lange Wege zur Nahrungssuche zurücklegen mussten oder schlichtweg von den Experimentatoren daran gehindert wurden, ins Nest zurückzukehren, führten ebenfalls zu einer Verstärkung der Zellteilung im blauen Kern und zu verringerter Genumsetzung der Oxytocinrezeptorgene im Vorderhirn. Daraus ist bereits zwangsläufig abzuleiten, dass Hundemütter, die sich nicht um ihre Welpen kümmern können, weil sie beispielsweise vom Züchter nur zum Säugen für kurze Zeit dazugelassen werden, ebenfalls wesentlich problematischere Welpen hervorbringen können. Vergleichbare Befunde liefern dazu u. a. die Studie an verwilderten Haushunden. In mehreren Forschungsprojekten zu verwilderten Haushunden zeigte sich, dass die Hundemütter (im Gegensatz zu Wölfinnen, Füchsinnen und anderen Wildkanidenmüttern) sich sehr viel mehr selber um die Nahrungsversorgung kümmern müssen. Die Hundeväter, auch in den verwilderten Gruppen verschiedener Länder, legen eben kaum Nahrung an der Wurfhöhle ab und beteiligen sich damit nicht an der Futterversorgung für die Mutter. Wölfinnen und andere Wildkanidenmütter müssen in dieser Zeit nicht weiter als bis zum Höhleneingang gehen, um dort die vom Vater deponierten Nahrungsvorräte aufzunehmen. Auch verwilderte Haushündinnen müssen also herumstreifen und ihre Nahrung selber suchen und die Welpen dadurch länger alleine lassen. Eine höhere Welpensterblichkeit ist die Folge, und diese dürfte nicht nur auf die direkte Vernachlässigung, sondern eben wahrscheinlich auch, wie bei den von den Jungen ferngehaltenen Rattenmüttern, auf das reduzierte Immunsystem der Welpen zurückzuführen sein.

## Entwicklung der Stresssysteme

Von ganz anderer Wirkung dagegen ist bewältigbarer Stress im späteren Welpenabschnitt. Sobald das adrenerge System, also das System der aktiven Stressbewältigung, sich zu differenzieren beginnt (dieser Zeitraum liegt bei Hunden und Wölfen ca. um die fünfte Lebenswoche), können zu bewältigende Herausforderungen und durch eigenes Zutun gelöste kleine Probleme zu einer verbesserten Stressstabilität beitragen. Das Dach des Mittelhirns, ein wesentlicher Teil des aktiven Stresssystems, wächst nämlich auch mit seinen Aufgaben. Im Gegensatz zu den Regionen der passiven Stressempfindung, die eher ein Empfinden des Kontrollverlusts und des Ausgeliefertseins erzeugen, führt jedoch eine Verstärkung der Zelldichte und eine bessere Verschaltung im Bereich des aktiven Stresssystems eher zu besserem Selbstbewusstsein. Man hat bereits Erfahrungen gemacht und hat dabei auch gelernt, dass es sich lohnt, Probleme anzugehen, weil man diese Probleme dann auch lösen kann. Diese Erfahrung führt im Rückkopplungssystem eben auch zu einer Verbesserung der dafür zuständigen Gehirnregionen, und in Folge dessen wird man in Zukunft diese Erfahrungen auch leichter und mit größerer Bereitwilligkeit wiederholen und sich auch neuen Aufgaben stellen.

Wir berichteten bereits, dass sogar die Säugeposition der Mutter offensichtlich Auswirkung auf die Entwicklung der Stresssysteme hat. Die Untersuchungen an Mäusen und Ratten zeigen, dass eine ruhige, entspannt und souverän säugende Mutter in den ersten Lebenstagen liegt und dadurch den Welpen einen ungehinderten und locker-entspannten Zugang zur Zitze ermöglicht. Unsichere Mütter dagegen säugen im Stehen und die Welpen müssen sich strecken, um an die Zitzen zu kommen. Diese Streckbewegung wird von Muskelsinnesorganen, den Muskelspindeln im Bereich der Nackenmuskulatur, wahrgenommen und ans Gehirn gemeldet und führt dort eben zu einer Vergrößerung der Zellteilung im blauen Kern und zu einer eher verringerten Oxytocinrezeptorbildung. Wird also eine Mutter ständig beim Säugen gestört und legt sich nicht mehr hin, kann dies bereits ebenfalls zu einer dauerhaften Veränderung der Grundpersönlichkeit der Welpen führen. Ebenso wichtig ist, dass sie ungestört liegend säugen kann.

Bei Müttern von älteren Welpen dagegen ist ein Säugen im Stehen oder im Sitzen normal, die Welpen müssen sich jetzt anstrengen, um an die Zitzen zu kommen. Dies geschieht aber eben zu Zeiten, in denen das bereits besprochene aktive Stresssystem mit seinen Aufgaben wächst, diese Welpen lernen also sogar beim Saugen, dass es sich lohnt, auch mal eine Schwierigkeit in Kauf zu nehmen. Ebenso verhält es sich mit der dann von der Mutter durchaus zwischendurch eingeforderten Wartepause. Während Mütter in den ersten Lebenstagen, und zum Teil noch Wochen weiterhin, nahezu pausenlos und jederzeit als Milchbar zur Verfügung stehen, nehmen sie sich im Laufe der weiteren Welpenentwicklung öfter mal eine Auszeit. Die Welpen lernen also auch, dass es sich lohnt zu warten, um dann später doch noch an die Belohnung (also an die Zitze) zu geraten.

Die Zusammenhänge zwischen der neurobiologischen Entwicklung und der Entwicklung des Stresssystems lassen auch verstehen, weshalb die Entwicklungsphasen der Welpen mit unterschiedlicher Dauerhaftigkeit mit Erfahrungen verknüpft sind. Während in den ersten fünf Wochen die gemachten individuellen Erfahrungen eher instabil sind und auch nicht vorhersagbar das Verhalten des Welpen später beeinflussen, beginnt von der fünften bis ca. der achten Woche eine Phase ausgesprochener Überempfindlichkeit. In dieser Zeit sollten möglichst alle Stressoren nur in sehr dosierten und in vom Welpen zu bewältigender Form präsentiert werden. Es ist wichtig, dass die Welpen in dieser Zeit nicht das Empfinden von Kontrollverlust haben. Sie müssen selbst entscheiden können, wie viel, wie intensiv und wie lange sie sich beispielweise einem neuen Reiz aussetzen wollen

› *Mütter von älteren Welpen säugen auch im Stehen.*

bzw. können. Ab der achten Woche stabilisiert sich das Stresssystem dann wieder und ab der zwölften Woche überwiegen dann sogar die positiven Erfahrungen, negative Erfahrungen werden in diesem Zeitraum dann weniger nachhaltig abgespeichert. Die Zeit zwischen der achten und zwölften Woche dagegen ist mit einem Umschwung und mit einer verstärkten Lernfähigkeit verknüpft, im Folgendem werden dazu noch weitere Beispiele genannt werden.

Es ist also von besonderer Wichtigkeit, in der Zeit zwischen der fünften und achten Woche alle nicht zu bewältigenden Probleme von den Welpen fernzuhalten. Umso schlimmer ist es, dass bisweilen jetzt Tendenzen einsetzen, bereits vor der achten Woche die Welpen von der Mutter wegzunehmen. Studien an einer Reihe von Hunderassen (z. B. Slabbert und Rasa 1993 für Deutsche Schäferhunde, Tiira et al., 2012, für Deutsche Schäferhunde, Bullterrier, Staffordshire Terrier und verwandte Rassen) haben gezeigt, dass Welpen, die früher von der Mutter fortgenommen werden, ein höheres Risiko zur Entwicklung von Stereotypien, Zwangshandlungen und anderer Verhaltensstörungen im Laufe ihrer späteren Jugendentwicklung haben, was wir bereits im Vorangegangenen erwähnten. Das bedeutet, dass eine Veranlagung, eine Disposition zur Entstehung solcher Verhaltensstörungen in der frühwelplichen Entwicklung liegt. Nicht nur das frühe Wegnehmen von der Mutter, auch eine unruhige, stressanfällige Mutter, Unruhe im Züchterhaushalt (zum Beispiel durch die Anwesenheit mehrerer unruhiger menschlicher Kinder) und einige andere Faktoren, waren ebenfalls prädisponierend für das spätere Entstehen der genannten Verhaltensstörung. Selbst ein einziges unangenehmes Erlebnis kann in dieser Zeit rund um die achte Lebenswoche bereits den Welpen dauerhaft in seinem Verhaltensprofil verändern und langzeitabnormale Effekte erzielen. Wie wir später sehen werden, ist diese sensible Phase gleichzeitig verknüpft mit der Ausbildung einer Ortsbindung (erinnern wir uns, das ist die Zeit, in der die Welpen am Rendezvousplatz sind, den sie ja möglichst auch nicht verlassen oder zumindest immer wieder zu ihm zurückkehren sollten). Soziale Bindungen an die zukünftigen Familienmitglieder werden dagegen noch nicht ausgebildet (siehe unten). Und umso schlimmer ist es dann, wenn auch noch Umweltstressoren den Welpen zusätzlich erschüttern.

› *Spielgesicht und übertriebene Bewegungen sind in Spielsequenzen zu beobachten.*

## Entwicklung von sozialer und umweltbezogener Kompetenz

Mütterliches Verhalten selbst wiederum scheint durchaus durch eine dopamingesteuerte Reaktion im Gehirn selbstbelohnend zu sein. In einigen Kerngebieten des Selbstbelohnungssystems im Gehirn wird nämlich ein verstärkter Dopaminausstoß gemessen, sobald sich eine Hündin gerade um ihren Nachwuchs kümmert.

Instabilität und Nervosität der Mutter dagegen wirken sich nicht nur in unspezifischer Weise aus. Mütter, die Geräuschprobleme und Geräuschangst zeigen, übertragen zum Beispiel ganz konkret diese Form der Geräuschangst auf die Welpen, und zwar in wesentlich stärkerem Maße, als dies rein durch einen möglichen genetischen Anteil erklärlich wäre. Auf welchen Wegen dies geschieht, ob durch Beobachtungslernen in höherem Welpenalter oder bereits in epigenetischer Weise in der frühen Welpenzeit, ist noch nicht untersucht. Die Einflüsse der sozialen Umgebung auf das spätere Verhaltensprofil von Hunden sind bereits an mehreren Stellen erwähnt worden. Aufzuchtexperimente von Hunden und Wölfen in Isolation und ohne Wurfgeschwister, Handaufzuchten, gute kombinierte Aufzuchten von Hundewelpen und Katzenwelpen zeigen ein komplexes Bild. Studien an vielen anderen Tierarten (sogar bei Primaten, also sehr hoch entwickelten Säugetieren, wurden vergleichbare Befunde beispielsweise von Kummer, 1974, referiert), zeigen immer wieder die gleiche Grundtendenz: die motorischen Bewegungsabläufe, auch des komplizierten sozialen Verhaltens, sind weitgehend »angeboren«, also wohl zum großen Teil auch durch eine genetische Komponente fixiert.

Auch wenn wir noch nicht im Einzelnen wissen, wo und wie diese genetischen Informationen sich auswirken, kann der Vergleich von hand- und naturaufgezogenen, einzeln und in mehreren Wurfgruppen groß gewordenen, in Gehege und Freiland aufwachsenden Tieren immer wieder diese Vermutung bestätigen. Was jedoch, und auch das gilt für Vögel und Säugetiere wohl ziemlich allgemein, trainiert und einstudiert werden muss, ist einerseits die situationsrichtige Reaktion auf den Sozialpartner, das Erkennen des Geschwisters oder anderen Spielkameraden als Sozialpartner und die abgestufte und situationsrichtige Reaktion durch eigene Elemente des angeborenen Verhaltensrepertoires. Dies bestätigen auch die beispielsweise von Miklosi (2007) und Fox (1971) zusammengefassten Ergebnisse an Hunden und Wölfen. Hundewelpen, die alleine als einziger Hundewelpe in einer Katzengruppe groß wurden, zeigen zwar das hundliche Verhaltensrepertoire, haben aber ab dem Alter von zwölf Wochen erhebliche Probleme, auf Spiegelbilder oder andere Hunde situationsrichtig zu reagieren. Gleiches gilt für Handaufzuchten, die allein aufgezogen wurden.

Einen Hinweis auf den möglichen Mechanismus dieser Entwicklungsprozesse geben Untersuchungen von Groothuis (1989). Auch wenn es sich dabei um eine Studie an Möwenküken handelt, sind die Fragestellungen eigentlich wie die, die hier in Bezug auf Hunde diskutiert werden. Groothuis zog Möwenküken entweder allein oder in Zweier-, Dreier- oder Vierergruppen auf. Sodann wurde die Entwicklung der sozialen Kommunikation in verschiedenen Altersstufen verglichen. Die Möwenküken, die alleine aufgezogen wurden,

› *Die Reaktion des Gegenübers schult das eigene Sozialverhalten.*

hatten das perfekte Verhaltensrepertoire motorisch drauf. Sie zeigten es bisweilen etwas hölzern, nicht so fein abgestimmt und etwas mehr schablonenhaft, aber es war da. Küken, die zu dritt oder viert aufwuchsen, hatten auch keine Probleme. Küken, die zu zweit aufwuchsen, aber hatten bisweilen Defizite in verschiedenen Bereichen. Diese Bereiche waren interessanterweise für jedes Küken anders, einem fehlte beispielsweise ein Teil des Imponierverhaltens, einem anderen ein Teil des Balzverhaltens, einem dritten eventuell ein Teil des Unterwerfungs- und Beschwichtigungsverhaltens. Groothuis erklärt diese Fakten so: es gibt ein genetisches Notprogramm, das dann eingreift, wenn kein Sinneseindruck eines Geschwisters da ist. Sobald aber Sinneseindrücke von Geschwistern vorhanden sind, wird dieses Notprogramm ausgeschaltet und das viel flexiblere, erfahrungs- und lerngestützte Sozialisierungsprogramm beginnt. Hat man dann mindestens zwei oder sogar drei Geschwister zum Üben, dann ist statistisch die Chance, jede Verhaltensweise des eigenen Repertoires irgendwann einmal angewendet zu haben, sehr groß. Bei nur einem Sparringspartner dagegen bestehen durchaus Gefahren, dass einige Elemente des Verhaltens niemals gezeigt werden müssen – und dann eben auch nicht einstudiert werden.

Ob diese Überlegungen für Hunde auch gelten, ist noch nicht vollständig geklärt. Aber die zitierten Befunde an den handaufgezogenen und einzeln aufgezogenen Tieren deuten durchaus in die gleiche Richtung. Speziell in dem Bereich des situationsrichtigen Lernens und seiner Ausfallerscheinungen zeigen sich auch immer wieder Problemfälle in unserer eigenen Beratungspraxis. Gerade Hunde, die aus medizinischen oder ideologischen Gründen im sensiblen Zeitraum des dritten und vierten Lebensmonats keine Möglichkeit zu ausführlicheren Balgereien mit Artgenossen haben, werden oftmals später auffällig wegen reduzierter Beißhemmung. Oftmals zeigen diese Hunde dann auch Elemente des Beutefangverhaltens, etwa ein am Nacken packen und schütteln, in völlig ungebremster Weise gegenüber Artgenossen. Offensichtlich haben sie in der sensiblen Phase nicht gelernt, dass Artgenossen keine Beute sind, und vor

allem auch nicht, wie man im Spielverhalten mit gebremster Intensität und ohne echte Beschädigungsabsicht die Elemente des Beutefangverhaltens einsetzt.

Untersuchungen an verschiedenen Wildkaniden und auch Haushunden von Marc Bekoff (1977) zeigen auch die Bedeutung der Anwesenheit von Wurfgeschwistern und Babysittern in der Zeit des dritten und vierten Lebensmonats. Kojoten, Wölfe oder Hunde, die in dieser Zeit entweder nur mit ihren Wurfgeschwistern oder gar ohne regelmäßigen Geschwisterkontakt aufwuchsen, wurden später eher zu Einzelgängern, zu Eigenbrötlern, die auch relativ schnell die Geburtsgruppe verlassen wollten. Diejenigen, die mit Wurfgeschwistern sehr intensive und lang andauernde soziale Spielkontakte hatten und gleichzeitig auch noch von einem Babysitter betreut wurden (das heißt, dass fast immer am Rendezvousplatz ein erwachsenes oder halb erwachsenes Tier anwesend war), wurden später selber auch zu geselligen, eher an der Integration in den elterlichen Familienverband interessierten Tieren.

In einigen Studien (Haug, 2004, an Beagle, van der Waaj et al., 2008, an Deutschen Schäferhunden und Labradoren, Boenigk, 2004, an Hovawarten) wurden unterschiedlich große Würfe verglichen. Dabei zeigte sich, dass Welpen, die von der 3. bis zur 16. Woche isoliert waren, sich später sehr unterwürfig verhalten, beim Spielen von anderen später ignoriert werden und sogar Verhaltenselemente verloren gehen können. Bei Labradoren war die Kooperationsbereitschaft bei Welpen aus Dreierwürfen oder mit ein oder zwei Rüden im Wurf größer als bei anderer Zusammensetzung oder Elferwürfen, beim Deutschen Schäferhund waren Hunde aus Würfen mit ein oder zwei Rüden weniger mutig. Weitere Abhängigkeiten sind bisher nicht bekannt.

Andere Umwelteinflüsse auf die Verhaltensentwicklung von Hunden wurden einer Zusammenstellung von Appleby et al. (2002) erforscht. Hunde, die entweder von ihrer Mutter außerhalb des menschlichen Haushaltes aufgezogen wurden oder im Alter zwischen drei und sechs Monaten keine Erfahrungen mit städtischer Umgebung machen konnten, waren wesentlich aggressiver gegen unbekannte Menschen und zeigten auch mehr Meideverhalten. Auch während einer tierärztlichen Untersuchung war das Risiko aggressiven Verhaltens bei diesen Hunden wesentlich höher. Aggression gegen bekannte Menschen oder gegen Hunde dagegen wurde von diesen Aufzuchterfahrungen nicht beeinflusst.

In einer anderen Studie zeigten Bradshaw et al. (2002), dass Hunde, die im Zeitraum zwischen dem sechsten und zwölften Lebensmonat in einer sozial sehr abwechslungsreichen und aufmerksamkeitsfördernden Umwelt aufwachsen konnten, später praktisch nie Trennungsprobleme aufwiesen. Dies war unabhängig von der Rasse oder dem Mischlingsstatus und auch unabhängig davon, ob die Hunde von einem Züchter oder aus einer Nothilfeorganisation stammten.

Zur Entwicklung rangordnungsbezogener Aggression und des Dominanzverhaltens zeigen von Serpell und Jagoe (1995) zusammengestellte Befunde, dass erst ab dem Alter von ca. elf Wochen eine stabile und vorhersagbare Dominanzbeziehung über einen längeren Zeitraum hinweg gefunden werden kann. Zwar sind Persönlichkeitsunterschiede zwischen den Welpen, die sich bisweilen auch in einem erhöhten Dominanzbestreben äußern, ab der sechsten Lebenswoche zu beobachten, die Ausbildung einer Zweierrangbeziehung in diesem Alter ist aber noch nicht zuverlässig stabil.

Verschiedene Studien zeigen allgemein, dass Neophobie, also extreme Furcht in unbekannten, neuen Situationen oder sogar Angst in diesen Umgebungen, sich etwa ab dem Alter von zwölf Wochen stabil zeigt, insbesondere, wenn in dieser ersten Zeit der ersten drei Lebensmonate keine oder zu wenig unbekannte Umwelteinflüsse angeboten werden. Von ebenso großer Bedeutung ist die Auswertung einer Statistik von Jagoe (siehe Serpell und Jagoe 1995) über die Verhaltensprobleme von Hunden, die an verschiedenen Studien und Behandlungen in der Tierklinik der Universität Edinburgh und einigen anderen Behandlungsstellen der dortigen Umgebung erfasst wurden. Hier zeigt sich zum Beispiel, dass Hunde, die im Alter von vierzehn bis fünfzehn Wochen vom neuen Besitzer erworben wurden, eine besonders hohe prozentuale Auftretensrate der Angst vor anderen Hunden, Hunde die im Alter von sechzehn bis vierundzwanzig Wochen erworben wurden, eine besonders hohe Angst vor Straßenverkehr aufwiesen. Wir erinnern uns, dass dies die Zeiten sind, in denen normalerweise der langsame Übergange vom Rendezvousplatz zum Mitlaufen in der Gruppe und danach folgend eben in der Gruppe auch das Erkunden des weiter entfernten Außenreviers stattfindet. Hunde, die im Alter von zwölf bis dreizehn Wochen erworben wurden, hatten insgesamt eine niedrigere Rate des Auftretens von Furcht vor anderen Hunden. Hunde, die im Alter von vierzehn bis fünfzehn Wochen erworben wurden, zeigten eine niedrigere Rate der Furcht im Straßenverkehr.

› *Erst ab der 11. Lebenswoche entwickeln sich echte Dominanzbeziehungen.*

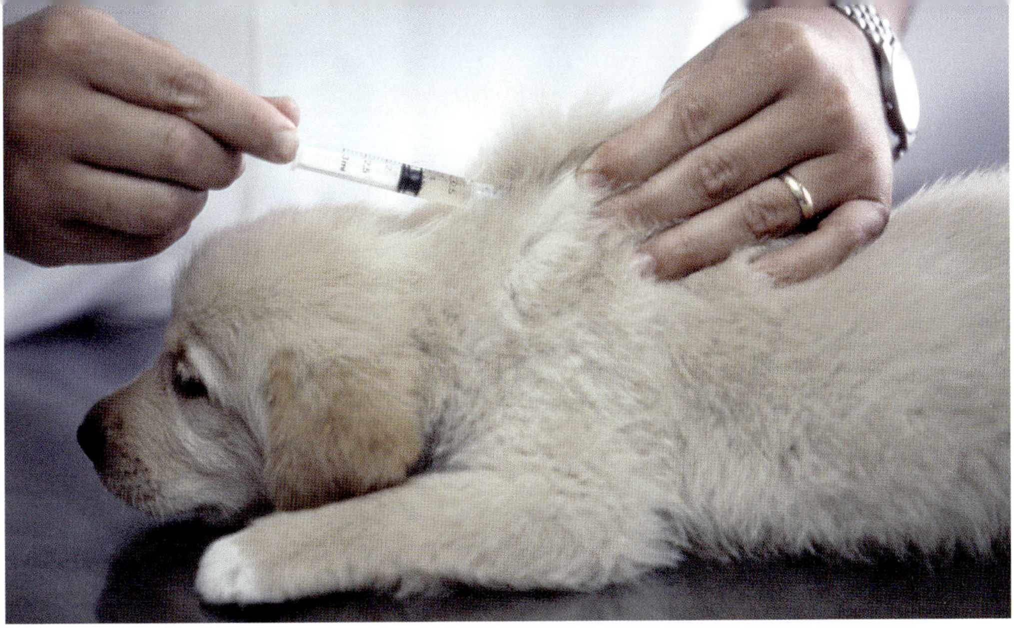

› *Das Alter bei der Impfung spielt durchaus eine Rolle!*

## *Impfung und Verhaltensentwicklung*

Territoriale Aggression trat umso mehr bei Hunden auf, je später die erste Impfung stattfand, jedoch waren die Werte zwischen der siebten und zwölften Woche faktisch identisch. Zusammenhänge zwischen dem Alter der ersten Impfung und ersten Verhaltensproblemen zeigten, dass Hunde, die im Alter zwischen sieben und acht oder fünfzehn bis zwanzig Wochen geimpft wurden, die niedrigste, Hunde, die zwischen neunter und zehnter Woche geimpft wurden, die höchste Rate an besitzergreifender oder Eifersuchtsaggression aufwiesen. Hunde, die im Alter von neun bis zehn oder dreizehn bis zwanzig Wochen zum ersten Mal geimpft wurden, hatten die höchste Rate an Affektaggression (in dieser Studie noch als Dominanzaggression bezeichnet), Hunde, die im Alter von sieben bis acht oder dreizehn bis vierzehn Wochen geimpft wurden, hatten die wenigsten sozialen Ängste und zeigten auch die wenigsten trennungsbezogenen Zerstörungsanfälle. Die allgemeine Erregbarkeit stieg jedoch linear mit dem Alter der ersten Impfung an.

Nahezu alle Problemverhaltensweisen, etwa Affektaggression, Aggression gegen Fremde, Furcht vor Fremden oder vor Kindern, trennungsbezogenes Bellen und abnormes Sexualverhalten, waren deutlich erkennbar und statistisch nachweisbar mit einer Krankheit im Welpenalter gekoppelt. Serpell und Jagoe betonen, dass die Effekte, die das Impfen in unterschiedlichen Altersabschnitten auslöst, nicht notwendigerweise eine direkte Impfreaktion darstellen müssen. Es kann sehr wohl auch sein, dass die nach der Impfung verordnete Isolation, sieben bis zehn Tage bei den meisten Tierärzten, die unzureichende Sozialisation im betreffenden Alter hervorruft. Denkbar wäre jedoch auch ein direkter Zusammenhang zwischen einer Herausforderung des Immunsystems und des Glucocortecoidsystems mit entsprechenden Spätwirkungen. In jedem Falle zeigt die Zusammenschau der von Serpell und Jagoe gesammelten Daten, dass im Alter des vierten Lebensmonats eine wichtige Phase des Kennenlernens neuer Artgenossen und neuer Umweltsituationen vorliegt. Da ja die natürliche Verhaltensentwicklung erst jetzt das Kennenlernen vom Außenrevier und größere Ausflüge vorsieht, müssen in diesem Zeitraum nun eben Exkursionen z. B. zu Bahnhof, Fußgängerzone und anderen Orten eingeführt werden, die der Hund später als normalen Bestandteil seiner Umwelt betrachten soll.

## *Entwicklung weiterer Persönlichkeitsstrukturen*

Die Entwicklung des Persönlichkeitsfaktors Geselligkeit, die, wie bereits erwähnt, vorwiegend durch die Sozialkontakte mit Wurfgeschwistern und Babysittern stattfindet, ist einer der wichtigsten Aspekte der Welpenentwicklung. Gerade dann, wenn die Welpen von ihren Geschwistern getrennt werden, sind die regelmäßigen Kontakte mit gleich oder ähnlich alten Artgenossen von besonderer Bedeutung. Wir werden auf dieses Thema bei den Ausführungen zu Welpengruppen und Welpenspiel nochmals zurückkommen.

Die wechselschichtigen und nicht immer ganz einfachen Zusammenhänge zwischen verschiedenen Persönlichkeitseigenschaften bei Hundewelpen wurden in einer Arbeit von Riemer et al. (2013) untersucht. Eine Reihe von Border Collie Welpen (insgesamt 134 nahmen an dieser Studie teil) wurden zunächst mit einem unbekannten Objekt konfrontiert. Meiden oder Erkunden, also eine scheue oder wagemutige Persönlichkeit, konnten dadurch herausgefunden werden. Sodann wurde eine Begegnung mit einer freundlichen, unbekannten Person beobachtet und schließlich wurden die Welpen noch mehrmals kurz festgehalten. Aus der Begegnung mit der freundlichen, unbekannten Person ergab sich eine Einschätzung der Geselligkeit und Freundlichkeit gegenüber Menschen generell. Die Reaktion auf das Festhalten wurde als wilde Konfliktsituation bewertet.

Bemerkenswerterweise gab es keinerlei Zusammenhänge zwischen der Kühnheit in der Begegnung mit dem unbekannten Gegenstand und der Freundlichkeit im Kontakt mit unbekannten Menschen. Auch bei der Reaktion auf den Belastungstest des Festgehaltenwerdens, gab es keinerlei Zusammenhänge mit dem Persönlichkeitsfaktor Kühnheit. Anders jedoch der Zusammenhang mit der Geselligkeit zum Menschen. Welpen, die sich als freundlich dem Menschen gegenüber zeigten, versuchten auch durch Interaktionen mit dem Menschen die unbequeme Situation des Festgehaltenwerdens zu regeln oder zu beseitigen. Welpen, die sich dem Menschen gegenüber als weniger gesellig oder unfreundlich gezeigt hatten, blieben in der Festhaltesituation weitgehend passiv. Weder die Geselligkeit zum Menschen, noch die Kühnheit in der Konfrontation mit dem unbekannten Objekt, ließen Vorhersagen über das Meiden oder Ausweichen in der Festhaltesituation zu. Die Fluchttendenz variierte zwar zwischen den Welpen aus verschiedenen Zuchtstätten oder verschiedenen Würfen, jedoch in keiner systematisch erkennbaren Weise mit einem der beiden hier untersuchten Persönlichkeitsfaktoren. Auch bei Untersuchungen an Wölfen zeigte sich bereits, dass es keinen Zusammenhang zwischen Furcht vor Objekten und Vermeidung von Menschen gab.

› *Ab dem 4. Lebensmonat geht es hinaus in die Welt.*

› *Welpen sollen ohne Druck und Zwang ausprobieren können.*

Persönlichkeitsfaktoren können sich im Laufe des Lebens ändern. Stamps und Groothuis (2010) zeigen in einem allgemein ökologischen Modell, wie sich die Reaktionsnormen von Individuen mit Hilfe von bereits gemachten Erfahrungen und abhängig von dem jeweils gerade herrschenden Lebensraum verändern können. Im Lauf des Lebens wird normalerweise auch die Variabilität der Reaktionsnorm zwischen verschiedenen Individuen größer, innerhalb eines Individuums kann sie eventuell eher eingeengt werden. Auch dies ist, wie wir noch sehen werden, ein Grund, weshalb Welpen- und Junghundetests so wenig Aussagekraft haben!

Neuerdings wurden auch Zusammenhänge zwischen Persönlichkeitsentwicklung, gerade in Bezug auf den Faktor Geselligkeit, und die spätere Anfälligkeit für Suchtprobleme nachgewiesen. Das Oxytocinsystem ist nämlich offensichtlich auch ein Schutz vor allzu heftiger Suchtgefahr. Zwar sind diese Zusammenhänge bisher nur bei Labortieren und korrelativ beim Menschen belegt, es ist jedoch zu vermuten, dass es auch hier um ein allgemeines Phänomen in der Gehirnentwicklung geht. Wer in einer stabilen sozialen Umgebung aufwächst und damit auch ein stabiles und leistungsfähiges Oxytocinsystem im Gehirn hat, ist offensichtlich weitgehend gefeit gegen die Entstehung von Suchtproblemen. Verantwortlich für die Wohlfühleffekte, die bisweilen auch zur Sucht führen können, sind zwei verschiedene, auch an verschiedenen Stellen des Gehirns lokalisierte Antriebssysteme. Das eine wird in der Neuropsychiatrie als das »likeing«, also das »Mögen« bezeichnet, das andere als »wanting« oder »craving«, also »Sehnen«. Wird ein Tier unter stabilen sozialen Umgebungsbedingungen aufgezogen, verschiebt sich auch bei selbstbelohnenden Tätigkeiten offensichtlich die Zuständigkeit mehr in das System des Mögens. Fehlt dagegen die Oxytocinwirkung durch unzureichende Sozialisierung, so kommt es mehr zu einer Betonung des Sehnens. Dadurch ist eben dann auch der eine mehr mit einem freudig erregten, aber weitgehend suchtresistenten Wohlfühlverhalten, der andere dagegen mit einem bis zur krankhaften Suchtentstehung und zur mangelnden Kontrollierbarkeit entwickelten Bestreben ausgestattet. Sucht bei Hunden ist, wie nicht nur beim Bällchenfangen, sondern auch bei vielen anderen schnellen sportlichen Beschäftigungen erkennbar, durchaus ein weit verbreitetes Problem. Möglicherweise wäre also auch einer der Gründe, warum bei Hunden, die im ersten Lebensjahr mehr auf Beziehung, Erziehung Bindung und Ruhe und nicht auf sportliche Höchstleistungen trainiert werden, die Suchtgefahr auch später im Turnier geringer ist, an dieser oxytocinabhängigen Veränderung der neurobiologischen Zuständigkeiten festzumachen. (Tops et al., 2014)

## *Sinn und Unsinn von Welpentest*

Bemerkenswerte Einigkeit besteht in den derzeit aktuellen Zusammenstellungen hundlichen Verhaltens darüber, dass Welpentests, zumindest in der derzeit überall praktizierten Form, überhaupt keine Aussage erlauben. Bradshaw (2012) macht noch eine Ausnahme, in dem er meint, dass ganz besonders ängstliche oder furchtsame Welpen durch diese Tests gefunden werden könnten, da dieser Persönlichkeitszug eine recht hohe genetische Komponente beinhaltet. Zudem meint er, dass durch diese Tests gerade unzureichende Züchter und Zuchtumgebungen, bei denen die Hunde besonders große Probleme mit Menschen oder mit der Manipulation durch Menschen bekämen, ausgeschlossen werden könnten. Er gibt aber selbst zu, dass wohl kaum ein Züchter den Test für diesen Zweck anwenden würde.

Jones und Gosling (2005) haben in einer groß angelegten, als Metaanalyse bezeichneten Neubewertung von über 50 Veröffentlichungen zum Thema Temperament und Persönlichkeit bei Haushunden versucht, gemeinsame Eigenschaften und gemeinsame Persönlichkeitsmerkmale aus diesen Arbeiten herauszufiltern. Dazu wurden die Ergebnisse der genannten Veröffentlichungen von einem neu zusammengestellten Expertengremium nochmals sortiert und erneut einer Computeranalyse unterzogen. Ein Nebeneffekt dieser Untersuchung war jedoch, dass dort auch etliche Untersuchungen über Welpen und Junghunde mitbewertet wurden. Und das Ergebnis war niederschmetternd: die statistische Aussagekraft der insgesamt über fünfzig Studien über den Zusammenhang zwischen Temperament und Persönlichkeit bei Hunden war wesentlich geschwächt, wenn Untersuchungen über Hunde von weniger als fünfzehn bis achtzehn Monaten in die Analyse mit einflossen. Sobald man diese Untersuchungen an Welpen und Junghunden aus der statistischen Neubewertung ausschloss, war der Zusammenhang zwischen einzelnen Verhaltenseigenschaften, den Persönlichkeitsmerkmalen und auch die Vorhersagbarkeit zwischen Testungen zu verschiedenen Zeiten wesentlich größer. Daraus ergibt sich, dass gerade bei Welpen und Junghunden eben ein Test nur eine Momentaufnahme darstellt, die keinerlei Vorhersagewert für die Zukunft hat. Auch Bradshaw und Not (1995) geben an, dass gerade der geringe Erfolg der sogenannten Welpentests bei der Vorhersage von Aggressionsverhalten unter anderem in den schnellen Wechseln der Verhaltensstrategien oder auch in den bereits oben besprochenen, in diesem Alter noch kaum ausgebildeten stabilen Dominanzbeziehungen seine Ursache hätte.

Analytisch besonders tiefgehend ist die Kritik, die Miklosi (2007) dem Problem der Welpentests widmet. Er führt unter anderem aus, dass die motorischen und die sensorischen Fähigkeiten der Welpen zu unterschiedlichen Zeiten reifen würden, und dass die Welpen zu verschiedenen Abschnitten ihres Lebens verschiedenen Ereignissen ausgesetzt wären. Jeder beliebige Welpentest wiederum hängt davon ab, wie der Welpe zu diesem Zeitpunkt einerseits bestimmte Reize wahrnimmt und andererseits bestimmte motorische Verhaltensmuster zeigen kann. Beides, sowohl die Reizwahrnehmung als auch die motorische Antwort, ist aber von der Vorerfahrung ab-

› *Reizwahrnehmung und -beantwortung sind abhängig von Vorerfahrungen.*

hängig. Da die Entwicklungsgeschwindigkeit, mit der die Sinnesmodalitäten der Welpen ihren Dienst aufnehmen, und auch die Entwicklungsgeschwindigkeit ihrer motorischen Fähigkeiten starken individuellen Variationen unterliegt, ist in diesem Alter von acht bis neun Wochen eben ein definierter Außenreiz X für den einen Welpen etwas bekanntes, für den anderen unbekanntes und der dritte kann ihn möglicherweise noch gar nicht richtig wahrnehmen und verarbeiten. Entsprechend ist auch die motorische Antwort bei einem Welpen bereits Routine, für den anderen neu und aufregend und der dritte weiss gar nicht, was er damit tun soll.

Auch eine wiederholte Testung der Welpen im Abschnitt von wenigen Tagen löst dieses Problem nicht. Der Welpe, für den der Reiz beim ersten Mal bereits Routine war, hat sein Verhalten durch die Präsentation dieses Reizes fast nicht verändert, der Welpe, für den er neu war, hat möglicherweise sehr viel dadurch gelernt, dass er ihn zum ersten Mal beantworten durfte, und der Welpe, der nicht wusste, was er damit anfangen soll, wird vielleicht allgemein verunsichert und rutscht in eine noch passivere, eventuell sogar furchtsame Reaktion.

Miklosi meint dementsprechend, dass, wenn Tests überhaupt sinnvoll sein sollten, diese zu unterschiedlichen Zeiten für unterschiedliche Rassen angesetzt werden sollten. Sie müssten auf einer Langzeitbeobachtung des Verhaltens beruhen, um die Entwicklung sowohl der sensorischen als auch der motorischen Fähigkeiten zu analysieren und die Zeit des ersten Auftretens, die Entwicklungsgeschwindigkeit und die Stabilisierung der einzelnen Verhaltenselemente zu dokumentieren. Dann könnte man möglicherweise einige Tests entwickeln, die auf spezielle Eigenschaften ausgerichtet wären. Erst danach könnte dann als Ergebnis dieser beiden Schritte ein optimaler Testzeitpunkt festgelegt und eine Kombination von Tests über die verschiedenen Entwicklungsschritte des jeweiligen Welpen hinweg wiederholt durchgeführt werden. »Vorhersagen sind nun mal besonders schwierig, wenn sie die Zukunft betreffen.«, wie schon Carl Valentin so treffend aussagte.

Und dann gibt es ja immer noch die späteren Entwicklungsschritte. Selbst wenn ein, nach den obigen Vorschlägen kompetent entwickelter und zum Zeitpunkt dieser Welpenentwicklungsstufe auch kompetent angewandter Test bestünde, bliebe immer noch der Einfluss der späteren Sozialisation, der Erfahrungen im Bereich des Umwelt-, aber auch des sozialen Lernens und letzten Endes der Einfluss der Pubertät. Gerade in diesem Zeitraum, in dem nahezu alle Entwicklungsprozesse im Gehirn nochmals überprüft und gegebenenfalls auch gelöscht werden, finden vollkommen unvorhersagbare Prozesse statt, die in der frühen Welpenzeit überhaupt noch nicht erkennbar sind.

Selbst die Furchtreaktion, beispielsweise als Antwort auf ein plötzliches, unerwartet lautes Geräusch, ist in dieser Zeit offensichtlich noch nicht von besonderem Vorhersagewert. Goddard und Beilharz (1984) haben gezeigt, dass bis zum Alter von zwölf Wochen Welpen generell in furchtauslösenden Situationen ihre Aktivitäten reduzieren. Erst danach zeigen sie dann entweder ein vorwärtsgerichtetes oder ein rückwärtsgerichtetes Verhalten oder bleiben weiterhin passiv, je nach Persönlichkeitstyp eben. Generell lässt sich zeigen, dass, je komplexer das zu testende Verhalten oder die zu testende Persönlichkeitseigenschaft wäre (beispielsweise Geselligkeit, Neophobie oder allgemeine Aktivität), umso weniger aussagekräftig sind die Tests. Verhaltensweisen, die nur eine einzige Reaktion, beispielsweise das Apportieren im Alter von acht oder zwölf Wochen oder die Schreckreaktion eben oberhalb des Alters von zwölf Wochen betreffen, waren schon eher mit statistischer Vorhersagewahrscheinlichkeit zu tätigen.

Und ein letzter Punkt, der dem Ganzen endgültig die Krone aufsetzt, ist folgendes: Wie Jones und Gosling in mehreren Publikationen fanden, kann man sehr wohl genetisch gezielt auf die Leistung der Hundleins im Welpentest selektieren, ohne dass diese Selektion irgendwelche Verbesserungen des Erwachsenenverhaltens bringt. Züchter können also sehr wohl Welpen erzeugen, die bessere Punktwerte im Welpentest erzielen und dadurch scheinbar (sprachlich völlig korrekt ausgedrückt »scheinbar«!) auch »bessere und stabilere« Hunde wären. In Wirklichkeit aber selektieren sie eben nur auf die Punktwerte im Welpentest – und damit möglicherweise auf eine bessere Verkäuflichkeit. Umso erstaunter werden die Hundehalter dann sein, wenn selbst diese, angeblich in Tests so stabilen Welpen sich als Erwachsene dann doch zum Nervenbündel entwickeln.

Die einzige Schlussfolgerung, die aus Welpentests nach übereinstimmender Ansicht der genannten Autoren gezogen werden kann, ist eine Momentaufnahme. Und aufgrund dieser Momentaufnahme können möglicherweise korrigierende Maßnahmen in der weiteren Erziehung ergriffen werden. Dann wäre der Welpentest aber nicht mehr eine Aussage über die Persönlichkeit und über die Eigenschaften und Fähigkeiten des Hundes, sondern lediglich eine Art Einstufungstest, um zu sehen, was mit Hilfe kompetenter Welpenkäufer, Hundebesitzer und Trainer in den nächsten Monaten und Jahren beeinflusst, bestärkt oder zu verändern versucht werden könnte, sollte oder müsste.

Kompetente Züchter haben sehr wohl die von Miklosi (2007) geforderten Langzeitbeobachtungen im Kopf und können daher ihre Welpen gut einschätzen. Sie brauchen dazu dann aber keine Tests, schon gar keine, die völlig unbiologische Bedingungen fordern, z. B. siebenwöchige Welpen in fremder Umgebung von fremden Menschen gezielt stressen zu lassen und das evtl. noch nach sehr länger-

er Autofahrt zum Testgelände. Tests im Welpenzuhause sind aber auch nicht besser.

Zuverlässige Einschätzungen auf der Basis mehrmonatigen (!) Aufenthalts in ihren Familien konnten z. B. nach Untersuchungen von Batt et al (2009) die Adoptiveltern von Blindenhunden im Alter von durchschnittlich dreizehn Monaten abgeben, und dies eben nicht auf der Basis von kurzen Tests, sondern unter Berücksichtigung des Gesamtverhaltens der Hunde über die gesamte Zeit vom Einzug bei ihnen bis zur Beantwortung des entsprechenden Fragebogens.

## Prägung und Sozialisation

Auch wenn der Begriff der Sozialisation den Wortstamm sozial, also gesellig oder gemeinschaftlich beinhaltet, wird er normalerweise bei Menschen und anderen Tierarten für alle Einflüsse verwendet, die aus der Umwelt auf ein Jungtier eintreten und dieses in seinem zukünftigen Verhalten und seinen Reaktionen beeinflusst. Zur Sozialisation gehören also auch Sinnesreize und andere Umwelteinflüsse, ebenso wie der Umgang mit Artgenossen unterschiedlichen Alters, Geschlechts und Status´, der dann wiederum die Ausprägung des eigenen Verhaltens und der zukünftigen Verhaltensstrategien eines individuellen Hundes formt.

Wegen der ursprünglich sehr eingeschränkten Sinnesausstattung und Beweglichkeit, verläuft die Reihenfolge der Sozialisationsstufen etwas anders als bei Affen. Die erste Stufe, nämlich das Erlernen der unbelebten und nicht sozialen Umwelt, also Temperaturreize, Gerüche, Geräusche etc., und das Erkunden des Umgangs mit Objekten (Spielen mit Steinchen, Blättchen etc.), ist mit der zweiten Stufe, dem Erlernen des arteigenen Sozialverhaltens, vermischt. Bei uns Primaten folgen diese Stufen schön nacheinander, ein junger Affe erkundet zuerst seine nicht soziale Umwelt, bevor er sich dann mit der etwas komplexeren Situation des Artgenossenkontakts beschäftigt. Bei Hundewelpen sind die Wurfgeschwister bereits in den ersten Lebenstagen präsent, und gerade kleine Rangeleien oder auch leises Knurren und andere Formen der sozialen Kommunikation sind bereits unter den noch nicht sehenden Neugeborenen in den ersten Lebenstagen der Neonatalphase zu beobachten.

Die dritte, abschließende Phase der Sozialisierung ist dann, wenn ein Individuum lernt,

› *Gut geführte Welpengruppen leisten gute Arbeit, bieten sinnvolle Lernerfahrungen für die Kleinen und vermitteln Basiswissen an die Besitzer.*

sich in eine akut gerade herrschende Sozialstruktur einzupassen. Ob man sich dann ins Beziehungsnetz der bestehenden Gruppe integriert oder abwandert, sind zwei Entscheidungsmöglichkeiten, über die wir im Kapitel über die Pubertät noch mehr hören werden.

Der Prägungsbegriff gehört zu denjenigen, die in der Verhaltensbiologie bereits seit sehr vielen Jahrzehnten gängig sind. Eingeführt wurde er vom Berliner Zoologen Oskar Heinroth im Rahmen einer groß angelegten Untersuchung an handaufgezogenen Vögeln verschiedenster einheimischer Arten. Bekannt gemacht wurde er aber sicherlich durch Konrad Lorenz. Für viele Menschen ist das Bild von Lorenz mit Gänseküken im Gefolge auch heute noch Sinnbild für den Verhaltensforscher schlechthin.

Im Zusammenhang mit der Entwicklung und Aufzucht des Haushundes wird von vielen Menschen behauptet, es gäbe bei Hunden keine Prägung, sondern nur prägungsähnliche Vorgänge. Dies beruht jedoch meist auf einer zu strengen und vor allem veralteten Verwendung von Prägungskriterien, die heute auch in den Studien an Vögeln und anderen Tieren längst nicht mehr so streng gesehen werden. Eine ausführliche Zusammenfassung der neueren Prägungsliteratur und -konzepte findet sich bei ten Cate (2001). Unter Prägung versteht man einen Lernvorgang, der in der sogenannten sensiblen Phase der Entwicklung eines Jungtiers erleichtert stattfindet. Man sprach früher von einer kritischen Periode und meinte, dass nur in diesem Abschnitt überhaupt das betreffende Prägungslernen möglich wäre. Neuere Untersuchungen an Vögeln und Säugetieren haben jedoch gezeigt, dass es durchaus möglich ist, die Prägungsphase zu verschieben, insbesondere dann, wenn in der eigentlich dafür »vorgesehenen« Phase zu wenig oder gar keine prägenden Einflüsse stattfinden konnten. Dann kann auch noch eine Zeit lang später der leere Informationsspeicher aufgefüllt werden. Irgendwann jedoch ist das Fenster wirklich geschlossen. Das hat mit den Entwicklungs- und Wachstumsprozessen im Gehirn zu tun.

Eine zweite wichtige Eigenschaft eines Prägungsvorgangs ist, dass die dann gemachten und abgespeicherten Erfahrungen gegen Vergessen, Auslöschung und auch Überlagerung sehr stabil sind. Was in der Prägungsphase einmal erfolgreich abgespeichert wurde, ist oft ein Leben lang abrufbar. Extrembeispiele, etwa das Gesangslernen von Vögeln oder die sexuelle Prägung von Albatrossen, die erst mehrere Jahre nach der Prägungsphase selbst fortpflanzungsfähig werden, sind besonders eindrücklich.

Auch hier hat man früher viel rigoroser gedacht, dass Prägung absolut unumkehrbar und nicht mehr beeinflussbar wäre. Man weiß heute, dass dies nicht der Fall ist, und auch Prägungsvorgänge durch spätere Lernprozesse verändert oder manchmal sogar überstimmt werden können. Meist gibt es auch eine zweite Phase, in der das bereits Geprägte nochmals bestätigt werden muss. So ist bei Hunden bekannt, dass Dinge, die in den ersten Prägungs- und Sozialisationsphasen bereits erlernt wurden, nur dann später als stabil zugreifbares Wissen verfügbar sind, wenn sie zwischen dem sechsten und achten Lebensmonat nochmals durch neue Erfahrungen bestätigt werden. Die zweite Prägungsphase ist in der zeitlichen Abfolge etwas rasseabhängig, aber sie muss sein. Vergleichbar wäre das dem früheren Vorgang der Entwicklung von Papierbildern. Wenn man vergisst, dass Bild nach dem Entwicklerbad auch noch ins Fixierbad zu tauchen, ist irgendwann nichts mehr zu sehen. Beispiele von Hunden, die die zweite Prägungsphase im Zwinger verbringen

› *Altersangepasste, nicht überfordernde Reize gehören ins Welpenzimmer.*

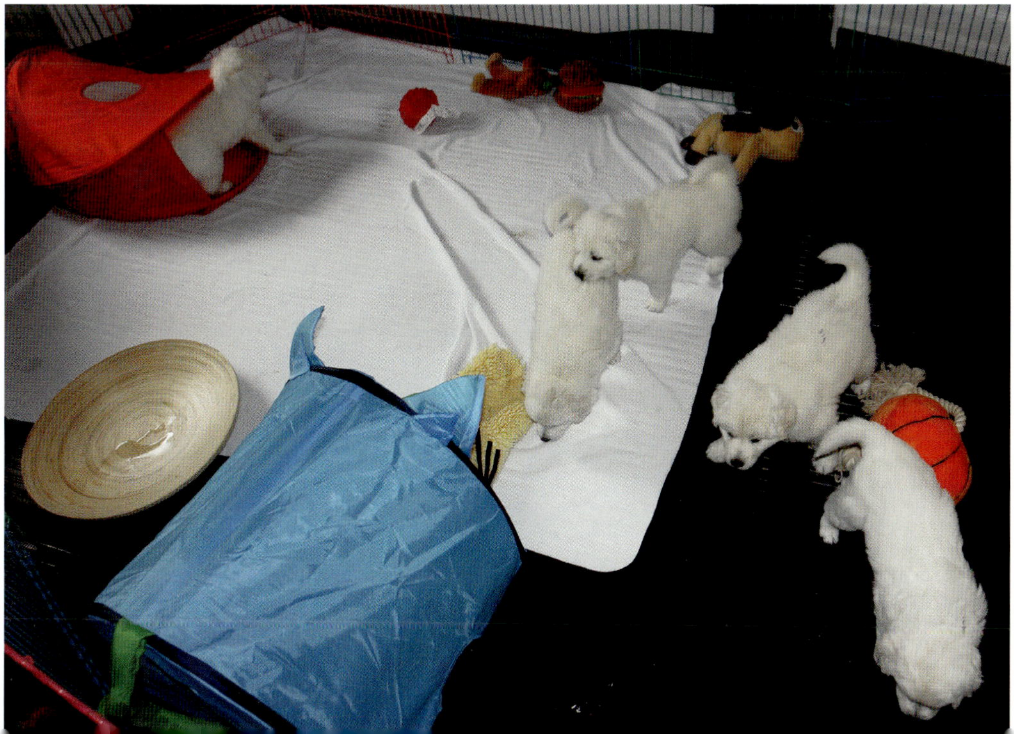

mussten und dann auch die in der ersten Prägungsphase gut erlernte Menschenprägung verloren haben, sind ebenso bekannt, wie solche, die aus gleichem Grunde die Lebensraum- und Umweltprägungseinflüsse wieder gelöscht haben. Auch notwendige Isolationen aufgrund Erkrankungen wirken sich entsprechend negativ aus.

Das dritte Kriterium, das in den frühen Jahren der Verhaltensforschung als Sensation galt, ist, dass Prägung belohnungsfrei ablaufen kann und nicht durch äußere Belohnungen nach Versuch und Irrtum bestätigt werden muss. Dies erschien in den frühen Jahren der Verhaltensbiologie wichtig, um sich gegen die am Versuch-und-Irrtum-Lernen und Konditionierungsmodell orientierten Psychologen abzugrenzen. Da heute Nachahmungslernen und soziales Lernen auch gerade bei Hunden in großem Maße nachgewiesen sind, ist dieses Kriterium nicht mehr so außergewöhnlich. Ein letztes Merkmal wurde erst durch Untersuchungen in den letzten Jahrzehnten hinzugefügt. Es scheint tatsächlich auch beim Prägungslernen im Gehirn eine Art bereits vorhandener Schablone, ein Muster zu geben, wonach man bevorzugt lernen sollte. Wenn ein Singvogel die Wahl hat, vom Tonband entweder den arteigenen oder einen artfremden Gesang zu lernen, bevorzugt er den arteigenen. Und Hunde haben offensichtlich bereits eine Schablone in Form des Orwellschen Spruches »Zwei Beine gut!«, denn wie bereits erwähnt, bevorzugen Hundewelpen bereits im Alter von acht Wochen unbekannte Menschen gegenüber unbekannten Hunden. Dies tun sie auch dann, wenn sie von ihrer Mutter in völlig normaler Familienhundetradition aufgezogen werden. Handaufgezogene, von Studentinnen 24 Stunden am Tag betreute und mit der Flasche ernährte Wolfswelpen dagegen bevorzugen in dieser Situation den unbekannten Hund vor dem unbekannten Menschen. Diese, mit als erstes aus dem Budapester Labor, damals noch von Professor Csanyi (Csanyi, 1995) veröffentlichten Befunde zeigen, welche Bedeutung dies in der Entwicklung des Haushundes bereits hat.

## *Vier Prägungsgruppen und deren Funktionen*

Betrachtet man nun die genannten, erweiterten Kriterien für Prägungsvorgänge, so können wir auch bei Hunden ca. vier Gruppen und Funktionen von Prägungen feststellen:

1. Die **Artgenossenprägung**, die festlegt, mit wem man später einmal sozialen Umgang haben möchte, findet bei Hunden etwa zwischen der fünften und vierzehnten Woche statt. In dieser Zeit müssen Herdenschutzhunde, wenn sie denn später wirklich an der Herde arbeiten sollen, in die Herde verbracht werden, und dürfen umgekehrt keinen Menschen außer dem Schäfer und bestenfalls seiner Familie als positiv belegten Sympathieträger erleben. Die bereits geschilderten Versuche, wo Hunde und Katzenwelpen zusammen aufwuchsen, zeigen ebenfalls, dass Hunde, die nicht wenigstens bis zur zwölften Woche auch Hunde als Artgenossen erlebt haben, später größere Probleme haben, sich mit diesen zu verständigen. Es ist also auch kein Wunder, dass beispielsweise sogenannte Straßenhunde, also verwilderte Haushunde, die den Menschen nicht als Sympathieträger in den ersten Lebensmonaten erfuhren, später Scheu oder sogar Angst und Panik bei Annäherung des Menschen zeigen. In der Verantwortung des Hundezüchters liegt es, mit seiner Familie und seinem sozialen Umfeld ein möglichst multikulturelles soziales Umfeld aus Menschen verschiedenster Größen, Geschlechter, Altersklassen, möglichst

› *Um Kinder zu mögen, müssen Welpen Kinder positiv kennenlernen können.*

auch Hautfarben und Kleidungsstile zu präsentieren. Nur wenn der Hund verschiedenste Menschen in der sensiblen Phase bereits kennengelernt hat, wird er später auch ganz anders aussehende nicht mehr als bedrohlich empfinden. Ein absolutes Muss in dieser Phase sind Kinder (Hunde erkennen offensichtlich Kinder nicht als Menschen, da sie anders riechen, sich anders bewegen und auch andere Geräusche von sich geben), Menschen mit Gehhilfen, möglichst auch Rollator und Rollstuhl.

2. Nicht zu verwechseln mit der Artgenossenprägung ist die **sexuelle Prägung**. Dies legt fest, wen man denn später als Sexualpartner haben möchte. Bei vielen Vögeln und Säugetieren ist die sexuelle Prägung erst sehr viel später wirksam als die Artgenossenprägung. Zu Beginn der Pubertät wird festgelegt, wer denn dann der Sexualpartner sein sollte. Dies geschieht am Modell der Spielkameraden, die selbst dann, wenn es nicht sexuell motivierte, sondern allgemeine spielerische Balgereien und Tobereien gibt, diese Prägung vollziehen. Viele Hunde werden ja in dieser späten Junghundezeit leider nicht mehr in Spielgruppen, sondern nur noch in Ausbildungsgruppen gebracht. Könnte dies eventuell ein Grund sein, weswegen doch recht häufig sexuelle Fehlprägungen vorzuliegen scheinen? Die Tatsache, dass so viele Hunde auch in sexueller Absicht sich dem Menschen mit Kopulationsbewegungen aufdrängen, lässt dies durchaus vermuten.

› *Aufreiten bei Welpen untereinander hat noch keine sexuelle Komponente.*

3. Die **Nahrungsprägung** ist ein besonders komplizierter Prozess, über den wir bereits im Kapitel der vorgeburtlichen Einflüsse berichtet haben. Fortgesetzt werden diese Einflüsse dann, wenn das Jungtier durch den Mundgeruch der Mutter bei der bereits geschilderten Wohlfühlmassage des Beleckens und Beknabberns erneut geruchliche Informationen über Nahrungsinhaltsstoffe bekommt und eben durch das erste Fressen fester Nahrung. Sitzt in dieser Phase die Mutter einfach daneben und bewirkt damit, wie man sagt, eine soziale Markierung des Futters, so wird besonders deutlich und leicht gelernt. Schuld daran ist wieder das Oxytocin. Nochmals abgefragt wird diese Nahrungsprägung zu Beginn der Pubertät. Wenn der Hund dann plötzlich mäkelig wird, ist dies auch erklärlich, denn in diesem Alter werden endgültig die Futtertraditionen des eigenen Familienverbandes übernommen. Deshalb ist es sinnvoll, eine Neubewertung des Bisherigen vorzunehmen.

4. Das komplexeste Thema ist sicher die sogenannte **Umwelt- oder Lebensraumprägung**. In dieser Sammelkategorie wirken nicht nur viele Sinnesorgane zusammen. Geräusche, Gerüche, Untergründe, Umweltstrukturen jeglicher Art, Temperaturen und viele andere Außenreize werden hier als bekannt und zum Teil auch wünschenswert abgespeichert. Lebensraumprägung legt fest, in welchem Gebiet sich das Tier später bevorzugt aufhalten möchte. Es ist keine Prägung, wenn Welpen in der Welpenstunde in Bällebädern toben dürfen. Sonst müsste ja später ihr bevorzugter Lebensraum das Bällebad sein und sie müssten ständig bestrebt sein, sich nur in einem solchen aufzuhalten. Das die taktile Stimulation eines solchen, mit Bällen gefüllten Bottichs durchaus eine sinnvolle Ergänzung des sonstigen Reizprogramms darstellen kann, ist unbestritten. Mit Prägung hat dies aber nichts zu tun. Überhaupt wird der Begriff Prägung gerade im

› *In Mamas Gegenwart lässt sich beruhigt fressen.*

› *Das Erkunden und Erleben der Natur ist etwas anderes, als sich in Tunneln und Bällebad zu tummeln.*

Zusammenhang mit der Umwelt für viele Hundetrainer zum Allheilmittel und zum Totschlagargument. Man sollte also vorsichtig sein, was man dem Hund wirklich als Prägungsreiz zumutet. Dazu mehr im Abschnitt »Fordern und Fördern – aber immer in Maßen«, Seite 188.

Nach neueren Untersuchungen sind zwei Prozesse während des Prägungsvorganges im Gehirn immer vorhanden: Zum einen werden nicht genutzte Nervenzellen abgebaut. Prägungsprozesse sind nicht mit einer Vermehrung, sondern mit einer Verringerung der Zellzahlen in den verarbeitenden Zentren des Gehirns erkennbar. Das Volumen, das Gewicht und auch die Querschnittsfläche dieser Hirnregionen schrumpfen während des Prägungsprozesses, dieser Prozess des programmierten Zelltodes wird als Apoptose bezeichnet. Zum anderen werden die verbleibenden Nervenzellen erfolgreich mit Synapsen, also Verbindungsstellen, untereinander verknüpft. Vorher sieht die Endregion einer Nervenfaser aus wie ein Weihnachtsbaum im Februar, nämlich mit vielen, mehr oder weniger wahllos herumstehenden kleinen Fortsätzen und Verästelungen. Nach dem Prägungsprozess sind die meisten dieser Verästelungen verschwunden, nur wenige bleiben übrig und nehmen dann mit Synapsen gezielt Kontakt zu Nachbarzellen auf. Dieser Vorgang wird mit dem Begriff des »Pruning« bezeichnet. Der Begriff, der eigentlich aus dem Obstbaumanbau kommt, bezeichnet das Beschneiden von Obstbäumen im Spätwinter, um die verbleibenden Ästchen besonders stark und damit auch kräftig genug zum Tragen des zukünftigen Obstes werden zu lassen. Die gesamte Prägungsforschung ist in den letzten Jahren durch Verknüpfung neurochemischer, genetischer und entwicklungsbiologischer Mechanismen erneut ins Zentrum der Betrachtung der Verhaltensbiologen gerückt. Vielfach zeigt sich, dass auch individuelle Unterschiede, sei es in der Geselligkeit, Aggressionsbereitschaft oder anderen, das Verhalten des jeweiligen Tieres betreffenden Bereichen mit den genannten Vorgängen der Aktivierung und des Auf- und Abbaus einzelner Zellen und Bindungsstellen zu tun haben.

## *Verhaltensentwicklung und Rasse-/Typzugehörigkeit*

Die wichtigste Entwicklungsphase für das spätere soziale und auch umweltbezogene Verhaltensprofil eines Haushundes sind sicherlich die Lebensmonate zwischen dem Verlassen der Wurfhöhle und dem Beginn der Pubertät. In diesem Zeitraum fällt nicht nur die bereits besprochene Artgenossenprägung, sondern auch ein Großteil der Entwicklung von Geselligkeit und sozialkompetenter Kommunikation. Über die Wirkungen von Spielverhalten werden wir in einem späteren Abschnitt noch hören.

Gerade in diesem Zeitraum sind jedoch auch Rasseunterschiede zu beobachten. Beagle und Cocker Spaniel zum Beispiel zeigen nach der elften bis fünfzehnten Woche eher eine Abnahme, Basenji, Drahthaarfoxterrier oder Schäferhund dagegen eine Zunahme des Dominanzbestrebens bis zum Alter von einem Jahr. Die Rassenvergleiche zeigen auch, dass ein »klassischer« Dominanztest (die Präsentation eines begehrten Gegenstandes an zwei Welpen gleichzeitig, die dann die Zugangsberechtigung ausknobeln müssen) aus unterschiedlichen Gründen zu keinen aussagekräftigen Ergebnissen führen kann: so gibt es Rassen, bei denen es dort fast nie zu Auseinandersetzungen kommt, weil sie den Knochen miteinander teilen, andere, bei denen die Auseinandersetzungen wegfallen, weil die Dominanzbeziehungen stabil sind, und wieder andere, bei denen nur in bestimmten Abschnitten (beispielsweise bei Shelties im Alter von fünf Wochen) eine ernsthafte kämpferische Auseinandersetzung zu beobachten ist. Wieder andere, wie Basenjis, bei denen diese kämpferischen Auseinandersetzungen bis zum Alter von einem Jahr auftreten, verkomplizieren das Bild.

Von Bedeutung ist auch das Auftreten von neophobischen Reaktionen, die das Ergebnis eines Dominanztests erheblich verfälschen können. Ebenso muss beachtet werden, dass in verschiedenen Studien die Rangordnung eines Welpenwurfs nicht an allen Stellen der Hierarchie zur gleichen Zeit entsteht. Wenn die ranghöchste (eher wohl als Anführerposition zu bezeichnen) und die rangtiefste (das Schmuddelkind, der Außenseiter) Position bereits ab der fünften oder sechsten Woche erkennbar sind, gilt das für den Rest des Wurfes noch lange nicht. Für die im Mittelfeld agierenden Welpen findet man mindestens bis zur 11. Woche immer noch wieder Änderungen. Mal darf der das Spielzeug behalten, mal die. Und wer es heute behielt, muss es morgen wieder abgeben – oder auch nicht.

Rasseunterschiede gibt es ganz offensichtlich auch in der Entwicklung der Kommunikation, vor allem in der Art und dem Auftreten von kommunikativen Signalen. In einer sehr bemerkenswerten Untersuchung von Goodwin et al. (1997) wurde gezeigt, dass Hunderassen, die ein stärkeres Kindchenschema in ihrem Körperbau aufweisen, ein eingeschränktes Kommunikationsrepertoire haben. Je wolfsunähnlicher, je stärker mit rundem Schädel, kurzen dicken Beinchen, kurzem dicken Hals und anderen Babymerkmalen (als Pädomorphose bezeichnet) eine Hunderasse sich zeigt, desto weniger Signale im Bereich des Dominanz- und Unterwerfungsverhaltens können bei ihr gefunden werden. Die genannte Studie bezieht sich überwiegend auf Körperpositionen, nicht auf individuelle Gesichtsausdrücke. Dadurch ist der Einfluss einer kurzen Knautschschnauze oder von Hängeohren und anderen Merkmalen am Kopf des Hundes zunächst nicht bedeutsam. Besonders aufregend ist die Tatsache, dass bei pädomorphen Kleinhundrassen, die bisweilen von den fünfzehn oder sechzehn Ausgangssignalen des Wolfs nur noch drei oder vier in ihrem Verhaltensrepertoire haben, die Verhaltensweisen des submissiven Verhaltens verloren gegangen sind. Offensiv-aggressive, dominanzfordernde Signale sind immer noch da. Diese Beobachtung wird übrigens in Gesprächen von sehr vielen Kleinhundehaltern und Züchtern bestätigt.

Ursächlich dafür ist wahrscheinlich die Wirkung eines Genabschnitts, der die Wachstumsbremse bei Kleinhunden steuert. Diese Wachstumsbremse setzt offensichtlich bereits in einem Alter ein, in dem die genannten Signale der sozialen Unterwerfung und des Konfliktmanagements noch nicht vorhanden sind. Die Beobachtungen von Goodwin et all zeigen nämlich, dass die Signale, die bereits im Alter zwischen zwanzig und dreißig, oder

wenigstens zwischen dreißig und vierzig Lebenstagen bereits auftreten, auch bei den genannten pädomorphen Kleinrassen noch zu beobachten sind. Signale, die den pädomorphen Rassen fehlen, sind solche, die erst oberhalb des vierzigsten Lebenstags in der Welpenentwicklung zu sehen wären. In diesem Zeitabschnitt ist offensichtlich die Wachstumsbremse, die ja auch das welpenhaft knuddelige, Kindchenschema artige Aussehen steuert, schon wirksam.

Auswirkungen auf die Mimik dagegen wurden in mehreren Studien vergeblich gesucht, hier scheint die Pädomorphose keine allzu großen Auswirkungen zu haben. Veränderungen des Signalverhaltens finden dort nicht statt. Möglicherweise, so betonen die Autoren dieser Studie, müssen die Welpen innerhalb des Wurfs gar nicht so häufig starke, extrem aggressionsbetonte Signale an ihre Wurfgeschwister senden, wenn sie schon miteinander gut bekannt sind. Umfangreiche Untersuchungen über die Entwicklung des Signal- und Sozialverhaltens bei verschiedenen Haushunderassen im Vergleich zum Wolf als Stammform wurden von Feddersen-Petersen (2005, 2008) veröffentlicht. In einer Vergleichsreihe verschiedener Hunderassen mit dem Wolf zeigte sie, dass der Prozentsatz von Verhaltensweisen aus dem Bereich des Aggressionsverhaltens bei Wölfen, sowie bei deutschen Schäferhunden, Malamut, aber auch so verrufenen Rassen wie dem Fila Brasileiro und dem Bullterrier über die gesamte Welpenentwicklung vom ersten bis zum zwölften Lebensmonat sehr gering war. Gerade bei Fila Brasileiro und Bullterrier ist in keinem Lebensmonat die Anzahl der aggressiven Verhaltensweisen über zwanzig Prozent des gesamten Sozialverhaltens. Anders sieht es bei Rassen wie dem Labrador Retriever aus, bei diesem steigt ab dem neunten Lebensmonat die Zahl der aggressiven Verhaltensweisen auf etwa fünfundzwanzig, im zwölften Monat sogar fünfunddreißig Prozent des gesamten Sozialverhaltens an. Sowohl Großpudel als auch Zwergpudel starten bereits im zweiten Lebensmonat mit über dreißig Prozent und erreichen schließlich am Ende des ersten Lebensjahres bisweilen sogar um die fünfundvierzig Prozent oder mehr.

Ähnliche, sehr differenzierte Aussagen ergeben sich in diesen Untersuchungen von Feddersen auch anhand einzelner Verhaltensweisen. In einer Gruppe, zu der sowohl verschiedene Terrierrassen als auch Huskys und Malamute gehören, wird in der Altersgruppe zwischen zwanzigsten und dreiundvierzigsten Lebenstag überwiegend weites Maulaufreißen als soziales Signal gezeigt, insbesondere bei Beiß- und Kampfspielen, ebenso Nasenrückenrunzeln, dass sowohl als Initiative als auch als Reaktion auf das Verhalten des Gegenüber auftritt. In Kombination mit dem Maulaufreissen findet sich das Nasenrückenrunzeln, Zähneblecken und verschiedene Mundwinkelbewegungen. Bei einer zweiten

› *Unterschiedliche Rassen weisen unterschiedliche Ausprägung kommunikativer Signale auf.*

Gruppe von Rassen, zu der Schäferhunde, die Pudel, Labrador und Golden Retriever beispielsweise gehören, ist das Nasenrückenrunzeln genauso häufig, das Maulaufreißen als Intensionsbewegung tritt etwas häufiger auf.

In der Altersgruppe oberhalb dem vierundvierzigsten Lebenstag, ist bei den Terriern und ihnen verwandten Rassen sowie den nordischen Rassen eine schnellere und weitere Differenzierung von Nasenrückenrunzeln, Zähneblecken und anderen, eher dem offensiv aggressiven Verhalten zuzuschreibenden Elementen zu beobachten als sogar bei den Wölfen als Stammform selbst. Das Maulöffnen löst sich von den anderen, damit verknüpften Verhaltensweisen.

Bei der Gruppe der Schäferhunde, Labradore und verwandter Rassen bleibt das Maulaufreißen als Spielsignal erhalten, die Tendenz des Nasenrückenrunzelns und Zähnebleckens ist offensichtlich weniger ans Maulaufreißen gebunden. Ein maskenhafter

Gesichtsausdruck, ein Blick ins Leere, der auch bei Wölfen in der ersten Altersphase auftritt, ist bei diesen Hunderassen dann im Alter oberhalb vierundvierzig Lebenstagen sehr häufig zu sehen.

Diese Untersuchungen zeigen zunächst, dass es kein allgemeines Entwicklungsprofil des Sozialverhaltens oder der sozialen Kommunikation bei allen oder auch nur vielen Hunderassen gemeinsam gibt. Die Geschwindigkeit, in der einzelne Signale auftreten, ausprobiert und differenziert werden und dann möglicherweise auch prozentual wieder abnehmen, ist zwischen den Rassen sehr unterschiedlich, wobei selbstverständlich auch hier wieder die individuellen Unterschiede innerhalb eines Wurfes nicht vergessen werden dürfen. Tiefergehende analytische Untersuchungen, wie etwa die von Goodwin et al., die versuchen, die genannten Entwicklungsprozesse mit allgemeineren, beispielsweise im Hormonhaushalt oder in der Neurobiologie auftretenden Erscheinungen zu verknüpfen, fehlen weitestgehend. Gerade an dieser Stelle aber würde sich eine weitergehende Forschung lohnen.

## *Erkennt ein Welpe seine Familienangehörigen?*

Dass die sozialisierenden Einflüsse von Mutter, Wurfgeschwistern und Babysittern in unterschiedlichen Lebensabschnitten der Welpen unterschiedliche Auswirkungen haben, lässt sich beispielsweise auch an den Untersuchungen von Peter Hepper (1994) belegen. In diesen Studien ging es um die Frage, ab wann und wie lange ein Hund seine Familienmitglieder nach einer Trennung noch erkennen könnte. Das Erkennen der Mutter ging über die gesamte Laufzeit der Dissertation (nach drei Jahren musste die Arbeit abgeschlossen werden) und war bereits dann einwandfrei möglich, wenn die Welpen nur ein bis zwei Tage mit ihrer Mutter gemeinsam nach der Geburt verbracht hatten. Das Erkennen von Geschwistern war zwar genauso nachhaltig über den gesamten Zeitraum der Dissertation nachweisbar, aber nur, wenn die Welpen nicht allein, sondern mit mindestens zwei Geschwistern zusammen mindestens bis zur fünften Lebenswoche verbracht haben. Es zeigt sich also nicht nur, dass Erkennen von Mutter und Geschwistern aus unterschiedlichen Mechanismen heraus entsteht, sondern auch, wie wichtig es ist, mit mehreren Geschwistern zusammen zu sein. Auch diese Untersuchungen können nochmals ein Licht werfen auf das, was oben bereits über die Frage von Einlings-, Zwillings- und Mehrlingswürfen zu der sozialen Entwicklung gesagt wurde.

› *Welpen erkennen ihre Mutter auch zu späteren Zeitpunkten wieder.*

› *Um fremde Orte zu erkunden, bedarf es eines gewissen Alters und der mentalen Unterstützung durch einen vertrauten Bezugspartner.*

## Ortsbindung und individuelle Personenbindung

Im Zeitraum zwischen achter und vierzehnter Woche sind die Ortsbindungen für die Welpen das wichtigste Element der Wiedererkennung und Sicherheit. Menschen als Individuen sind zwar attraktiv, aber noch nicht im Sinne eines Bindungsverhaltens exklusiv oder gar bevorzugt emotional interessant. Erst ca. ab der vierzehnten Lebenswoche beginnt die Fähigkeit von Hunden, Menschen als Individuen zu unterscheiden und sich dann an bevorzugte Personen als Beziehungspartner auch zu binden. Dies wurde beispielsweise auch in den Untersuchungen der Budapester Arbeitsgruppe mit Hilfe des Bowlby-Ainsworth-Bindungstests nachgewiesen (Topal und Gacsi, 2012). Bei diesem Test wird ein Hund in Anwesenheit oder Abwesenheit seines vertrauten Menschen mit einer Reihe von Testsituationen, einem freundlichen Fremden, einem unbekannten Raum mit Spielzug drin etc. konfrontiert und die Effekte der Bindung werden so nachprüfbar. Der Bindungspartner als Hort der Ruhe und der Stressdämpfung (als sicherer Hafen bezeichnet), die Funktion des Bindungspartners zur Unterstützung von Erkundungs- und Neugierverhalten (als sichere Basis bezeichnet) und ein Pendeln zwischen Nähesuchen beim Bindungspartner und erneutem Erkundungsverhalten, sind nur ein Teil der sehr vielen, in diesem Test abgefragten Verhaltensreaktionen. Zusammenfassend haben diese Tests eben ergeben, dass bei Welpen ab der sechzehnten Woche von einer beginnenden Bindung an den Menschen gesprochen werden konnte, vorher waren solche bindungstypischen Verhaltensweisen nicht im Einzelfall erkennbar. In diesem Zusammenhang ist auch bemerkenswert, aber als Voraussetzung für die Bindung auch verständlich, dass Welpen ca. aber der vierzehnten Lebenswoche beginnen zu fremdeln. Wie John Bradshaw (2012) so elegant ausdrückt: Hunde sind nicht dem Menschen gegenüber freundlich geboren. Sie sind geboren, dem Mensch gegenüber freundlich zu werden, aber dies geschieht eben nur dann, wenn die entsprechenden Sozialisierungsbedingungen herrschen. Wie wichtig das genaue Auseinanderhalten ethologischer Konzepte und Begriffe auch für die Praxis sein kann, soll an der Diskussion um den angeblich optimalen Zeitpunkt der Abgabe eines Welpen nochmals aufgezeigt werden (siehe Seite 182).

# Praxisbezogene Welpenentwicklung in Wochenschritten

## *Das kennzeichnet – die 1. Lebenswoche*

Nachdem die aufregende Phase der Geburt überstanden ist, Mutter und Kinder zufrieden und entspannt in der Wurfkiste schlummern, kann der Züchter erst einmal durchatmen und sich in Ruhe neu ordnen. Eine Geburt ist immer spannend, bringt stets neue Eindrücke und verläuft selten nach »Schema F.« So ist die Erleichterung groß, wenn alles gut geklappt hat. Sauberkeit, Trockenheit und Wärme in der Wurfkiste sind neben Sicherheit und Vermeidung von Hektik und Stress für die frischgebackene Mama nun die obersten Gebote.

In der Neugeborenenphase wird das Verhalten der Welpen vorwiegend von nicht vorher anzukonditionierenden Reflexen gesteuert, im Vordergrund stehen Schlafen, Wärme, Schutz und die Nahrungsaufnahme. Die Mutter liegt in den ersten Tagen nach der Geburt, teilweise auch bedingt durch die Erschöpfung, in einer Seitenlage mit abgestreckten Beinen, diese Körperhaltung wird als »funktionelles U« bezeichnet. Sie ist ideal, um die Welpen zur Milchbar zu führen. Diese können sich zunächst entgegen dem Haar an den Beinen hochtasten, bis sie dann in die sowohl duftende als auch stärker erwärmte Zitzenregion vorstoßen. In den ersten Tagen wird bis zu vierzigmal in fünf Stunden gesäugt, im Laufe der Zeit nehmen die Säugeakte dann ab. Ein Leersaugen ohne gleichzeitige Milchaufnahme gehört durchaus zum Verhaltensrepertoire der Welpen dazu. Tritt dieses jedoch zu häufig auf, ist es ein Hinweis darauf, dass entweder die Mutter nicht ausreichend zur Verfügung steht oder ist ein Begleitsymptom von Handaufzuchten.

Manche übervorsichtigen Züchter nehmen es mit der Sauberkeit etwas zu genau. Da steht die handelsübliche Desinfektionslösung gleich in Literkanistern bereiht, um mindestens einmal täglich die gesamte Wurfkiste klinisch rein zu halten, und bevor ein Welpe angefasst wird, gibt es den desinfizierenden Sprühstoß aus der bedienungsfreundlichen Flasche auf die Hände, um nur ja kein Risiko einzugehen. Gut gemeint allemal, aber doch eher etwas übertrieben und mit mehr Risiken als Nutzen verbunden. Welpen lecken und saugen an allem, was sie vor und ins Mäulchen bekommen. So nehmen sie unter Umständen die volle Ladung Chemie auf, die sie eigentlich nach Hoffnung des Menschen schützen soll. In der Regel ist der Organismus der Mutter und durchaus auch der Kleinen auf das bekannte Keimfeld eingestellt und hinreichend dafür ausgestattet, sich mit diesem auseinanderzusetzen. Auch bei unseren Menschenkindern gibt es eine Vielzahl von Erkrankungen, die auf zu viel Hygiene zurückzuführen sind, nicht auf zu wenig. Das Immunsystem wächst ebenfalls mit seinen Aufgaben, Antikörper werden nur gegen solche Erreger und Keime gebildet, mit denen die Immunzellen auch Kontakt haben. Und dann wird durch das immunologische Gedächtnis diese Erfahrung chemisch gespeichert und später bei eventuellem Neukontakt mit diesem Erreger die Abwehr sofort wieder aktiviert.

Wesentlich sinnvoller ist es, auf die Sauberkeit der Mutter weitläufig um den Genitalbereich zu achten. Gerade bei langhaarigen Hunden sind die Haare in den sogenannten Hosen vom Geburtsgeschehen verunreinigt und verklebt. Ein Baden ist in der ersten Zeit nach der Geburt nicht ratsam, auch ein Waschen mit zu viel Wasser birgt Risiken, da das Fell nicht so schnell komplett durchtrocknet, wie die Welpen sich wieder eng an die Mama kuscheln. Da die Haare aufgrund der hormonellen Umstellungen im Organismus bei der Mutterhündin eh weitestgehend nach Absetzen der Welpen ausfallen, ist es am einfachsten, dem verklebten Fell mit der Schere zu begegnen und großzügig zu Werk zu schreiten. Es muss nicht schön aussehen, Hauptsache, die Möglichkeit der Bildung von Bakterien und Krankheitskeimen, die von den Haaren aus auch in die Scheide wandern können, wird minimiert.

Neugeborene Welpen sind noch unbeholfen, ungelenk und schwerfällig in ihren Bewegungen, deshalb sind eine »Rundum-Betreuung« innerhalb der ersten drei bis vier Tage und eine durchdacht gebaute Wurfkiste anzuraten. Zur Sicherheit der Welpen sollte eine Wurfkiste immer innen eine rundumlaufende ca. handbreite Leiste knapp oberhalb des Bodens aufweisen. Wie hoch der Abstand vom Boden und die effektive Breite ist, liegt an der Größe der Hunderasse bzw. der jeweiligen Mutterhündin und ihrer Kinder. Diese Leiste soll dazu dienen, dass die Mutter nicht mit dem Rücken direkt an der Wurfkistenwand liegt, sondern durch die Leiste etwas abgehalten wird. Dadurch ergibt sich zwischen Rücken und Rückwand ein Hohlraum, der das Totliegen eines Welpen durch die Hündin verhindern kann. (siehe Foto Seite 104)

Hunde können im Dunklen nicht grundsätzlich gut sehen, deshalb ist gerade in den ersten Tagen und bei noch unerfahrenen, aber auch bei etwas trampeligen Hundemüttern ein sanftes Nachtlicht durchaus von Vorteil. Und auch uns neugierigen Menschen macht es die Situation etwas einfacher, wenn wir des Nachts nach dem Rechten sehen.

Beim neugeborenen Welpen funktioniert die Wärmeregulierung des Körpers noch nicht selbständig. Der kleine Körper bietet nur wenig Fläche und der Welpe ist noch nicht sehr rege, daher ist er auf eine korrekte, kontrollierte Umgebungswärme angewiesen. Hundewelpen haben eine geringere Körpertemperatur als erwachsene Hunde. In der 1. Lebenswoche liegt diese zwischen 34,5 bis knapp über 37 Grad. Deshalb kann (nicht muss!) die Raumtemperatur in der ersten Woche auch etwas höher liegen als die übliche Zimmertemperatur. Inge Hansen (1999) empfiehlt eine Raumtemperatur von 24 bis 28 Grad, bei mutterlosen Welpen noch darüber. Es muss aber berücksichtigt werden, dass die Mutterhündin keinen Kreislaufkollaps aufgrund einer übermäßigen Raumtemperatur bekommen darf! Auch soll sie nicht fluchtartig die Wurfkiste verlassen oder diese meiden, weil sie sich übermäßiger Hitze zu entziehen versucht. Die Babys brauchen die Nähe ihrer Mutter, ihren Geruch, ihre Fürsorge, ihre Gegenwart. Das Wärmebedürfnis der Welpen wird gestillt durch das enge Kontaktliegen mit der Mutter und untereinander. Auch das wärmt ja schließlich und ein kuscheliges Beieinanderliegen vermittelt Geborgenheit und Verbundenheit. Hier können Probleme entstehen, wenn nur ein Welpe geboren wurde! Man muss schon ein bisschen Fingerspitzengefühl bei der Schaffung des optimalen Raumklimas walten lassen.

› *Nähe schafft Wärme und Behaglichkeit.*

Da Wärme bekanntlich nach oben steigt, ist die Raumtemperatur nicht gleich der Temperatur am Boden. Ein Thermometer, welches einfach auf den Boden neben oder vor die Wurfkiste gelegt wird, gibt konkreten Aufschluss über die Temperaturlage. Bei Winterwürfen hat sich eine isolierende Schicht, z. B. aus Styropor, unter dem Boden der Wurfkiste bestens bewährt. Allerdings ist die Gefahr einer Unterkühlung (führt leicht zu Durchfällen) geringer als die einer Austrocknung durch Überhitzung, verursacht z. B. durch übermäßige Bestrahlung von einer Wärmelampe (siehe Seite 106). In unseren Breitengraden und wenn es sich nicht gerade um Nackthunde handelt, ist die Notwendigkeit für eine Wärmelampe relativ selten gegeben. Anders ist es höchstens bei extremen Wintertemperaturen oder bei problematischen Fällen nach Kaiserschnitten oder Erkrankungen.

Auch für gute Belüftung des Wurfzimmers ist zu sorgen, wobei aber Zug vermieden werden sollte. Hier muss wieder überprüft werden, ob durch eine geöffnete Tür vielleicht kalter Luftstrom am Boden zirkuliert und die Wurfkiste besser an anderer Stelle positioniert wird. Gegen Zug durch geöffnete Fenster kann auch ein über die Wurfkiste gespanntes Betttuch helfen, so dass zwar frische Luft ins Zimmer, aber nicht Zugluft in die Kiste gelangt.

Ein voller Bauch und der enge Kontakt zu Geschwistern und/oder der Mutter sind der Inbegriff des Wohlbefindens. Geräusche und Laute des Wohlfühlens und des Unbehagens können die Welpen bereits kurz nach der Geburt von sich geben, worauf die Mutterhündin entsprechend sofort reagiert. Jegliche anhaltende Unruhe in der Wurfkiste ist ein Alarmsignal!

Kreiselnde Pendelbewegungen, die darauf abzielen, die mütterliche Milchbar oder

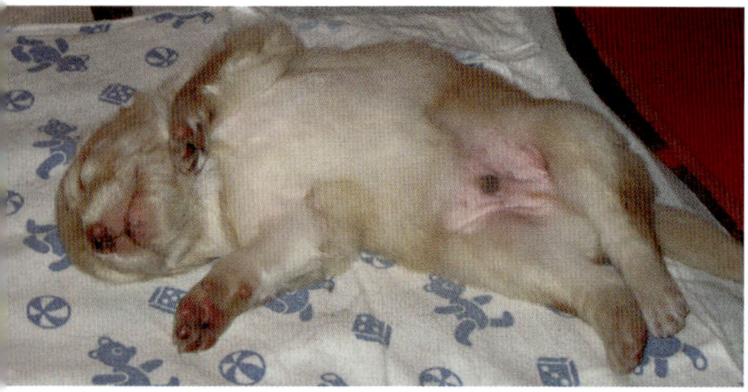

› *Saugen und Schlafen sind die Hauptbeschäftigungen eines Neugeborenen.*

den wärmenden Geschwisterhaufen zu finden, sind reflexartige Bewegungsabläufe, die noch nichts mit bewusster Steuerung zu tun haben. Zusammen mit dem Saugreflex bilden sie instinktveranlagte Handlungen beim gesunden Welpen, die er beherrscht, sobald er geboren ist.

Die Verdauung des Welpen unterliegt noch keiner bewussten Steuerung und bedarf der Stimulation durch die mütterliche Zunge. Nur wenn die Mutter regelmäßig die Genitalregion leckt, wird der Kot- und Urinabsatz stimuliert. Das emsige Belecken der Welpen erzielt noch einen weiteren Effekt: Nicht nur die Verdauung und die Ausscheidungsprozesse werden in Gang gesetzt, sondern auch die Atemreflexe werden stimuliert. Die Atmung wird tiefer, kräftiger und schneller.

Die Kolostralmilch der ersten vier Tage ist für einen Welpen enorm wichtig, da sie einen höheren Anteil an Eiweiß (Immunglobulinen), verschiedenen Vitaminen, Mineralstoffen und Leukozyten enthält. Die Aufnahme dieser Stoffe bedeutet für die Neugeborenen eine wichtige passive Immunisierung, da sie selber bei der Geburt noch nicht über eigene Abwehrkräfte verfügen. Deshalb wird bei Kaiserschnitten heutzutage auch viel Wert darauf gelegt, dass selbst die frischoperierte Hündin in der Verfassung bleibt, dass sie ihre Welpen säugen kann.

In den ersten Tagen verlässt die Mutterhündin die Wurfkiste freiwillig nicht. Selbst zum Lösen muss sie gegebenenfalls mit dem Halsband sanft, aber überzeugend von den Kindern weggezogen werden. Hat sie sich im Garten gelöst, eilt sie aber sofort zu ihren Welpen zurück. Spaziergänge sind in der ersten (und manchmal auch noch in der zweiten) Woche zu vergessen. Manche Züchter sind besorgt, wenn die Hündin nach einer Geburt zuerst nicht recht fressen mag. Da sie aber womöglich von jedem Welpen die Plazenta aufgefressen hat, was gesund ist und unbedingt zugelassen werden sollte, ist sie nicht hungrig. Auch erschrecken sich Züchter manchmal, wenn ihre Hündin zwei oder drei Tage nach der Geburt etwas weichen und relativ dunklen Stuhl absetzt. Das kommt aber von den aufgenommenen Plazenten und ist nichts Schlimmes!

Schon innerhalb der ersten sieben Lebenstage verändern sich die Welpen auffallend. Man kann ihnen quasi beim Wachsen zusehen und die empfehlenswerte tägliche Gewichtskontrolle zeigt, dass die Welpen rasant an Gewicht zunehmen.

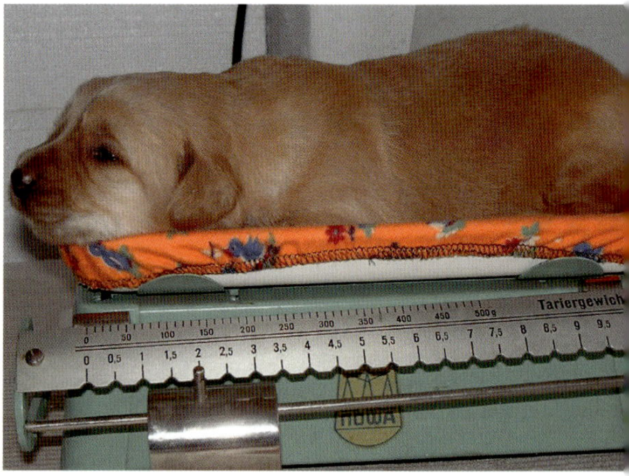

› *Gewichtskontrolle sollte in den ersten zwei Wochen täglich erfolgen. Sie gibt Aufschluss auf ein gesundes Gedeihen.*

› *Sechzehn bis zwanzig Stunden ungestörten Schlafs braucht ein Welpe pro Tag.*

## – die 2. Lebenswoche

Um den sechsten Lebenstag beginnen die Welpen etwas mehr herumzukriechen und verlassen auch das funktionelle U. Die Bewegungen der Welpen werden immer kraftvoller und behänder, unterliegen aber noch bestimmten Reflexmustern. Sie suchen nun mit Pendelbewegungen des Kopfes und des Vorderkörpers nach den Zitzen. Schlafen ist eine ihrer Haupttätigkeiten, sie schlafen zunächst sechzehn bis zwanzig Stunden am Tag, erwachsene Hunde benötigen aber auch immer noch zwölf bis vierzehn Stunden Schlaf. Auch die ersten Elemente des Komfortverhaltens treten bereits auf.

Dass die Sinnesorgane, auch die Tast-, Wärme- und später Geruchsrezeptoren, bereits Hochleistungen vollbringen müssen, zeigt beispielsweise die Tatsache, dass sich die Welpen entlang eines Temperaturgefälles oder eines Konzentrationsgefälles wieder zur Mutter oder zur Wurfhöhle zurückbewegen können. Sie müssen also die Richtung, aus der der Wärmereiz kommt, das Gefälle und damit auch die Konzentrationsunterschiede wahrnehmen und auch zentralnervös verrechnen können. Die Regelung des welplichen Verhaltens wird immer mehr aus der Peripherie in die Zentrale verlagert. Sind zunächst noch die Sinnesorgane, vorwiegend jene am Kopf und rund um die Mundöffnung, für die Auslösung von reflexartigen Antwortreaktionen fast alleine verantwortlich, so übernimmt zunehmend immer mehr Gehirn und später auch Rückenmark, also das zentrale Nervensystem, die Regelung der Reaktionen. Die Sinnesorgane sind jetzt nur noch Zuträger. Aber auch diese Zuträgerfunktion ist keineswegs starr und ohne Beeinflussbarkeit. Die Reizschwelle von fast allen Sinnesorganen, mit Ausnahme der Schmerzrezeptoren, kann verändert werden. So wird eine für längere Zeit im Mund gehaltene Zitze eben zunehmend uninteressant, löst man den Griff ganz kurz und greift erneut zu, ist die volle Reaktionsfähigkeit der Lippen und Mundrezeptoren wieder da. Spätestens dann, wenn die chemischen Sinnesorgane die Steuerung übernehmen, wird auch das Verhalten immer spezifischer. Unterscheidung zwischen bekannten und unbekannten Objekten, zwischen bekannten und unbekannten Gerüchen und damit auch die Entscheidung, ob auf diesen oder jenen Reiz eine Reaktion erfolgen soll, ist nun möglich.

Auch die Lungen sind jetzt schon kräftiger und lassen laute wimmernde Töne zu, wenn sich ein Hundebaby mal »verlaufen« hat und den Kontakt zu Mutter und Geschwistern sucht. Sobald der Anschluss wieder gefunden wird, kehrt die zufriedene Stille wieder ein. Hält die Unruhe an, gilt noch immer: Unruhe = Alarm! Dann muss genauer geschaut werden, was die Ursache sein könnte (z. B. Bauchschmerzen durch »Überfressen«, Bauchschmerzen aufgrund Wurmbefalls, ungünstige Umgebungstemperaturen), im Zweifelsfalle sollte der Tierarzt zu Rate gezogen werden.

Die Mutterhündin liegt meist in unmittelbarer Nähe, aber nicht mehr ausschließlich in der Kiste, wobei es aber auch hierbei deutlich individuelle Unterschiede gibt. Sobald Aufruhr und Geschrei einsetzen, ist sie besorgt und bemüht zur Stelle und beginnt ihr Werk, kontrolliert, pflegt und säugt ihre Kinder. Tut sie es nicht, kann es durchaus verschiedene Ursachen geben, zu welchen in Zweifelsfällen wiederum der Tierarzt befragt werden sollte, der die Mutterhündin gründlich untersuchen muss. Vielleicht bildet sich eine Gesäugeentzündung oder hat sich bereits gebildet, vielleicht hat sie sich einen Infekt zugezogen, was ihr das Säugen und die Brutpflegemaßnahmen vereitelt. In diesem Zusammenhang sei eine traurige Begebenheit erzählt, die einem unerfahrenen Züchter widerfahren ist und die zeigt, dass aber auch zu viel Ruhe in der Wurfkiste durchaus gefährlich sein kann.

› *Innige Momente zwischen Mensch und Hund streicheln beiden die Seele und fördern die Entwicklung des Kleinen.*

### *Unglaublich – schwer vorstellbar – bemerkenswert – schon vorgekommen: Erlebnisse und Anekdoten*

Die knapp eine Woche alten Welpen zeigten relativ wenig Aktivität, quakten und quäkten aber immer wieder und abwechselnd ohne größere Unterbrechungen. Die Mutterhündin kümmerte sich hingebungsvoll um die Kleinen, lag bei ihnen, säugte und putzte ihre Kinder. Sie zeigte sich dabei aber zusehends nervöser und vermittelte einen hilflosen Eindruck, so dass der Züchter den Tierarzt anrief. Der ließ sich am Telefon die Situation beschreiben, bewertete alles als normal und begründete die Nervosität der Hündin mit ihrer Unerfahrenheit als Erstgebärende und sah keine Notwendigkeit für einen Hausbesuch. Am nächsten Tag waren die Welpen wirklich etwas stiller, lagen aber weiterhin überwiegend wenig rege in der Wurfkiste und auch die Mutterhündin verhielt sich weiterhin offensichtlich nervös und ruhelos. Der Züchter nahm wieder Kontakt zum Tierarzt auf, der dann endlich für den Abend sein persönliches Erscheinen ankündigte. Das tat er auch, begnügte sich aber mit einem Blick vom Türrahmen in die Wurfkiste, weil er angeblich Mutter und Kinder nicht stören wollte und alles in bester Ordnung wähnte, denn nervös zeigte sich nur die Hündin, die Welpen lagen still und ruhig in der Kiste. So verließ er wieder den Züchter, der nicht wirklich beruhigt war, aber dem Tierarzt und seiner vermeintlichen Kompetenz vertraute. Am nächsten Morgen waren die meisten Welpen bereits tot, die restlichen verstarben im Laufe des Vormittags. Sie waren verhungert ...

»Der Gesundheitsstatus kann im wachen Zustand durch das Lautgeben und das Bewegungsverhalten des Welpen beurteilt werden. Lautäußerungen, verbunden mit vermehrter Unruhe, weisen in den ersten Wochen auf das Vorliegen suboptimaler Verhältnisse (Schmerz, Hunger, Kälte, Hitze) hin (Meyer und Zentek, 1998). Die Temperatur spielt dabei eine dominierende Rolle, da selbst hungrige Welpen, solange sie warmgehalten werden, akustisch unauffällig bleiben.« (Unsöld, Diss. LMU, 2003, S. 16)

Um den 10. Lebenstag empfiehlt sich die erste Entwurmung der Welpen, eine Maßnahme, die dann alle 10–14 Tage bis zur Abgabe wiederholt wird. Hündin und Umgebung können noch so sauber gehalten werden, Würmer bei Welpen sind etwas »Normales« und auf keinen Fall ein Indiz für eine schlechte Haltung! Der 10 bis 14-Tage-Entwurmungs-Rhythmus hat sich bei vielen Züchtern bestens bewährt, doch gibt es dazu, wie zum Thema Impfungen auch, verschiedene Theorien und Meinungen. Manche Züchter bevorzugen eine Kotuntersuchung, um nur dann zu entwurmen, wenn Wurmbefall vorliegt. Allerdings ist es gerade bei ganz jungen Welpen fast unmöglich, Kotproben zu bekommen, da die Mutter die Ausscheidungen ja aufnimmt. Wichtig ist auf jeden Fall, dass bei Entwurmung das verwendete Wurmmittel gut verträglich für die Welpen ist und von Entwurmung zu Entwurmung gewechselt wird, damit keine Resistenzen entstehen!

Zwischen dem 10. und 12. Tag öffnen sich die Augen der Welpen. Zuerst zeigt sich nur eine Art Schimmer oder Glanz im Augenwin-

› *Wenn sich die Augen geöffnet haben, ist die Sehfähigkeit noch nicht voll entwickelt.*

kel, eine aufregende Bemerkung, denn nun bekommt das Gesicht eine ganz neue Art der Lebendigkeit. Dringen dann zum ersten Mal Lichtstrahlen durch die noch teilweise geschlossenen Augenlider, werden die Sinneszellen auf der Netzhaut gereizt. Allerdings ist zunächst wohl nur Helligkeit und eventuell auch eine Bewegung erkennbar. Kontrastarme, stillstehende und auch farbige Reize sind noch nicht in diesem frühen Welpenstadium erkennbar.

Wenn dann die Augen aufgehen, ist beispielsweise die Wahrnehmung und Einschätzung räumlicher Situationen und Entfernungen noch sehr eingeschränkt. Auch das muss mühsam einstudiert werden. Die Sehpigmente in der Netzhaut entwickeln sich nämlich erst nach und nach, es dauert noch mindestens zwei Wochen nachdem die Augen sich geöffnet haben, bis der Welpe wirklich einigermaßen klar sieht. Die Abschirmpigmente des Auges bilden sich erst nach dem Öffnen der Augenlider. Da die Konzentration dieser Abschirmpigmente anfangs so gering ist, erscheinen die Welpenaugen blau. Erst nach und nach werden sie dann gelb, braun oder dunkel. In jedem Falle aber gilt: je dunkler die Augenfarbe, umso mehr Schutz vor grellem Licht.

› *Welpenaugen sind blau, weil die Abschirmpigmente erst in geringer Konzentration vorhanden sind.*

Dass die Augenlider sich erst langsam, und zwar von der Nasenseite her beginnend, im Alter von ca. zwei Wochen zu öffnen beginnen, liegt daran, dass erst dann die vielen kleinen Muskeln, die für die Lidöffnung verantwortlich sind, vollständig ausgebildet und leistungsfähig sind. Gleichzeitig steigt auch die Reaktionsfähigkeit der Augenlider auf mechanische Reize, und dadurch entsteht der Lidschlussreflex, um das Auge bzw. den sehr empfindlichen Augapfel vor unangenehmen Beeinträchtigungen zu schützen.

Erste Formen sozialer Unterstützung werden erkennbar, sobald der Sehsinn seinen Beitrag leisten kann. Nun ist plötzlich eine unbekannte Umgebung bereits nicht mehr so furchteinflößend, wenn man ein Geschwisterchen dabei hat. Trotzdem, man bleibt immer noch gerne in der bekannten Umgebung.

Bereits zu Beginn der 2. Lebenswoche ist es in der Regel auch höchste Zeit für eine erste »Pediküre«. Die Krallen der Welpen wachsen enorm schnell und sind derart scharf, dass schon manches Gesäuge einer Hundemutter schwer unter den kratzenden Welpenpfötchen zu leiden hatte und Verletzungen verursacht wurden!

Diese ersten 14 Tage des Lebens nennt man »Neugeborenenphase« (neonatale Phase) oder auch »Vegetative Phase«. Saugen, Wärme und Verdauen sind die elementaren Grundbedürfnisse der Welpen in dieser Zeit.

› *Die Nähe der Geschwister verleiht Sicherheit.*

## INTERVIEW

***Frau Dr. med. vet. Annette Thomée, Risiko Eklampsie – wie entsteht sie, wie macht sie sich bemerkbar?***

***Dr. Thomée:*** Die purperale Tetanie (häufig auch als Eklampsie bezeichnet), tritt meistens nach ca. zwei bis drei Wochen nach der Geburt der Welpen bei Hündinnen auf, die durch die Geburt stark mitgenommen und sehr mager sind. Es handelt sich hierbei um eine Störung des Ca-Stoffwechsels. In der Praxis waren es meistens kleine (hier insbesondere Teckel) bis mittelgroße Rassen, auch familiäre Dispositionen waren nachweisbar.

Die massive Störung des Calciumstoffwechsels führt zu deutlicher Unruhe, die Hündin hechelt vermehrt, ihr Gang ist häufig stakelig. Im weiteren Verlauf kommt es zu einem Muskelzittern, das in tonisch-klonische Krämpfe übergeht. Die Hündin gerät in Seitenlage und zeigt hier eine sägebockartige Extremitätenhaltung, bei welcher Kopf und Hals nach hinten abgebogen werden. Die Hündin ist sehr ängstlich, aber ansprechbar. Sie kann sich aus dieser Lage nicht mehr befreien. Intravenöse Gaben von Calcium, Glucose und Glukokortikoide helfen in der Regel schnell. Wird die Tetanie nicht bemerkt, kommt es zum Tode des Muttertieres.

## – die 3. Lebenswoche

Die Entwicklungssprünge sind enorm, die Bewegungen werden zielgerichteter, kraftvoller, erfolgen nicht mehr nur rein zufällig. Aus den bauchrutschenden Kriech- und Robb-Bewegungen werden die ersten, meist kläglich verlaufenden Versuche, sich auf die eigenen Beinchen zu stellen. Da alles im Umbruch und in der Entwicklung ist, bezeichnet man diese Zeit gern als »Übergangsphase«. In der Übergangsphase wird die Umgebung schon ausführlicher erkundet. Die Wurfgeschwister werden bereits mit ersten sozialen Verhaltensweisen, etwa Schwanzwedeln oder Knurren, bedacht. Langsam beginnt auch die Fähigkeit, erste Lernerfahrungen zu machen. Vorwiegend geschieht dies zunächst noch in Form von konditionierten Reflexen, höhere geistige Leistungen treten erst später auf. Jedoch ist bereits hier eine Unterstützung, ein Fordern und Fördern durchaus möglich.

› *Ab 3. Lebenswoche wird die Welpenwelt größer und bunter.*

Die Mutterhündin reagiert nun nicht mehr auf jegliches Gequieke und Gequake aus der Wurfkiste, sondern richtet sich nach ihrer eigenen inneren Uhr, besser gesagt, dem prallen Gesäuge, wann es Zeit für die nächste Runde Milch ist. Dies ist ziemlich genau alle 2 bis 3 Stunden der Fall, vorausgesetzt, sie produziert ausreichend. Die Verdauung funktioniert nun schon recht selbständig. Solange die Welpen noch bei der Mutter trinken und von dieser ausschließlich genährt werden, frisst diese auch den Kot ihrer Kinder weitestgehend auf. Somit sind in der Wurfkiste selten »Würstchen« zu finden, jedoch muss mittlerweile eventuell mehrere Male am Tag die Unterlage gewechselt werden, denn die »Bäche« bringen schon ordentliche Mengen Feuchtigkeit »ins Bett«. Sehr gut bewährt haben sich in Wurfkisten die sogenannten »Dry-Beds«, kuschelige, dicke Decken, die die Feuchtigkeit nach unten abtransportieren, deren Flor aber trocken bleibt, so dass die Welpen nicht im Feuchten liegen. Unter diesen Drybeds sollten saugfähige Unterlagen (z. B. Inkontinenzunterlagen) liegen, die regelmäßig gewechselt werden. Gummiunterlagen oder Folien sind eher ungeeignet in Wurfkisten. Sie sind nicht atmungsaktiv, so bilden sich leicht Stauwärme und Staufeuchtigkeit, die zu unangenehmem und ungesundem Klima führen und die Entstehung von Keimen und Bakterien begünstigen können. Wir wiesen darauf bereits an anderer Stelle hin. Auch Stroh ist gänzlich ungeeignet und beinhaltet die Gefahr von Infektionen und Verletzungen durch die Hohlfasern und eventuell darin hausenden Bakterienstämmen.

Ungefähr zu Ende der 3. Lebenswoche fällt die Entwicklung einer ersten Form der Stubenreinheit auf. Die Welpen machen regelrecht Terror und versuchen die Wurfkiste zu verlassen. Setzt man sie neben die Kiste, lösen sie sich meist sehr schnell und sind danach in der

› *Mit erwachenden Sinnen nehmen soziale Interaktionen zu.*

Kiste wieder ruhig und zufrieden. Öffnet man nun die Wurfkiste und gibt den Kleinen die Möglichkeit, sich selber von ihrer bisherigen Schlaf- und Wirkungsstätte zu entfernen, so wird dies in der Regel gern angenommen und sie richten sich ihr »Baby-Dixi-Klo« ein wenig entfernt ein und suchen es zukünftig zielgerichtet auf.

Die Sehfähigkeit setzt nun ein und auch die Stimme wird kräftiger (erste Belllaute). Daraus erfolgen die ersten bewussten Kontaktaufnahmen zu Geschwistern, Mutter und Menschen. Es ist lustig anzusehen, dass in manchem Welpengesicht fast eine Art Verblüffung zu sehen ist, wenn sie nun wahrnehmen: Da ist ja noch viel mehr zu entdecken!

Wie die Augen, so sind die Gehörgänge anfangs noch geschlossen. Dass Welpen erst ab der dritten Lebenswoche beginnen, Geräusche in der für uns normalen Form, also als über die Luft getragene und weitergeleitete Schallwellen, zu erkennen, liegt nicht nur an einem mangelndem Reifungszustand der Hörzellen und der damit verschalteten Nerven und Gehirnregionen. Es liegt schlichtweg darin, dass der Zugang über den Gehörgang noch verrammelt und damit das Trommelfell als schwingungsfähige Membran gar nicht für die luftgetragenen Schallwellen erreichbar ist. Vibrationen, die über Knochenleitung auf die Gehörknöchelchen des Mittelohrs geleitet werden können, sind bereits früher erkennbar, beispielsweise leises Rasseln, Wecker, die in der Nähe der Wurfkiste ticken, Metronome und andere rhythmische Geräuschgeber.

Dass ein erfolgreicher Beller unter Umständen das Erschrecken der Geschwister zur Folge hat, zeugt von der einsetzenden Hörfähigkeit. Die bislang als kleine Lappen fest am Kopf angesetzten Ohren formen sich aus, öffnen sich und bilden die Hörmuschel. Eine erste (vorsichtige!) Konfrontation mit Geräuschkulissen kann den Welpen geboten werden, die aber dem Reizbewältigungsvermögen der Kleinen angemessen sein muss. Ein weicher Textilball mit innenliegender Rassel oder einem Glöckchen zum Beispiel kann den Kleinen die Gelegenheit bieten, selbständig ein sich bewegendes und »klingendes« Objekt zu untersuchen (stupse ich den Ball an, bewegt er sich und macht Geräusche, liegt er nur rum, ist er still und starr) und sich damit auseinanderzusetzen – oder es eben zu lassen und nur mitzubekommen, dass da etwas »Krach« macht, wenn die Geschwister sich damit beschäftigen.

› *Ein liebevoller Umgang mit den Welpen fördert deren Sinnesleistungen und die neurologischen Funktionen.*

Auch das Gespräch mit den Welpen wird nun noch wichtiger, erleben sie dadurch doch die menschliche Stimme, dies umso angenehmer, wenn die Stimme mit Behaglichkeiten in Verbindung steht. Streicheln und sprechen Sie z. B. sanft und ruhig mit den Welpen, wenn diese saugen! Bedenken Sie: Berührungs-, Geschmacks- und Geruchssinn sind schon längst voll entwickelt und »aufnahmebereit«, positive Eindrücke speichern sich im Gehirn des Welpen ab wie auf einer Festplatte!

Mugford (1992) betonte bereits vor über zwanzig Jahren: »Die zusätzlichen Sinneswahrnehmungen, die aus dem menschlichen Umgang mit Welpen entstehen, helfen, das Sinnessystem und die neurologischen Funktionen der Junghunde zu entwickeln.« Deshalb kann der Züchter in wohldosierter (!), dem Alter und der psychischen Bewältigungsfähigkeit der Welpen angepasster Form beginnen, verschiedene Reize zur Förderung anzubieten. Dabei sollten zwar alle Sinnessysteme berücksichtigt werden, jedoch darf der Welpe nicht überfordert werden und er muss selber entscheiden können, ob, wie lange und intensiv oder ob im Augenblick doch lieber gar nicht er sich mit dem jeweiligen Reiz auseinandersetzen will und kann. Einfach nur irgendwo ein Radio dudeln zu lassen, bietet zum Beispiel keine fördernde Reizkonfrontation, da die Geräuschquelle nicht eigenständig lokalisiert (gehe ich näher hin, wird es lauter, gehe ich weiter weg, wird es leiser), aber auch nicht gänzlich gemieden werden kann. Auch hierzu wieder ein Beispiel, welches zusätzlich die Lernfähigkeit der Welpen zu Kausalitäten

belegt: Hängen wir in der Zeit, in welcher die Welpen die Wurfkiste selbständig verlassen und erste Erkundigungen rund um diese unternehmen, in eine Ecke des Welpenzimmers ein Klangspiel auf. Haben die Kleinen geschlafen und der Züchter diese Zeit genutzt, um sein Tageswerk etwas voranzutreiben, so wird er in der Regel durch das Klingklang darüber informiert, dass seine vierbeinige Kinderschar wieder aktiv ist und zu diesen hingehen. Streicheln und Sozialkontakt sind die Folge, vielleicht auch das Füttern, wenn bereits zugefüttert wird. So lernen die Kleinen schnell, dass die Berührung des Klangspiels den Menschen »herbeirufen« kann, wenn dieser nicht zugegen ist. Ein schönes Beispiel für Konditionierung, dieses Mal aber von Welpe zu Mensch.

***Reizkonfrontationen sollten folgende Bereiche umfassen:***

- **Olfaktorisch** (den Geruchssinn betreffend)
- **Taktil** (den Tastsinn betreffend)
- **Akustisch** (den Hörsinn betreffend)
- **Optisch** (den Sehsinn betreffend)

## BESUCHER – AB WANN UND WIE VIELE?

Für Züchter und Welpeninteressenten immer eine entscheidende Frage: Ab wann kann ich Besucher zulassen, wann darf ich das erste Mal mein zukünftiges Hundekind sehen? Hier eine Pauschalaussage und allgemein gültige Altersangabe zu geben, ist schier unmöglich und eine Fülle von Anmerkungen wurden bereits im Vorangegangenen gegeben. Viele Faktoren spielen eine Rolle: Kennt die Hündin die Menschen, die zu Besuch kommen wollen? Wie sicher ist sie in ihrer psychischen Verfassung, wie selbstsicher ist sie grundsätzlich? Wie hat sie das Geburtsgeschehen verkraftet? In der Natur ist eine Mutter mit ihren Welpen in den ersten drei Wochen weitestgehend ungestört und separiert. Erst wenn die Welpen selbständig beginnen, die Wurfhöhle zu verlassen, erfolgt nach und nach auch die Kontaktaufnahme zu den anderen Mitgliedern der eigenen sozialen Familiengruppe. So könnte man rückschließen, dass ab vollendeter dritter Lebenswoche ein guter Zeitpunkt ist, auch Besucher erstmalig zu kurzen (!) und nicht als in Überfallkommando organisierten Gruppen zuzulassen. Wieder liegt die Betonung auf »wohldosiert« und es müssen ja nicht gleich alle Besucher am gleichen Tag vorstellig werden und auch nicht in gesamter Familienstärke mit Oma, Opa, Tante, Onkel und dem netten, bereits voller Vorfreude mit wartendem Nachbarn von Gegenüber!

Viele Rassehundezuchtvereine haben für ihre Züchter die Auflage einer ersten Wurfabnahme in der ersten Lebenswoche der Welpen. Das macht durchaus Sinn, da gerade unerfahrene Neuzüchter vielleicht viele Fragen haben, die sie dann mit einem kompetenten Zuchtwart in Ruhe und mit Zeit erörtern können. Gleichzeitig kann der Zuchtwart die

Platzierung und Einrichtung der Wurfkiste, den Zustand von Mutter und Welpen und die Aufzuchtbedingungen kontrollieren. Es muss aber auch und gerade hierbei darauf geachtet werden, dass der Besuch nicht zu viel Stress und Unruhe mit sich bringt, die Hündin sich und ihre Kinder nicht gefährdet sieht und der Besuch wirklich verantwortungsvoll und hinreichend sensibel-kompetent vonstatten geht. Andernfalls wäre es nur das Abhaken einer Regularienvorschrift, die entweder gar nichts nutzt oder sogar schadet, statt Chancen zu bieten. Und das wäre schade, denn sinnvolle und gründliche Wurfkontrollen durch gut geschulte Zuchtwarte bringen viele Vorteile. Hier steht und fällt der Sinn und Nutzen mit dem wie und durch wen. Der gänzliche Verzicht auf Wurfkontrollen ist jedoch ein absolutes »No-go« in der qualifizierten Hundezucht. Deshalb sollte jeder Rassehundezuchtverein auch durchaus hohe Qualifikationsansprüche an seine Zuchtwarte stellen, regelmäßige Fortbildung verlangen und überprüfen und auch die sprachlichen Möglichkeiten der Zuchtwarte nicht unterschätzen, denn Wissen kann nur vermittelt werden, wenn der jeweilige Zuchtwart zur verständlichen und sachlich fundierten Wissensvermittlung auch im Stande ist. Auch dürfen hierbei nicht subjektive Aspekte mit einfließen, vielmehr muss die objektive, sachlich qualifizierte Information im Vordergrund stehen. Und da der Fisch bekanntlich vom Kopf aus stinkt, sind an das Zuchtgremium eines Vereins, dem die Zuchtwarte unterstehen, noch wesentlich höhere Anforderungen zu stellen. Leider liegt da doch hier und da (noch?) einiges im Argen.

› *In den ersten drei Wochen sind bislang unbekannte Besucher eher störend und womöglich Stressfaktoren für die Mutter.*

## – die 4. Lebenswoche

Die Sozialisierungs- und Jugendphase, die ca. im Alter von vier Wochen beginnt, und dann eben bis zur Pubertät anhält, ist zugleich auch die sensible Phase für eine ganze Reihe von Lernerfahrungen. Prägungen und prägungsartige Prozesse haben uns bereits beschäftigt, zusätzlich kommt es nun immer mehr zum Sammeln und Verarbeiten von Erfahrungen mit unbelebten wie auch belebten Objekten.

»Action«! Entdecken, erkunden, untersuchen, laufen, rempeln, rangeln – in den immer länger werdenden Wachphasen gibt es immer mehr zu tun! Die Sinnesleistungen und der Bewegungsapparat funktionieren nun schon recht ordentlich. Erste Inspektionsrunden, anfangs in noch kleinem Radius, aber schnell ausschweifender werdend, erfolgen rund um die bekannte und vertraute Umgebung der Wurfkiste. Erstes Spielzeug (z. B. in Form von Papprollen, Kartons, mit Sand oder Kieseln gefüllten PET-Flaschen) wird gern angenommen, fördern und fordern den Entdeckergeist und dienen einer spielerischen Frühförderung.

› *Die Außenwelt der Welpen kann mit wechselnden, welpengerechten, aber nicht überfordernden Reizen gestaltet werden.*

Die vier Milcheckzähne (Canini) brechen durch und alles wird nun einer oralen Untersuchung unterzogen. Geschwister werden angenuckelt, es wird sich gegenseitig in die Ruten, die Ohren, das Fell gezupft. Da die kleinen Milchzähnchen nadelspitz sind, kommen auch die ersten Unmutsregungen, wenn der Kontakt mit diesen mal zu heftig ausgefallen ist. Sofort wird die Interaktion abgebrochen und sich vom Verursacher des Schmerzes abgewandt. Das führt zu ersten sozialen Lerneffekten und begründet die Entstehung und Ausbildung einer Beißhemmung. Beißhemmung muss gelernt werden, und das geschieht sehr früh innerhalb der Geschwisterschar und im Umgang mit der Mutter. Welpen wissen, wie man zubeißt, aber nicht wie heftig und wann man wieder los lässt. Die Lernmethode ist relativ einfach: Bist Du zu rabiat, »Aua-Quieker« und dann geh ich von Dir weg und Du bist allein! Bei Einzelwelpen, zu denen im vorangegangenen Text bereits immer wieder etwas gesagt wurde, ergeben sich unter Umständen aus diesen Zusammenhängen heraus problematische Entwicklungsschritte, da bei einem solchen die Heftigkeit einer Aktion nicht durch ein Gegenüber kontrolliert und reglementiert wird. Das dabei aber in Aktion tretende Notfallprogramm wurde bereits angesprochen.

› *Ziegenmilch und Rindertatar sind bekömmliche erste Zusatzmahlzeiten.*

Wie komplex das Zusammenspiel von Umwelt und angeborener, wohl auch zum Teil schon genetisch bedingter Verhaltensausstattung ist, zeigen beispielsweise Untersuchungen von isoliert aufgezogenen Welpen. Hunde und auch Wölfe können durchaus auch komplizierte, motorische Handlungen, wie etwa kommunikative Signale, zeigen, wenn sie isoliert aufwachsen und keine Erfahrung mit Artgenossenkontakten haben. Das Erkennen des Sozialpartners und die Reaktion auf dessen Verhaltensweisen und Signalgebung dagegen, sind erfahrungsabhängig. Ein besonders wichtiger Teil, der später im Sozialverhalten große Bedeutung haben wird, ist die Signalisierung von Unterwerfung und anderen Formen von Konfliktmanagement. Gerade submissives Verhalten muss in seiner Anwendung offensichtlich einstudiert werden, zusätzlich kommen hier noch Rasseunterschiede zum Tragen, wie wir später sehen werden. Die Welpen nehmen also die Verhaltensweisen ihrer Wurfgeschwister und anderer Artgenossen mit ihren Sinnesorganen wahr, verknüpfen und verrechnen diese Erfahrungen, müssen aber dann erst selbst wiederum trainieren, wie man darauf am besten mit dem, wenn auch genetisch vorgegebenen Bewegungsablauf des eigenen Verhaltens antworten sollte.

Solange die Mutterhündin über ausreichend Milch verfügt, ist theoretisch keine Zufütterung nötig. Die regelmäßige Gewichtskontrolle dokumentiert, ob der Welpe ordentlich zunimmt oder kümmert. Die Mutterhündin bemerkt normalerweise selber, wann ihre Milch nicht mehr ausreicht und der Zeitpunkt für zusätzliche Nahrungsquellen gekommen ist: Sie beginnt ihren Kindern das selber aufgenommene Futter vorzuwürgen und somit anzubieten. Das selbständige Fressen muss aber auch erst erlernt werden und auch für den Verdauungstrakt bedeutet die Aufnahme zusätzlicher Nahrung eine Umstellung. Gut bekömmlich und schmackhaft als erstes, fremdes Nahrungsangebot sind Ziegenmilch und Rindertartar.

Die Entwicklung sozialer Kontakte, die sich zuerst auf die Mutter und die Geschwister beschränken, schnell aber auch den Züchter und dessen Familie, somit den Menschen umfassen, bilden sich aus. Die Welpen laufen gezielt hintereinander und hinter der Mutter her, was aber auch schon den Menschen mit einschließt. Man spricht deshalb auch von der Phase der »Nachlaufprägung«, die hervorragende Ansätze für die ersten Erziehungsschritte bietet. Das stärkt das Selbstvertrauen des Welpen und wohl auch die Bindungsfähigkeit zum Menschen.

## – die 5. Lebenswoche

Haben sich die Welpen bislang eventuell nur »indoor« aufgehalten, so sollten spätestens jetzt erste Ausflüge in den Garten ermöglicht werden. Die Zeit der Welpen im Freien muss langsam gesteigert werden, denn mit – womöglich direkter – Sonneneinstrahlung kommen sie nicht sogleich zurecht. Die noch unbekannten Umweltgeräusche können am Anfang unheimlich und beängstigend sein, auch an diese muss die Gewöhnung erst erfolgen. In der Regel geht das aber sehr schnell und bereits am zweiten oder dritten Tag draußen rennen und toben die Kleinen umher, als hätten sie nie etwas anderes gekannt. Die Neugierde wiegt in diesem Alter noch mehr als die Unsicherheit, was sich aber nur eine Woche später durchaus wieder ändern kann. Natürlich bietet auch die mit anwesende Mutter ausreichend Sicherheit, die alle neuen Entdeckungsschritte ihrer Kinder mit begleiten sollte und dies in der Regel auch möchte. Die Welpen orientieren sich am Verhalten und an den Reaktionen ihrer Mutter, deshalb lässt ihr souveränes Verhalten in der neuen Umgebung sie diese schnell als nicht bedrohlich erleben.

Züchter müssen darauf achten, dass die Mutterhündin selbständig entscheiden kann, ob sie zu ihren Kindern geht oder sich von diesen entfernen möchte. Eine Welpenunterbringung, bei der der Züchter entscheidet, wann, wie lange und in welchem Umfang er die Mutter zu den Kindern lässt, ist nicht ratsam. Das bringt Stress für Mutter und Nachwuchs, führt eventuell zur Entstehung von Verlust- und Verlassensängsten und zu psychischen Belastungen, die sich so oder so auswirken können. Sollten weitere Hunde mit im Züchterhaushalt leben, so ist nun spätestens eine gute Zeit, alle miteinander zusammenzuführen. Anfangs mag die Mutterhündin ihre Kinderschar vor den anderen Vierbeinern noch abschirmen und der restlichen Besatzung deutlich signalisieren, wie weit (bzw. nah) gegangen werden darf und wo die Grenzen des Sozialkontaktes sind. Neugierig und gespannt schauen die Anderen auf das Welpengewusel und schon bald läuft alles durch- und umeinander, wachsam beäugt von der Mama, aber geduldet und akzeptiert. Und nach einer kleinen Weile scheint die vielbeschäftigte Hundemutter sogar froh, nun die ein oder andere Aufgabe getrost aus den Pfoten geben zu können und sich endlich auch einmal eine kleine Auszeit zu gönnen. Ältere Geschwistertiere, vielleicht der anwesende Papa, Omas, Opas, Tanten oder Onkel übernehmen die Stelle des Kindermädchens. Wohlgemerkt: Die Rede ist hier von Tieren aus der eigenen sozialen Gruppe und nicht von Fremdhunden, die nur zu Besuch kommen. Diese würden in diesem Alter nicht grundsätzlich ohne Weiteres von der Mutter in der Nähe der Welpen akzeptiert und u. U. massiv attackiert werden.

Der intensive Kontakt zum Menschen ist in dieser Zeit und in den folgenden Wochen immens wichtig. »Bei jeder Begrüßung sollte man dem Welpen ein kleines Futterbröckchen geben, dies erhält und festigt die Erwartung, dass von der Hand des Menschen immer Gutes ausgeht.« (Mugford, 1992)

### Der Kontakt zum Menschen ist

- förderlich für die Mensch-Hund-Beziehung
- förderlich für den Beziehungsaufbau
- förderlich für erste Konditionierungen, wie z. B. die Konditionierung auf Pfiff

## KONDITIONIERUNG AUF DEN PFIFF AUS DER HUNDEPFEIFE

Da die Welpen in diesem Alter bereits mehrere Mahlzeiten durch den Menschen angeboten bekommen, lässt sich dieser Umstand gut nutzen, um die Kleinen an den Pfiff der Hundepfeife zu gewöhnen. Früh lernen sie, dass der Pfiff etwas Positives bedeutet und das Herankommen lohnenswert ist. Pfiff gleich Futter, Herankommen gleich Chance auf leckere Mahlzeit und vollen Bauch. Eine Lernerfahrung, die sich tief einprägt und das Herankommen auf Pfiff tief verwurzelt. So wird eine gute Basis gelegt, auf welche die späteren Welpenbesitzer aufbauen können und für welche diese meist auch sehr dankbar sind. Welpen, die so an die Hundepfeife gewöhnt wurden, reagieren auf den Pfiff später selbst dann noch, wenn die zukünftigen Besitzer die Pfeife nicht weiter einsetzen. Trotzdem bleibt die Kenntnis des Signals und das Reagieren darauf sehr lange erhalten. Die Bindung zum Menschen wird durch diese Maßnahme durchaus gestärkt, denn dessen Hand ist es, die nach dem Kommen auf Pfiff die besonders leckeren und begehrten Futterbröckchen parat hält.

### *– die 6. Lebenswoche*

Die Aktivität, Ausdauer und der Erfindungsreichtum von Welpen sind schier grenzenlos! Da bietet es sich geradezu an, den Kleinen einen Hundekinder-Abenteuer-Spielplatz einzurichten. Wer das Glück hat, ein reizvolles Naturgrundstück mit abwechslungsreichem Reizangebot sein eigen zu nennen, der muss sich nicht allzu viel Gedanken machen. Wer aber »nur« eine »normale« Gartenparzelle besitzt, der sollte schon das ein oder andere Spiel- und Lernobjekt installieren. Heutzutage werden viele Dinge aus industrieller oder handwerklicher Anfertigung angeboten, die allesamt meist nicht gerade preiswert und auch nicht unbedingt alle gleichermaßen empfehlenswert und sinnvoll sind. Häufig sehen sie zwar schön und »spektakulär« aus, sind knallig bunt und verwandeln den Garten in ein kleines Phantasieland, das alle Kinderherzen höher schlagen und die Nachbarkinder am Zaun Schlange stehen lässt. In der Schweiz wurden spezielle Lern- und Spielgeräte für Welpen und Junghunde entwickelt. Diese reichen von Spielkugelkästen über Röhren und Tunnel, verschiedenen Rampen und Gitter bis zu Balanceflächen, Wackelbrettern und schiefen Ebenen. Auch in Deutschland gibt es immer mehr Anbieter für derartige Dinge. Doch aufgepasst: Im Gebrauch erweisen sie sich unter Umständen als nicht welpengeeignet, unsicher, zu wenig stabil oder mangelhaft standfest. Deshalb muss beim Kauf derartiger Dinge gut geprüft werden, ob die Artikel dem Anspruch genügen und für den Einsatz im Welpenalltag geeignet sind.

Manches Reizangebot lässt sich aber mit einfachen Mitteln selber gestalten und ist mindestens ebenso gut geeignet: Flatternde Betttücher auf der Leine sind preiswerte optische Reize, sich schnarrend drehende Windräder kombinieren optischen und akustischen Reiz, Röhren (z. B. Betonröhren aus dem Baumarkt) und Stofftunnel (gibt es preiswert in Spielwarenläden oder bei großen Möbelhäusern) werden von Welpen gern zum Durchlaufen, aber auch zum Verstecken und für eine Siesta genutzt. Umgedrehte U-Gestelle lassen sich ebenfalls zu Tunneln oder Verstecken umbauen. Eine flache Wippe kann man leicht aus einem Holzstamm bauen, auf welchem ein Brett befestigt wird. Einige ausgelegte Gitterroste, verschiedene Fußmatten für den Außenbereich (gibt es in unterschiedlichsten

› *Welpenspielgeräte müssen standfest, stabil, robust und ungefährlich sein. (www.hummeljakob.de)*

› *Welpen wollen und müssen Körpergefühl, Gleichgewichtssinn, psychische Belastbarkeit und physische Behändigkeit erlangen und trainieren. (www.hummeljakob.de)*

Ausführungen) und flache Wannen, die mit Kies oder Steinen befüllt werden, bilden geeignete Übungsfelder für unterschiedliche Bodenbeschaffenheiten. Ein Sandhaufen bietet tolle Möglichkeiten zum Buddeln und dicke Äste oder Baumstümpfe laden zum Beklettern oder zum Durchstöbern ein. Alles das ist wunderbar geeignet, um Körpergefühl, Gleichgewichtssinn, psychische Belastbarkeit und physische Behändigkeit zu erlangen und zu trainieren.

Die Sozialspiele der Welpen untereinander, aber auch mit dem Menschen, werden ausdauernder und rauer, was nicht zuletzt dem weiteren Ausbau der Beißhemmung dient. Kürzere Rennspiele und ausgeprägtere körperbetonte Spiele nehmen ebenfalls zu. Hierbei zeigen sich auch bereits verschiedene Arten von Spielbevorzugung, nicht jeder Hundetyp spielt gleich. Windhundartige lieben Rennspiele, schwerfällige Typen eher Spiele im körperbetonten Sumo-Ringer-Clinch-Modus, Terrier spielen gern rau und beschäftigen sich auch mal mit buddeln und stöbern, sensible Kleinhunde vermischen alles angepasst miteinander und agieren vielleicht lieber gemäß »nicht zu heftig, nicht zu doll, nicht zu `böse´«.

Das Interesse an bewegten Objekten, denen nachgesetzt und die gefangen werden können, erwacht und vergrößert sich. Resultierend aus diesem Verhalten entwickelt sich später in der weiteren Jugendentwicklung aber auch der Spaß am Nachlaufen von bewegten Objekten, aber auch von Subjekten, so dass die Folge bei nicht in erwünschte Bahnen gelenkter Erziehung schnell der Hund ist, der Joggern, Autos, Katzen, Wild u.a. nachsetzt und Freude am Rennen und Nachjagen hat! Daher muss frühzeitig aufgepasst werden, welche Talente geweckt, gefördert und vielleicht auch forciert werden.

Die 6. Lebenswoche ist auch in anderer Hinsicht eine besondere Phase: Viele Welpen zeigen in diesem Alter plötzlich ängstliches Verhalten, Unsicherheit und Scheu, eine hohe Sensibilität und geringere Stressfähigkeit. Stress aber setzt Stoffwechselprozesse in Gang, die wiederum Auswirkungen auf die Weiterbildung und Entwicklung von Körper-, Nerven- und Gehirnsubstanz haben, was Sieber und Aldington bereits 1984 betont haben. Inge Hansen weist darauf hin, dass »die in dieser Zeit ablaufenden Lernvorgänge (...) Einfluss auf den Motivationsbereich, die spätere Aggressionsbereitschaft, auf die Bindungsfähigkeit, das Geselligkeitsbedürfnis und auf die Fähigkeit des Welpen, sich in eine Gruppe einzugliedern (haben).« (Hansen, 1999) Das gilt in Bezug auf positive wie negative Erfahrungen!

Da die Welpen nun bereits überwiegend bis ausschließlich selbständig fressen und höchstens noch für einen kleinen Snack an die Milchbar gehen, ist es sinnvoll und wichtig, verschiedene Arten und Sorten von Futter anzubieten. Hierdurch erfolgt eine breit angelegte Futterprägung. Mugford (1992) erklärt, dass »eine vielseitige Ernährung in diesem Alter hilft, eine vielfältige Darmflora aufzubauen, welche den Welpen einen guten Start gegenüber künftigen Infektionsgefahren im weiteren Leben bietet.«

› *Eine vielfältige Ernährung verhilft zu einer vielfältigen Darmflora.*

## FÖRDERUNG UND STABILISIERUNG DER WELPENPSYCHE

Ein ausreichender und regelmäßiger Kontakt zum Menschen, dieser auch zu Menschen unterschiedlicher Couleur (groß, klein, jung, alt, mit Handycaps oder Gebrechen, mit Hut, Cap, Brille usw.) und eine dem Welpenalter angepasste Konfrontation mit Umweltreizen helfen mit, dem Welpen gute Entwicklungschancen für ein stabiles Selbstbewusstsein zu bieten.

Sogenannte prädisponierende Einflüsse sind es, die dem Welpen ermöglichen, einen von mehreren, theoretisch denkbaren Entwicklungswegen einzuschlagen. So ist der regelmäßige Kontakt mit Menschen in der sensiblen Phase eine Prädisposition, um später auch mit Menschen eine positive Grundstimmung und ein entsprechend gut entwickeltes Bindungsbestreben auszubilden. Haben die Welpen in der sensiblen Phase hierzu keine Gelegenheit, dass heißt bekommen sie zwischen der fünften und zwölften Woche Menschen nicht als harmlos oder sogar sympathisch in unterschiedlichen Farben, Spielarten und Alterstufen vorgesetzt, so haben sie später erhebliche Probleme, sich Menschen anzuschließen und mit diesen zusammen zu agieren.

Bereits in den 1960er Jahren wurden in einer Reihe von Untersuchungen (Zusammenfassungen siehe Bradshaw 2012, Miklosi 2007) Hunde unterschiedlich lange isoliert vom Menschen aufgezogen. Dabei zeigte sich, dass ein Kontakt zu Menschen, sei er auch nur kurz, wichtig ist, zwischen der fünften und zwölften Woche regelmäßig oder zumindest in geballter Form stattfinden muss, damit diese Hunde sich später in der Umgebung und in der Anwesenheit von Menschen entspannt und damit auch sozial bereit verhalten.

› *Früh kennengelernt, später akzeptiert. Damit aus Hund und Katz´ Freund statt Feind wird.*

Hundewelpen, die zwischen der fünften und zwölften Woche keine oder zu geringe Menschenkontakte hatten, sind also offensichtlich ungeprägt oder zumindest nicht ausreichend mit dem Menschen sozialisiert. Die genannten Untersuchungen wurden mit Laborhelfern durchgeführt, und die Hunde wurden dann nach der vierzehnten Woche in die normale Familie überführt. Die Menschen, an denen die Prägung stattfand, waren also nicht mit denen identisch, mit denen die Hunde sich später zusammentun sollten.

Hier geht es also um die Prägung. Prägungsereignisse sind allgemein dadurch gekennzeichnet, dass bestimmte Kategorien von Reizen als wichtig und steuernd für das spätere Verhalten abgespeichert werden. Sie werden generalisiert, bei jeder Art von Artgenossenprägung wird eben die betreffende Spezies oder der Typ Tier und nicht das Individuum als späterer Artgenosse erkannt. Wäre ja auch merkwürdig, wenn ein Herdentier sich dann nicht mit anderen Artgenossen, sondern nur mit der Mutter, dem wahrscheinlichsten Vorbild für die Artgenossenprägung, Zeit seines Lebens assoziieren möchte.

Elementar wichtig ist, dass alle Reizangebote für den Welpen zu verarbeiten sind, von ihm verkraftet werden können und ihn nicht überfordern. Auch sollte das Reizangebot nicht mit elementaren Bedürfnissen verknüpft werden. Hierzu ein Beispiel:

### *Unglaublich – schwer vorstellbar – bemerkenswert – schon vorgekommen: Erlebnisse und Anekdoten*

Ein Züchter meinte es besonders »gut« und gestaltete das im Wintergarten befindliche Welpenzimmer mit Ausgang nach draußen auf der einen und Durchgang zur Wurfkiste und Futterstelle an der anderen Zimmerseite mit einer massiven Anzahl an Reizkonfrontationen. Kaum zwei Schritte hintereinander konnte ein Welpe tun, ohne auf ein Wackelbrett oder ins Bällchenbad zu treten, unter einer Flatterwand oder auf einem Gitter zu landen. Besonders bedenklich aber war die Tatsache, dass der Durchgang zur Wurfhöhle (jetzt bevorzugte Schlafstätte der Welpen) und zur Futterstelle nur über eine Rampe und durch einen Tunnel erreichbar waren, der Ausgang nach draußen ebenfalls mit einer Reizschleuse versehen wurde. Wieder ein typisches Beispiel für »Gut gemeint ist nicht gleich gut gemacht«! Nichts ist so schädlich für die psychische Entwicklung wie Isolation und/oder Reizarmut in dieser sensiblen Entwicklungsphase. Gleichzeitig muss aber auch gesagt werden, dass auf eine eventuelle Reizüberflutung ebenso zu achten ist!

› *Reizarmut ist ebenso schädlich wie Reizüberflutung, darauf muss bei der Einrichtung des Welpen-Abenteuerlandes geachtet werden.*

## – die 7. Lebenswoche

Die Erlebniswelt der Welpen sollte täglich verändert werden. Aus dem großen Bereich der unterschiedlichen Reize ist jeweils eine kleine Auswahl zu treffen, statt den Welpen mit einer Fülle in der Gesamtheit zu überfordern. Auch erste Fahrten mit dem Auto sind nun empfehlenswert. Packt man die Mama mit ins Auto und fährt nur ein, zwei Minuten zu einer großen Wiese oder einem geeigneten Waldstück, so machen die Kleinen wieder eine positive Erfahrung mit dem bislang unbekannten Stahlross, das sich ruckelnd und lärmend bewegt. So können kleinere Ausflüge an interessante Plätze in der Natur wie z. B. an einen flachen Bach, an einen See, zu einer Waldlichtung oder auch zu anderen Tieren in den Tagesablauf eingebaut werden. Die ersten Autofahrten bedeuten dann nicht eine Konfrontation mit Tierarzt oder die Entführung von Zuhause, wenn die neuen Besitzer den kleinen Racker abholen. Natürlich müssen die Welpen im Auto sicher und ohne Verletzungsrisiko transportiert werden und wieder gilt auch hierbei: es darf auch jetzt keine Reizüberflutung stattfinden!

› *Erste Autofahrten in Gemeinschaft sollten bereits im Züchterhaushalt stattfinden.*

Eine Gewöhnung an Halsband und Leine sollte ebenfalls bereits beim Züchter stattfinden. Dies gelingt einfach, indem man den Welpen vor der Futtergabe das Halsband (oder alternativ das Geschirr) anlegt, diese dann damit Fressen können und das zu Beginn noch unangenehme Utensil nach dem Fressen wieder abgenommen wird. Nach den ersten Gewöhnungstagen kann dann dazu übergegangen werden, die Ausgehgarnitur auch länger angezogen zu lassen, wobei die Welpen dann aber unter Beobachtung sein sollten, damit sie bei Interaktionen nicht in Halsband oder Geschirr des Gegenübers hängen bleiben. Zur Nachahmung einer »echten« Leine kann zwischenzeitlich ein kürzeres Leinenstück ohne Handschlaufe angelegt werden, welches die Welpen hinter sich herziehen und sich so daran gewöhnen, dass etwas am Halsband oder Geschirr hängt, was einen kleinen Druck ausübt (auch dies bitte nur unter Beobachtung, um Verletzungsrisiken auszuschließen!). Auch lässt sich ein Welpe gut an der Leine zur Futterschüssel hinführen, wobei er wieder positive Verknüpfungen herstellen kann.

Die Milchschneide- (Incisivi) und Vormahlzähne (Prämolaren) brechen jetzt durch, was zu körperlichem Unbehagen führen kann. Dies Unwohlsein wiederholt sich eventuell zum Zeitpunkt des eigentlichen Zahnwechsels noch einmal.

Auch fällt in diese Zeit die erste Impfung des Welpen und das eventuelle Chippen. (siehe auch Seite 139) Derartige Erlebnisse und Einwirkungen auf den jungen Organismus setzen das Immunsystem kurzzeitig herab, was bedacht werden sollte! Nach diesen Maßnahmen ist mindestens ein Tag Ruhe sinnvoll, bevor es z. B. zur abschließenden Wurfabnahme durch einen Zuchtwart, zu dem in manchen Vereinen üblichen Welpentest oder ähnlichem kommt. Grundsätzlich sollte vor (!)

einer Impfung auch immer noch einmal entwurmt werden und nicht, wie häufig selbst von Tierärzten empfohlen, nach der Impfung!

Bei der Hundekinderschar ist zu beobachten, dass beuteorientierte Spiele zunehmen. Auch mit dem Menschen lieben sie es, um den Stoffteddy zu kämpfen oder am Spieltau zu zerren. Etwas Vorsicht ist aber geboten: zu wilde und anhaltende Zerr- und Ziehspiele bergen das Risiko für ein deformiertes Gebiss und eine nicht korrekte Zahnstellung. Vor allem kleinere Kinder sind dabei gegebenenfalls etwas zu heftig und zu ruppig und müssen von den Eltern angeleitet werden, und was man besser mit dem Fellkumpel spielt. Nur am Rande sei bemerkt, da es gerade thematisch passt, dass Welpen sehr wohl auch mal als Sieger aus einem Zerrspiel hervorgehen dürfen, sollen und müssen. Das schadet weder der Beziehung zum Menschen noch vermittelt es dem kleinen Helden einen Rangstatus, der ihm nicht würde zuerkannt werden dürfen, wie häufig behauptet wird. Auch Sie als Eltern verlieren bestimmt hin und wieder im »Mensch ärgere Dich nicht« gegen Ihren Nachwuchs, ohne dass dieser deswegen Ihre Autorität als Mutter oder Vater anzweifelt. Tut er dieses, bestehen andere und grundsätzlichere Probleme, nebenbei bemerkt! Und würden nur Sie bei jeglichen Spielen gewinnen, hätte Ihr menschlicher Nachwuchs wenig Spaß und Motivation, überhaupt noch mit Ihnen das Spielbrett auf den Tisch zu legen. Warum auch, ist doch langweilig!

Insgesamt ist die Zeit günstig für die Grundsteinlegung einer spielerischen Grunderziehung. Dabei lassen sich einerseits Dinge, die der Kleine eh gerade tut (Sitzen, Liegen, Kommen), einfach benennen und bestätigen. Anderseits kann man den Welpen mittels Futter in bestimmte Positionen locken, die dann benannt werden, aber auch Duldungsübungen und soziale Kontakte aller Art können initiiert werden. Auch erste Korrekturen beim Überschreiten von Grenzen sind ihm bereits von der Mama her nicht unbekannt und dürfen bis müssen durch den Menschen – angepasst an Welpenstatus und Situation – erfolgen.

› *Grenzüberschreitungen werden von der Mama nicht toleriert und entsprechend korrigierend beantwortet.*

## *– die 8. Lebenswoche*

Noch immer – und durchaus noch länger – befinden sich die Hundekinder in einer sehr sensiblen Phase, die für die weitere Entwicklung des jungen Hundes eine so ausschlaggebende Zeit darstellt. Die in dieser Phase kennengelernten und erlebten Reize und Konfrontationen, die erlernten Sequenzen und durchlebten Situationen und Stressfaktoren, haben eine ausgeprägte Konstanz für das gesamte spätere Leben. Die gemachten Erfahrungen sind kaum auslöschbar, es besteht eine sogenannte »geringe Gefahr der Extinktion«, auch wenn Überprüfungen und Bestätigungen in der Pubertät erfolgen müssen.

### Ontogenie junger Caniden am Beispiel Haushund

*(Zusammenstellung TÄin Lisa Heinemann)*

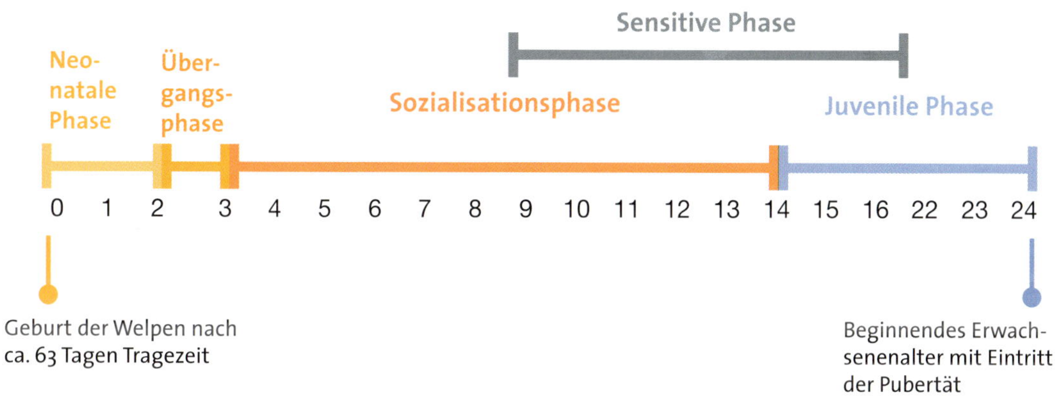


**Neonatale Phase:**
voller Geruchssinn nach 8-13 Tage
Augen öffnen nach 13 Tagen,
**Wölfe** 2 Tage eher,
**Rothunde** 1 Tag später

**Übergangsphase:**
erste Steh- und Gehversuche
Aktivitäten jetzt auch am Höhleneingang
rudimentäre Hörfähigkeit
erste Milchzähne nach 15 Tagen,
**Wölfe**: Entwöhnung langsamer

**Sozialisationsphase:**
Explorationsverhalten nach 4 Wochen
**Wölfe**: schon nach 2 Wochen Beginn des Explorationsverhaltens und damit der Sozialisationsphase.
Verlassen der Höhle bei **Rothunden** nach 5,5 Wochen
**Wölfe**: kürzere kritische Periode, neigen eher zur Bindung an andere Caniden statt an Menschen, typisches Rollenverhalten schon im Spiel, Aufbau enger emotionaler Bindung zu Individuen und Orten
Volle Sehkapazität mit 8 Wochen

**Juvenile Phase:**
Vermeidung fremder Reize und damit Beginn juveniler Phase nach 12–14 Wochen Durchstoß bleibender Zähne mit 16 Wochen Phase endet mit Eintritt Geschlechtsreife,
**Wölfe**: erst nach ca. 22 Monaten(!),
**Rothunde** nach 12 Monaten
**Wölfe**: Beginn der eigenständigen Jagd und Bildung von »Rendezvousplätzen«

## WAS IST EIN »OPTIMALER« ZEITPUNKT FÜR DIE WELPENABGABE?

Durch eine Verwechslung der beiden Prozesse, nämlich der Prägung und des Bindungsaufbaus, entstand die heute immer noch häufig vertretene Meinung, Hundewelpen müssten möglichst schon vor der achten, spätestens aber in der achten bis neunten Woche in die neue Familie überführt werden, um eine richtige Gewöhnung an die dort lebenden Menschen und ein später stressfreies Zusammenleben zu ermöglichen. Genau hier aber hakt es. Prägungen können und sollten vom Züchter und seinem sozialen Umfeld vorgenommen werden, der Bindungsaufbau zum späteren Familienmenschen ist in der zwölften bis vierzehnten Woche vorzubereiten und kann dann ab der vierzehnten Woche richtig los gehen. Selbst in neueren, vor allem für den Trainersektor geschriebenen Lehrbüchern (z. B. Appleby 2014) wird immer noch behauptet, dass es keinen Vorteil hätte, Welpen länger als bis zur siebten Woche bei der Mutter zu lassen und dass die Trennung in der siebten Woche eigentlich optimal wäre. Hier wird eben nicht berücksichtigt, welche wichtigen sozialen Entwicklungen in den folgenden Wochen noch stattfinden. Zusammenstellungen, wie sie beispielsweise von Miklosi (2007), Serpell und Jagoe (1995) erstellt wurden, zeigen eindeutig den Vorteil eines längeren Zusammenlebens mit Mutter, Wurfgeschwistern und, wenn eben möglich, auch Babysittern. Beobachtungslernen, bei dem gerade die Handlungen der Mutter, bisweilen aber auch die der Wurfgeschwister sehr schnell und nahezu ohne jeden eigenen Lernaufwand übernommen werden, finden gerade in diesem Zeitpunkt besonders erleichtert statt. Hundewelpen, die ihrer Mutter im Zeitraum zwischen achter und zwölfter Woche bei irgendeiner Arbeit zusehen konnten, entwickelten später sehr viel leichter und besser die Fähigkeit, dieselbe Tätigkeit auszuüben. Hundewelpen, die Geschwister beobachten konnten, beispielsweise beim Hinterherziehen eines kleinen Wägelchens, übernahmen dieses Verhalten praktisch ohne jede Bestätigung seitens des Menschen.

Neben diesen, auf Beobachtungslernen von verschiedensten Fähigkeiten beruhenden Angaben, gibt es die bereits referierten Daten über die Wichtigkeit sozialer Kontakte, vor allem des sozialen Spielens im Zeitraum des dritten Lebensmonats, und über die Wichtigkeit der Anwesenheit von Babysittern, also kompetenten älteren Hunden, ebenfalls im gleichen Zeitraum. Nur dann entwickelt sich der Persönlichkeitsfaktor Geselligkeit mit Hunden ausreichend.

Letztlich sind die bereits mehrfach angeführten Befunde nochmals zu nennen, wonach Verhaltensstörungen verschiedenster Art, beispielsweise Bewegungsstereotypien, mit einer sehr viel höheren Wahrscheinlichkeit auftreten, wenn die Welpen früher von der Mutter getrennt werden. Miklosi (2007) stellt ausdrücklich fest, dass die Sozialisation in diesem Zeitraum eben nicht auf einen bestimmten Menschen, sondern generalisierbar stattfände. Miklosi schreibt dann (Seite 214) abschließend: »Rein aus dem Standpunkt der Adoption gesehen, gibt es keinerlei Notwendigkeit, die Trennung des Welpen von seiner Geburtsfamilie zu beschleunigen,

› *Der Umgang mit souveränen Althunden fördert den Geselligkeitsfaktor des Welpen.*

ganz besonders dann nicht, wenn die neuen Besitzer kein sozial angereichertes Umfeld zuhause bieten können.«. Er fährt fort, dass eben gerade in der älteren Literatur zwischen der Attraktivität des Menschen, die von allen freundlichen Artgenossen gleichermaßen ausgestrahlt wird, und der Bindung an einen bestimmten Menschen, dem mit allen Pflichten des Bindungspartners versehenen Einzelindividuum, unzureichend unterschieden wird. Vor dem Ende der vierzehnten Woche ist dieses spezielle, auf EIN Individuum gerichtetes Bindungsbestreben offensichtlich ohnehin nicht vorhanden.

Zusammenfassend und eingedenk all dieser Befunde sind eben alle bekannten Wissenschaftler, sei es James Serpell, Adam Miklosi oder John Bradshaw der Meinung, dass die derzeit üblichen Praktiken der Abgabe von Hundewelpen überdacht werden sollten. Die bisherigen Vorstellungen, dass eine korrekte Sozialisierung eines Welpen und Junghundes mit der neuen Familie eine Abgabe im Alter von acht bis neun oder vielleicht sogar schon unter acht Wochen erfordern würden, beruhen auf Fehlinterpretationen früherer Daten. Negative Effekte auf das Wohlbefinden und die zukünftige Verhaltensentwicklung des Welpen können nicht ausgeschlossen werden, positive Effekte sind kaum nachweisbar. Die Entstehung sogar von Verhaltensproblemen im erwachsenen Zustand, von gesundheitlichen Schwierigkeiten und eventuell sogar eine verkürzte Lebenserwartung, könnten aus dieser Praxis resultieren. Es sollte daher wichtiger sein, die Sozialisierung der Welpen in ihrer primären Umgebung, also in der Familie und im Umfeld des Züchters zu optimieren und stattdessen das von der Entwicklungsbiologie gefundene Zeitfenster bis zum Ende der zehnten bis zwölften Woche dort verbringen zu lassen. Nur in Fällen einer übermäßig aggressiven oder anderweitig konfliktgeladenen Atmosphäre innerhalb eines Welpenwurfs sollte über eine frühere Abgabe nachgedacht werden. Befürchtungen, dass daraus eine mangelnde Gewöhnung oder geringere Bindungsbereitschaft zur neuen Familie resultieren könnten, sind offensichtlich vor dem Beginn der dreizehnten Woche bezüglich Trennungsstress, in Bezug auf Bindungen und Ortsvertrautheit sogar der sechzehnten Woche völlig unbegründet. Gerade der neuerdings vorgeschlagene Zeitraum der siebten Woche für die Welpenabgabe fällt voll in die oben geschilderte Phase der besonders hohen Stressanfälligkeit – und sollte ganz schnell wieder vergessen werden.

Auf der Basis dieser allgemeinen Bemerkungen sind dann allerdings rassetypische Besonderheiten zu berücksichtigen. Und so ist es vielleicht gar nicht so dumm, sich einfach die Praxis der beiden südlichen deutschsprachigen Nachbarländer zu eigen zu machen, wo eben kleine Hunde erst ab der zehnten, große ab der zwölften Woche abgegeben werden sollten. Auch dies ist nochmals eine Verallgemeinerung, denn nicht alle kleinen Hunde sind Schnellentwickler, nicht alle großen Hunde sind Spätentwickler. Aber es ist sicherlich eine bessere Richtschnur, als die derzeitige Acht-Wochen-Orientierung, die bei uns pauschal von der Tierschutzhundehaltungsverordnung erlaubt ist, oder gar die noch früheren Abgabebestrebungen, wie sie derzeit von einigen Seiten gefordert und propagiert werden.

Zwar könnte möglicherweise eine frühere Abgabe der Welpen die Welpen stärker auf den Menschen fixieren. Jedoch vermutet Miklosi, dass dadurch beispielsweise auch eine verstärkte Anfälligkeit für Trennungsängste grundsätzlich und für spätere, dann meistens sehr massive Probleme mit dem Alleinsein verknüpft werden. Die Attraktivität des Menschen muss dieser sich eben als Beziehungspartner ehrlich verdienen, und sollte sie nicht durch eine zu frühe Abnahme von der Hundemutter und den Wurfgeschwistern in unbiologischer Weise erzwingen. Nur wer als Beziehungspartner vertrauenerweckend, zuverlässig, in vieler Hinsicht attraktiv und immer dann, wenn man ihn braucht, verfügbar ist, verdient auch die Anhänglichkeit und die spätere Bindung eines Hundes. Und wer diese Eigenschaften aufweist, der wird es auch noch schaffen, einen zwölf bis dreizehn Wochen alten Welpen so bei sich einziehen zu lassen, dass er später auch mit sechzehn Wochen beginnt, diesen Menschen als wirklich emotional positiv bewerteten Bindungspartner zu sehen.

› *Welpen sollten nicht zu früh ins neue Zuhause weggegeben werden.*

## WOHLORGANISIERTER UMZUG STATT ENTFÜHRUNG UND VERSCHLEPPUNG

Der Übergang vom Züchterhaushalt zum späteren Welpenhalter sollte möglichst graduell geschehen. Im Idealfall ist es möglich, dass die Welpenkäufer bereits mehrmals vorher beim Züchter sind und sich mit den Welpen beschäftigen. Der Übergang sollte dann auch geruchlich und in anderer Weise sanft vorbereitet werden, indem beispielsweise die neuen Halter einige Kleidungsstücke, Decken und andere, mit dem Geruch ihrer Wohnung und ihrer Familie versehene Gegenstände beim Züchter zurücklassen, damit der Welpe diese bereits immer wieder als Reizquellen wahrnehmen kann. Umgekehrt sollte dann beim Übergang in den neuen Haushalt auch eine Reihe von Gegenständen, Geruchsträgern, möglicherweise sogar auch von akustischen Reizgebern mitgenommen werden. Wenn eine Melodie oder sonst eine Abfolge von erkennbaren Tönen im Welpenzimmer oder im Welpengarten des Züchters immer wieder zu hören ist, erleichtert es dem Welpen den Übergang, wenn die gleiche Spieluhr dann auch bei ihm im neuen Zuhause hängt. Wenn Gegenstände, die nach der vertrauten Umgebung des Züchterhaushalts riechen oder die er dort regelmäßig gesehen hat und auch seine Lieblingsspielzeuge mit umziehen, wird eine Brücke geschlagen, mit deren Hilfe er dann auch stressarmer in der neuen Umgebung ankommen kann. Diese Praxis, die sogar im Wildtiermanagement für die Wiederauswilderung von gehegegezogenen Tieren in Naturschutzprojekten empfohlen wird, kann beliebig ausgebaut werden, der Fantasie von Züchter und Welpenkäufer sind hier keine Grenzen gesetzt.

Und noch eine praktische Nutzanwendung der genannten Untersuchungen ist erkennbar: Wer möchte, dass sein Hund später mit Katzen, den Kaninchen der Kinder oder anderen Tierarten ebenso freundlich umgeht wie mit Artgenossen und den Menschen, der

› *In der sensiblen Phase sollten auch andere Lebewesen zum sozialen Umfeld gehören.*

sollte in der sensiblen Phase dafür sorgen, dass auch eine hundefreundliche Katze oder eben auch Kaninchen, Meerschweinchen etc. zum sozialen Umfeld gehören. John Bradshaw meint, dass Hunde in der Lage wären, mehrere soziale Milieus simultan, aber getrennt voneinander zu konstruieren. Hunde sind dazu geboren, mehrere Identitäten zu entwickeln, aber Details und der Zusammenhang, in denen sie konstruiert werden, sind abhängig von der Entwicklung in der sensiblen Phase. Hunde müssen also über andere Arten lernen, einschließlich des Menschen. Aber sie müssen eben auch lernen, Hunde zu sein, sonst können Sie mit Ihrem Hund nur noch auf einer einsamen Karibikinsel leben, wo keine anderen Lebewesen außer Ihnen vorkommen.

## DER 3. LEBENSMONAT

Im 3. Lebensmonat erfolgt eine totale Veränderung der bisherigen Welpenwelt. Der Kleine zieht aus dem ihm vertrauten Züchterhaushalt aus und übersiedelt in das neue Zuhause. Hier ist alles fremd und unbekannt, die Tagesabläufe und das dortige Alltagsgeschehen sind absolutes Neuland.

In den ersten Tagen nach Übernahme des Welpen sollte man ihm Zeit geben, sein neues Zuhause zu erkunden. Dafür braucht er eine gewisse Ruhe für sich selbst, aber auch eine Portion Gelassenheit der neuen Besitzer. Am ersten und zweiten Tag nach der Übernahme sollten Nachbarn und nicht im Haushalt mit lebende Verwandte noch auf den Begrüßungsbesuch verzichten, damit nicht gleich eine komplette Lawine Begeisterung und neue Eindrücke über den Kleinen rollt. Die Anleitung, wie es in diesem Haushalt läuft oder eben nicht, mit der damit verbundenen Grenzsetzung, sollte aber vom ersten Augenblick an erfolgen.

Eine konsequente Weiterführung der beim Züchter gelegten Basis, wie zum Beispiel der Pfiff in Verbindung mit Fressen, gleiche Verhaltensregeln wie spielerisch eingeübtes `Sitz´ oder `Platz´ vor der Futterschüssel, Belohnung und Bestätigung für ein Reagieren auf Zurufen des Namens oder das freudige Herankommen, stärken die Beziehung zum neuen Besitzer und festigen die bereits erlernten Dinge.

Viel Lob und Bestätigung für erwünschte Verhaltensweisen, das Ignorieren leichterer unerwünschter Verhaltensweisen, aber auch klare Negierung massiven unerwünschten Verhaltens, sind von den neuen zweibeinigen Hundeeltern zu leisten. Bedenken Sie, auch die Rolle der Hundemutter veränderte sich in den letzten Wochen: Aus einer duldsamen, fürsorgenden Pflegerin ist eine strenge, konsequente »Gouvernante« geworden! Viel Nähe und Körperkontakt zum Menschen sind weiterhin nötig, um Selbstsicherheit, Souveränität und Routine zu entwickeln.

› *Beim neuen Besitzer sollte eine konsequente Weiterführung der beim Züchter gelegten Erziehungsbasis erfolgen.*

## FORDERN UND FÖRDERN – ABER IMMER IN MAẞEN

Wie wichtig der Einfluss frühwelplicher Fördermaßnahmen ist, zeigen eine Reihe von Studien über den Zusammenhang zwischen dem späteren Verhalten eines Hundes und seiner Herkunft, beispielsweise aus Zoogeschäften, Einkaufszentren oder anderen dubiosen Quellen im Vergleich zu solchen Hunden, die in einer seriösen Zuchtstätte aufgezogen wurden. Und die Seriösität und Qualifikation einer Zuchtstätte wird nicht zwangsläufig durch das Siegel eines bestimmten Vereins/Verbands dokumentiert und garantiert, sondern steht und fällt mit der Kompetenz und dem Engagement des jeweiligen Züchters. Serpell und Jagoe (1995) zeigten, dass Aggression gegen die Halter (dort noch als Dominanzaggression bezeichnet) und soziale Furchtentstehung sehr viel häufiger als erwartet bei Hunden aus Zoofachgeschäften stammten, Kotfressen war wesentlich häufiger als erwartet bei Hunden, die auf der Straße aufgelesen oder aus ähnlichen Situationen gerettet wurden. In Bezug auf die Aggression aufgrund mangelnder Impulskontrolle waren die wichtigsten Unterschiede tatsächlich zwischen Hunden, die ohne Halter aufgefunden/gerettet wurden (dort war diese Aggressionsproblematik jeweils besonders hoch), wenig zeigte sich dieses Verhalten bei Hunden, die von Freunden oder Verwandten, aus Tierheimen oder aus Züchterfamilien stammten. Bei sozialer Furcht war der Kontrast besonders groß zwischen Hunden aus Zoogeschäften und Tierheimen einerseits und Hunden, die von Freunden oder Verwandten gezüchtet worden waren, andererseits. Auch Bennett und Rohlf (2000) befragten Hundehalter von insgesamt 413 Hunden und berichteten, dass Hunde aus Zoofachgeschäften wesentlich häufiger als aggressiv oder unfreundlich eingestuft wurden als Hunde, die aus privaten Zuchtstätten kamen.

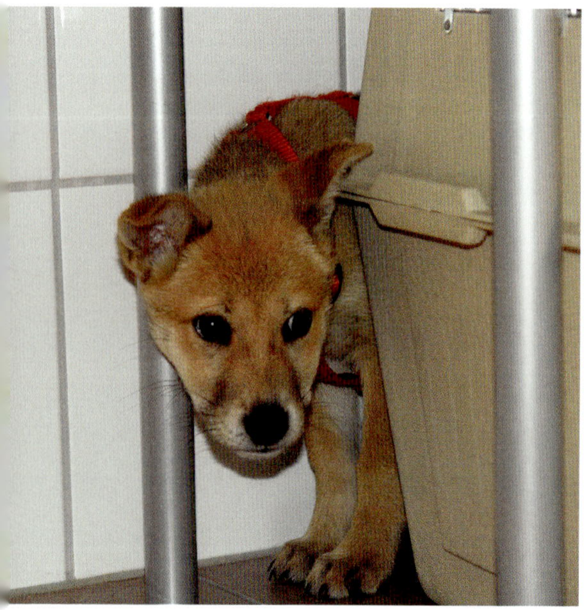

› *Welpen aus dem Zoofachgeschäft werden deutlich häufiger zu unfreundlichen bis aggressiven Hunden.*

Die ausführlichste Untersuchung zu diesem Thema stammt aus der Arbeitsgruppe von James Serpell (McMillan et al., 2013) und zeigt, dass die Hunde aus den sogenannten Welpenfabriken (sogenannte »puppy mills«, bei uns würde man von Wühltischwelpen sprechen) in einer ganzen Reihe von Erscheinungen wesentlich höher eingestuft wurden. Auffallend waren beispielsweise die höheren Werte für Erregbarkeit, aufmerksamkeitsheischendes Verhalten, Aggression gegen Hunde oder gegen fremde Menschen, Berührungsempfindlichkeit, Trennungsprobleme, unerwünschtes Urinieren Zuhause, Kot absetzen oder Urin absetzen in Trennungssituationen oder auch Fluchtversuche aus dem häuslichen Umfeld.

Bemerkenswert war, dass gerade beim Faktor Trainierbarkeit Hunde aus den Zoogeschäften und den Welpenfabriken ebenfalls sehr schlecht abschnitten. Wurde aber mit ihnen sinnvoll gearbeitet, wurden sie in Training oder Hundeschule gefordert und gefördert, dann verbesserte sich diese Eigenschaft bei ihnen sehr viel stärker als bei Welpen aus anderen, weniger dubiosen Quellen. Hunde, die aus dem Zoogeschäft stammten, hatten nur dann einen statistisch nachweisbar schlechteren Wert als die Hunde von Hundezüchtern, wenn sie nicht in irgendeiner Arbeitsrolle regelmäßig beschäftigt wurden. Auch nicht soziale Ängste und Furchtentstehung, Furcht vor Hunden oder Aggression gegen den eigenen Halter war bei Hunden aus dem Zoofachgeschäft statistisch nachweisbar wesentlich höher.

Die Autor/inn/en betonen in der Arbeit, dass bisher nicht für alle diese Merkmale die genaue Ursache bekannt wäre. Insbesondere, da in einer zweiten Untersuchung der gleichen Arbeitsgruppe auch gezeigt werden konnte, dass Hunde beiderlei Geschlechts, die eine längere »Karriere« als Zuchtrüden oder Zuchthündinnen in solchen Welpenfabriken verbrachten, auch in nahezu allen Persönlichkeitswerten schlechter abschnitten als Hunde, die ohne dieses Zwischenstadium in der Welpenfabrik im gleichen Alter getestet wurden. Ein Einfluss der Eltern, vorwiegend wahrscheinlich der Mutter, im Hinblick auf das, was wir über Epigenetik gelernt haben, aber eventuell auch des Vaters, kann also nicht ausgeschlossen werden. Aber letztlich ist es für die Beurteilung der Prognose eines solchen Welpen auch nicht so bedeutungsvoll. Die daraus eindeutig abzuleitende Handlungsanweisung muss eben lauten, dass aus solchen Quellen keine Welpen erworben werden dürfen. Und Mitleidskäufe sind hier völlig fehl am Platz, da sie nur dem betreffenden Produzenten Mut machen, sein frevelhaftes Tun auch mit zukünftigen Würfen fortzusetzen.

› *Kein Welpe darf aus Mitleid gekauft werden.*

Frühe Förderung der Sinneswahrnehmungen und des Problemlöseverhaltens, ebenso wie der sozialen Tendenzen eines Hundes, sind also angesagt.

Die Gradwanderung zwischen Unterforderung, richtigen Ausmaßes an Problemstellung und Überforderung, ist zweifellos sehr schwierig. Sie kann auch kaum vom grünen Tisch aus für alle Hunde, noch nicht einmal für alle Angehörigen eines Wurfes, getätigt werden. Der beste Ratschlag ist zweifellos der, den Hund jeweils selbst entscheiden zu lassen. Wenn einem Welpen ein Reiz präsentiert wird, soll er selbst die Möglichkeit haben, sich diesen in seiner eigenen Geschwindigkeit, auf eigenen Wegen und auch in selbst gewählter Zeit, Dauer und Intensität zu Gemüte zu führen. Welpen sollten also die Möglichkeit haben, selbst den Reiz zu entdecken, zu erkunden und sich auch wieder von ihm zurückzubewegen. Gegebenenfalls sieht man dann auch das Hin- und Herpendeln zwischen dem Sicherheit gebenden »sicheren Hafen« der Mutter oder der Wurfgeschwister beziehungsweise der Wurfhöhle und dem neugier-, aber gleichzeitig auch furchterregenden neuen Gegenstand. Wenn der Welpe diese Abwechslung zwischen Annäherung und Zurückflüchten in die sichere Umgebung, erneute Annäherung und notfalls erneutes Zurückflüchten mehrfach hin und her zeigen kann, stabilisieren sich dadurch auch die für die Problemlösung notwendigen Verknüpfungen im Gehirn besonders gut, da ein milder, in selbst gewählter Intensität ausgeübter Stress, den man hinterher durch eigenes Problemlösen beseitigen kann, eben zu einer besonderen Stabilisierung des aktiven Stresssystems führt. Darüber haben wir bereits berichtet.

Damit Welpen mit allen Sinnen diese Möglichkeit haben, sollten auch Geräuschquellen und Duftquellen gut lokalisierbar und nicht durch Raumbeschallung oder duftlampenartige Raumbenebelung stattfinden. Stattdessen sollte ein lokalisierbarer Gegenstand oder kleiner Lautsprecher in Reichweite der Welpen stehen, der die Geräusche für sie deutlich erkennbar produziert. Auch Geruchsproben sollten, gegebenenfalls eben in kleinen Drahtboxen, unerreichbar für die Welpen und damit nicht fressbar hingelegt werden. Nur dann besteht auch hier die Möglichkeit, dass die Hundlein sich entlang des Duftkonzentrationsgefälles beziehungsweise entlang des Lautstärkegefälles in selbst gewählten Wegen und Geschwindigkeiten auf diese Quelle zubewegen. Zudem schulen sie damit auch noch die Fähigkeit, solche Reize auch räumlich zu erkennen und räumlich zuzuordnen.

Um die geistigen Fähigkeiten der Hunde besonders herauszufordern, sind in den letzten Jahren eine Reihe von bemerkenswerten Studien veröffentlicht worden. Pluijmarkers et al. zeigten beispielsweise 2010 einen sehr

› *Alle Reizquellen müssen für einen Welpen zu orten sein und er muss selber entscheiden, ob er sich nähert oder entfernt.*

bemerkenswerten Zusammenhang zwischen der Projektion von Videobildern bei Welpen im Alter zwischen drei und fünf Wochen und ihrem späteren Verhalten in neuartigen, potentiell furchterregenden Situationen. Welpen, die im Alter von drei bis fünf Wochen Videofilme (abwechselnd von unbelebten Objekten, Menschen und Hunden) gesehen hatten, waren in diesem Zeitraum deutlich weniger an fremden Objekten interessiert als Welpen ohne eine solche Stimulation. Bei der erneuten Testung im Alter von sieben bis neun Wochen, also nach mehrwöchiger Pause zwischen der letzten Projektion und dem Test, war das Ergebnis jedoch ganz anders. Welpen, die das Videoprogramm nicht gesehen hatten, waren dann wesentlich furchtsamer als diejenigen, die das Videoprogramm gesehen haben. Die Letztgenannten reagierten wesentlich gelassener und zeigten sich auch an neuen und unbekannten Objekten wesentlich interessierter. Das Bewegungsmuster unterschied sich bereits in der Geschwindigkeit und der Gangart. Während sich die Welpen mit vorheriger Videoerfahrung normalerweise im Schritt bewegten, rannten die Welpen ohne Videobeeinflussung regelrecht davon oder kauerten sich eben ganz eng zusammen, wenn sie ein unbekanntes Objekt vorgesetzt bekamen. Welpen mit dieser Videoprogrammerfahrung sind also zumindest drei Wochen nach dem letzten Videofilm immer noch wesentlich besser in der Lage, mit unbekannten Reizen oder auch unbekannten Umgebungen klarzukommen.

Welche konkreten Fördermaßnahmen für die kognitiven Leistungen von Welpen bereits bei Züchtern und bei Welpenhaltern dann weiter nutzbar sind, zeigt ein Artikel mit einer Zusammenstellung verschiedener Tests von Tiffany Howell und Pauline Bennett (2011). Sie verwendeten eine ganze Reihe von veröffentlichten Studien über soziale Intelligenz von Hunden und schlagen unter anderen folgende Maßnahmen vor:

- Eine Reihe von Aufgaben, die bei Hunden auch im Welpenalter bereits begonnen werden können, beziehen sich auf die Förderung von Augenkontakt. Da nachgewiesenermaßen das Verfolgen von Blickrichtungen, ebenso wie das Verfolgen von Fingerzeig oder anderen Hinweisbewegungen, spätestens im Alter von acht Wochen beginnt, kann man beispielsweise einen begehrten Gegenstand (Futter, begehrtes Spielzeug oder ähnliches) unter einem von mehreren umgedrehten Bechern verstecken und dann dem Hund mit Blickkontakt, Fingerzeig, ausgestrecktem Fuß oder anderen Hinweisen signalisieren, unter welchem der Becher sich dieser Gegenstand befindet. Hunde müssen auf diese Aufgabe nicht trainiert werden, ihre Bewältigung ist Teil ihres bereits in der Domestikationsgeschichte erworbenen Kommunikationsrepertoires.

- Eine unlösbare Aufgabe zu stellen und dann zu warten, bis der Hund, sei es durch Blickkontakt, aufforderndes Bellen oder andere Verhaltensweisen, die Hilfe des Menschen anfordert, ist ebenfalls ein gebräuchlicher Test in der Bindungs- und Kognitionsforschung für Hunde. Man kann beispielsweise eine Puzzleaufgabe stellen, die dann plötzlich, sobald der Welpe sie verstanden hat, durch einen Riegel blockiert wird. Nach einiger Zeit wird der Welpe versuchen den Menschen zur Hilfestellung zu animieren. Ebenso kann es möglich werden, eine Belohnung in einer Box, einer Schublade oder ähnlichem zu verstecken, die der Hund dann eben durch die Blockierung mit einem Riegel nicht mehr öffnen kann. In ähnliche Richtung geht auch die Förderung des Zeige- und Anzeigeverhaltens seitens des Hundes. Hierzu braucht man zwei Menschen. Einer,

› *Auch Althunde verleiten Welpen zum Nachahmen, initiieren mit ihrem Tun eventuell auch gleichzeitig eine Erziehungseinheit. Hier will Klein-Unge(s)tüm unbedingt Tantes Stöckchen und verkündet seine Interessen lautstark. (Oben) Tante zeigt sich wenig beeindruckt und signalisiert: »Lass mich in Ruhe und vergiss es!« Klein-Unge(s)tüm antwortet mit einer strategischen Spielgeste: »Ok, ok, ist ja schon gut!« (Mitte) Und sucht sich lieber ein eigenes Stöckchen! (Unten)*

der in deutlich sichtbarer und für den Hund erkennbarer Weise einen begehrten Gegenstand (Leckerli, Spielzeug oder ähnliches) versteckt und den zweiten, die Hauptbezugsperson des Welpen, der sich dann erst in den Raum begeben sollte, wenn das Verstecken bereits erfolgt ist. Hunde sind dann sehr geschickt darin, ihren Menschen durch Blicke, Bellen oder andere Signalisierungen dorthin zu lenken, wo das versteckte Ding sich befindet. Auch soziales Lernen von Umwegen ist bereits im Welpenalter möglich. Der Mensch oder auch ein hundlicher Demonstrator, kann beispielsweise um einen Zaun gehen, hinter dem sich ein Leckerli oder die Futterschüssel befindet. Sobald der Welpe gesehen hat, wie man um diesen Zaun herum geht, wird er die Aufgabe nachahmen. Dazu bedarf es normalerweise keinerlei Trainings, das geht von alleine.

› Die Betätigung von Apparaten und Gerätschaften kann auf diese Weise vorgeführt werden. Besonders gut sind Treteimer geeignet, allerdings müssen die so schwer sein, dass durch das Betätigen des Pedals auch in etwas ungestümerer Weise nicht der ganze Eimer umfällt. Meist kann schon durch einmaliges (oder nur wenige Male) Vormachen dieser Tätigkeit der Welpe animiert werden, es zu kopieren.

Die genannten Aufgaben haben bereits eine ganze Reihe von positiven Auswirkungen auf das Zusammenleben von Mensch und Welpe. Zum einen werden die kognitiven Fähigkeiten des Welpen sehr schnell und sehr deutlich gefördert, andererseits aber ist durch das soziale Lösen von Problemen und die gemeinsame Erarbeitung solcher Aufgaben auch nachweislich eine Veränderung des Oxytocinspiegels und damit sowohl eine stressdämpfende als auch eine sozial beziehungsfördernde Wirkung nachweisbar.

Das typgerechte Fordern und Fördern muss auch auf die bereits erkennbaren, beginnenden Persönlichkeitsunterschiede abgestimmt werden. Ein Hund, der sich als Außenseiter, als instabiler B-Typ-Hund möglichst immer von seinen Artgenossen fernhalten möchte, sollte gezielt durch lösbare Aufgaben bestärkt und bestätigt werden. Ein überschäumender, allzu hemdsärmeliger A-Typ dagegen, muss auch mal gedämpft und auf den Pfad der Tugend zurückgeholt werden. Gerade die Hunde des geselligen Mittelfeldes, die sich besonders gern und heftig im spielerischen Balgen und Toben miteinander messen, müssen auch zwischendurch immer mal wieder durch eingeforderte und eingehaltene Ruhepausen die Möglichkeit zur Erholung haben und gleichzeitig dadurch die Fähigkeit zur späteren Affektkontrolle, zur Ausbildung der bereits geschilderten hemmenden Fasern aus der Großhirnrinde in die tiefer gelegenen Antriebssysteme, entwickeln können.

Und ebenso wichtig ist es, dass der Hund dann, wenn er das Bedürfnis dazu hat, auch Kontakt mit seinem Menschen aufnehmen darf. Gerade in jungen Altersstufen sind die Bindungen ohnehin noch vom unsicheren Typ. Wenn der Mensch in dieser Zeit seine Aufgaben als Bindungspartner nicht für den Hund klar erkennbar wahrnimmt, wird dieser unsichere Bindungstyp beibehalten. Dann hat man später den Hund mit Trennungsproblemen oder ähnlichen Schwierigkeiten. Wer dagegen in feinfühliger, mitfühlender, aber auch souveräner Art mit dem Bedarf seines Hundes an Sozialkontakt wie auch an Erkundungs- und außengerichteten Neugierverhaltensweisen umgeht, legt die Grundlagen für eine spätere stabile und damit auch gesicherte Bindung. Im Gegensatz zu vielen, als Trainerweisheit immer wieder verbreiteten Empfehlungen, ist es also wichtig, dass der Hund auch merkt, dass er sich mit seinen Sorgen und Nöten an den Menschen wenden kann. Wenn auch heute noch behauptet wird, dass man dadurch möglicherweise die Ängste des Hunde bestätigen und ankonditionieren könnte, zeugt dies von einer bemerkenswerten Unkenntnis der zugrunde liegenden physiologischen Prozesse.

› *Welpen brauchen Anleitung, Korrektur und Schutz, je nach Situation.*

## WELPE, JUNGHUND UND SPIEL

Die Aufgabe des Spiels ist die Vorbereitung auf unerwartete Situationen. Immer wieder wird das »Was wäre wenn?« durchprobiert und nuanciert. Ziel von Spielhandlungen ist es nicht, eine bestimmte Rangposition zu erreichen oder andere, ernsthafte Zwecke zu verfolgen. Spiel ist eine andere Art von Realität, neben Traum und Wirklichkeit wahrscheinlich die dritte, die ein Tier erleben kann. Auch im Spiel mit dem Menschen gelten die gleichen Kriterien. Wer befürchtet, dass sein Hund nur deshalb »dominant« wird, weil man ihn beim Spielen auch mal gewinnen lässt, müsste sinngemäß dann auch sofort ohne nachzusehen einen sündhaft teuren Sportwagen bestellen, wenn er nachts geträumt hat, dass er im Lotto gewinnt. Kein ernst zu nehmender seriöser Mensch wird dies tun, und in ähnlicher Weise wissen auch Hunde eben ganz genau, dass Spiel nichts mit der Wirklichkeit zu tun hat. Genau dafür sorgen die Spielsignale, die die beiden Formen der Realität eben auseinander halten.

Und noch ein weiteres Vorurteil gilt es ganz kräftig zu kritisieren: Es geht um die angebliche Überforderung des Bewegungsapparats durch besonders heftiges Toben und die Überwindung von Hindernissen.

> *Wer befürchtet, dass sein Hund nur deshalb »dominant« wird, weil man ihn beim Spielen mal gewinnen lässt, der hat Wesentliches nicht verstanden*

### INTERVIEW

***Herr Prof. Dr. Fischer, man hört immer wieder, dass Gelenke und Muskeln von Welpen noch nicht fertig entwickelt wären. Was ist aus bewegungsmorphologischer Sicht dazu zu sagen, welche Folgerungen können wir den Welpenhaltern mitgeben und wie steht es speziell mit dem Treppensteigen vor dem 9. Lebensmonat?***

*Prof. Dr. Fischer:* Es gibt – wie fast immer in der Hundelei – eine Vielzahl von Meinungen, teilweise, weil wir noch nicht genügend wissen, teilweise aber auch, weil vorhandenes Wissen nicht zur Kenntnis genommen wird. Tatsächlich gibt es keine einzige Studie, welche einen Zusammenhang von zu frühem oder zu spätem Treppensteigen und Gelenkerkrankungen belegt. Eine solche Studie wäre auch sehr schwierig durchzuführen, denn wie könnte man sicher sein, dass bei Jahren später auftretenden Gelenkproblemen genau das Treppensteigen ursächlich gewesen ist.

Allerdings sollte man zur Kenntnis nehmen, dass Hunde anders Treppen steigen als Menschen. Richards und Koautoren aus Wien haben 2010 einen interessanten Aufsatz veröffentlicht, der einmal mehr zeigt, wie gefährlich es ist, von sich (Mensch) auf andere (hier Hund) zu schließen. Während beim Menschen der Hauptbewegungsumfang beim Treppensteigen im Knie- und Hüftgelenk auftritt, löst der Hund dieses Problem durch eine erhöhte Bewegung (vor allem Dorsalflexion) im Sprunggelenk.

Schon seit 50 Jahren wissen wir dank der Doktorarbeit von Gisela Weise, die sie bei Prof. Herre in Kiel anfertigte, auch, dass das Wachstumsende nicht nur rassespezifisch ist, sondern selbst bei Wurfgeschwistern dramatisch variiert. Zwei Wurfgeschwister lagen zwei Monate (!) auseinander. Die Unterschiede in einem Wurf können also größer sein als die zwischen Rassen. Diese individuellen Unterschiede konnten wir übrigens auch bei unserer Fortbewegungsstudie an über 300 Hunden sehen.

Über die Muskelreifung wissen wir, dass bei neugeborenen Welpen 90–95 Prozent der Muskelfasern noch undifferenziert sind. Die wenigen, schon differenzierten Fasern sind sehr große, oxidative Fasern, die später wieder verschwinden. Nach einem Monat treten die üblichen oxidativen und glykolytischen Fasern auf. Bis zur zwölften Woche ist dann das Verteilungsmuster des erwachsenen Hundes vorhanden. Die Entwicklungszeit der Muskelfasern ist in den verschiedenen Muskeln nahezu gleich. Es stimmt also nicht, dass Welpen viele »weiße« Fasern und adulte Hunde viele »rote« Fasern besitzen sollen und dass die Muskelreifung bis zu einem Jahr dauere.

Jeder Hundebesitzer kann also selbst entscheiden, ob er seinen Welpen trägt oder nicht, er muss nur nicht glauben, er wisse warum und sollte andere nicht mit Halbwissen belehren.

***Herr Prof. Dr. Fischer, was ist nach den neuen Erkenntnissen der beste Weg zur Gesunderhaltung der Gelenke beim Hund?***

*Prof. Dr. Fischer:* Wir wissen, dass der Gelenkknorpel nur unter Belastung ernährt wird. Gelenkknorpel wird nicht durch Blutzufuhr versorgt, sondern nur aus der ständigen Aufnahme von Nährstoffen aus der Gelenkschmiere (Synovia). Also muss das Gelenk in vielfältigerweise belastet und vor allen Dingen beim gesunden Hund nicht geschont werden. Um die Gelenkoberfläche möglichst umfänglich zu belasten, sollten Hunde nicht nur die immer gleichen Bewegungen an der Leine oder am Fahrrad ausführen, sondern sie sollten beim zwingend gebotenen Freilauf Kurven laufen, bremsen, starten usw., alles so, wie es ihnen gefällt. Tatsächlich ist der Bewegungsumfang bei der normalen (zyklischen) Fortbewegung in den meisten Gelenken relativ gering, erst bei »ungewöhnlichen« Bewegungen oder auch beispielsweise idiomotorischen Bewegungen (z. B. Hinterm-Ohr-Kratzen, Strecken, Wälzen, Spielen) werden bestimmte Gelenkflächen belastet.

In der Fortbewegung sind sich die verschiedenen Hunderassen überraschend ähnlich, wie unsere Jenaer Studie zeigte. Auf die Gelenkbelastung haben selbstverständlich die sehr unterschiedlichen Gewichte der Hunde einen hohen Einfluss, ebenso wie ihre Beweglichkeit. Am schlimmsten ist jedoch Übergewicht – das zumindest sollte man seinem Hund nicht antun.

Neben diesen, auf die Funktionsfähigkeit des Bewegungsapparates ausgerichteten Wirkungen, ist jedoch noch eine zweite Wirkung sehr wichtig: die Entwicklung des räumlichen Sehvermögens wird nur dann vollständig und fehlerfrei erfolgen, wenn die Welpen im Zeitraum ca. zwischen dem dritten und dem neunten Monat (auch hier etwas wechselnd je nach Rasse) die Möglichkeit hatten, die dritte Dimension durch eigenes, aktives Handeln zu erkunden. Hunde müssen in dieser Zeit auf Hindernisse klettern, von Hindernissen herunterspringen, unter Hindernissen durchkriechen und über sie hinweggaloppieren können. Zweifellos ist es nicht sinnvoll, mit dem Hund dreimal täglich aus dem fünfzehnten Stockwerk ohne Aufzug die Pinkelrunde zu beginnen und zu beenden. Aber bei entsprechender Größe auch zwischendurch selbständig ins Auto einzusteigen und aus dem Auto auszusteigen, auf die Hundehütte oder auch auf einen Stuhl zu springen und hinterher wieder hinunter zu hopsen oder bei kleineren Rassen vergleichbar Höhenunterschiede zu erleben und zu bewältigen, ist dringend erforderlich. Hunde, denen diese Erfahrungen der dritten Dimension fehlen, entwickeln einen Schaltfehler in ihrem optischen Teil des Gehirns. Sie können später Treppenstufen nicht mehr erkennen und haben dann lebenslange Probleme mit diesen, beim Ein- und Aussteigen aus dem Auto oder beim Überwinden selbst kleinerer Hindernisse. Dies gilt auch und gerade für Angehörige großer Rassen, gerade bei diesen wird ja oft die genannte Warnung ausgesprochen. Es geht vielmehr um die Dosis, um das wann, wie und wie oft.

Ungeachtet dessen ist selbstverständlich, dass bei beginnender Ermüdung des Hundes das heftige Toben unterbrochen werden sollte. Verletzungen entstehen in der Regel dann, wenn die Welpen oder Junghunde durch beginnende Müdigkeit nicht mehr zu einer vollständigen Bewegungskoordination befähigt sind. Und solche Verletzungen sind dann oftmals im Moment gar nicht als Problem erkennbar, können jedoch Monate oder Jahre später zu Gelenkveränderungen und damit zu späteren Gelenkproblemen führen. Daher ist auch hier das kundige Auge des Trainers und Halters notwendig.

› *Zeigt der Welpe Anzeichen der Erschöpfung, so muss er getragen oder in einem Wägelchen gefahren werden, wenn es noch weiter gehen soll.*

Nachfolgend zusammengefasst einige wichtige Merkmale des Spielverhaltens:

- Ein sehr gut erkennbares Kriterium für Spielverhalten ist der Rollenwechsel. Wenn in einem Jagdspiel immer abwechselnd einer den Hasen und einer den Verfolger gibt und dann die Rollen immer wieder hin und her wechseln, kennzeichnet dies deutlich ein Spiel. Jedoch wollen nicht alle Hunde diesen Rollenwechsel, manche sind lieber Hase als Jäger. Dann ist das zweifellos anhand weiterer Kriterien, auf die zu achten sind, trotzdem noch als Spiel erkennbar. Auch bei Balgereien ist der Rollenwechsel mehr zwischen einander sehr vertrauten, weniger zwischen einander unvertrauten Hunden zu beobachten.

- Selbsthandicap ist ein weiteres und deutlich erkennbares Spielmerkmal. Wenn der größere, stärkere oder schnellere Kumpel seine Geschwindigkeit absichtlich verlangsamt, um die anderen aufholen zu lassen, wenn dieser genannte größere oder stärkere sich auf den Boden wirft und sich aus der Liegeposition heraus das Spiel beginnt oder fortsetzt, wenn er sich klein macht oder andere, deutlich seinen Vorteil reduzierende Bewegungen einnimmt, ist ebenfalls erkennbar, dass es sich um Spiel handelt.

- Spiel muss für alle Beteiligten freiwillig sein, sobald einer von beiden den Spaß verliert, sollte er aufhören können, sonst wird es für ihn kein Spiel mehr sein. Wir bekommen immer wieder Hunde vorgestellt, die in späteren Altersabschnitten erhebliche Probleme im Umgang mit Artgenossen entwickelt haben, nur weil sie in der Spielstunde aus solchen Situationen nicht gerettet wurden.

- Spielsignale sind beispielsweise überschießende, temperamentvoll luxurierende Bewegungen, ein Spielgesicht, die Spielverbeugung, auch als Vorderkörpertiefstellung bezeichnet, oder auch spielerisches Knurren und spielerisches Bellen. Auch diese Signale sollten regelmäßig auftreten, vor allem dann, wenn das Spiel mal etwas heftiger wird.

› *Selbsthandicap und Vorderkörpertiefstellung sind deutliche Spielsignale.*

- Im Spiel werden eine Reihe von Verhaltensweisen unterschiedlichster Bedeutung kombiniert. So können innerhalb von ganz wenigen Sekunden zwischen Raufen und Balgen, Anspringen und Schütteln (Beutefang), sexuellen Akten, sozialer Körperpflege und einem heftigen Rennen Aktionen gewechselt werden, ohne dass ein systematischer Bezug zum vorangehenden Verhalten erkennbar wäre.

- Um Spielverhalten zeigen zu können, bedarf es einer stressfreien, entspannten und lockeren Stimmung. Unter Anspannung, Stress, Angst oder Druck kann sich kein echtes Spiel entwickeln.

## SINNVOLL UND EMPFEHLENSWERT ODER RISKANT UND ÜBERFLÜSSIG: WELPENPRÄGUNGSSPIELGRUPPE

Nachdem vor einigen Jahren der grundsätzliche Besuch von Welpengruppen massiv angepriesen wurde, kamen im weiteren Verlauf immer häufiger Skepsis und Kritik an derartigen Gruppen auf, was den Welpenbesitzer verständlicherweise verunsichert. Zur Förderung der sozialen Kompetenzen eines Welpen gehört aber in jedem Falle auch der regelmäßige Kontakt mit gleich oder ähnlich alten Artgenossen. Da die meisten Welpenhalter ja nur einen Welpen zuhause haben, bedeutet dies zwangsläufig auch, sich nach einer guten Welpenstunde in der Umgebung umzusehen. Früher gab es solche Gruppen zumeist nur innerhalb von Hundevereinen, die sich mit einer bestimmten Hunderasse oder mit einem bestimmten Hundetyp beschäftigen. So gab es z. B. Schäferhundvereine, die mit Schäferhunden trainierten, Pinscher und Schnauzerklubs, bei welchen nur diese Hundetypen anzutreffen waren, Retrieververeine für Retriever, Boxerklubs für Boxer und so weiter. Die Anleitung der Hunde erfolgte nach dem, was diese Hunde an »Talenten« mitbrachten bzw. was man bei diesen Hunden sehen wollte. Mit dem Aufkommen von Hundeschulen wurden die Gruppen gemischt. Schon in Welpengruppen trafen die unterschiedlichsten Hundetypen aufeinander und ermöglichten den Kleinen das Kennenlernen von Artgenossen als Artgenossen, auch wenn diese anders aussahen, sich teilweise anders verhielten, größer oder kleiner waren. Das scheint zuerst einmal für die soziale Entwicklung des Hundekindes von Vorteil, da es somit eine breite Palette an Artgenossen kennenlernen kann. Doch verbirgt sich hier auch ein Risiko, wenn argumentiert wird »Welpe ist Welpe« und alles unkontrolliert aufeinander stößt. Sehr sensible Kleinhunde können z. B. kaum ein Spielverhalten entwickeln, wenn sie von großwüchsigen »Dampfwalzen« permanent überrannt und in den Boden gestampft werden. Sie verfallen dann schnell in Meideverhalten und bedienen sich abwehrender Aversivsignale bis hin zur sehr frühen Entwicklung von Aggression (dann im Selbstschutzbereich angesiedelt). Welpen, die permanent nur die Erfahrung machen, dass man sich Artgenossen vom Hals halten muss und dies über Attacken, Vermeidung und Flucht erreicht, haben kaum eine Chance, gesundes Sozialverhalten zu erlernen und zu etablieren!

› *Gemeinsames Spiel von großwüchsigen und sensiblen kleinformatigen Welpen ist oft nicht möglich. Kleinterrier sind aber hart im Nehmen – und Austeilen.*

Dennoch bieten Welpengruppen viele Chancen, wenn – und das ist das wichtige Kriterium! – sie gut und kompetent geleitet werden und nicht zur Kaffeeklatschveranstaltung für die Hundebesitzer verkommen, während derer sich die »lieben Kleinen« unbeobachtet und ungehindert zu Dutzenden quer über den Hundeplatz prügeln und vermeintlich »schön spielen«! In der Welpengruppe sollte viel Raum für innerartliches (echtes!) Spiel gelassen werden, dies ist wichtig für die Verfestigung kommunikativer Verhaltensweisen und sozialer Interaktionsregeln. Doch auch sinnvoll strukturierte Spielsequenzen zwischen Hund und Mensch sind gleichermaßen von Nutzen. Eine behutsame und spielerische Heranführung an verschiedenste Umweltreize, langsam gesteigerte Ablenkungen und erste Erziehungsspiele bieten viele Chancen der Frühförderung und des gemeinsamen Erlebens. Und last, but not least, sollte die Welpengruppenleitung auch so viel theoretisches Basiswissen vermitteln können, dass die Hundebesitzer ihren Kleinen besser zu verstehen lernen, hundliches Verhalten korrekt erkennen und identifizieren können und darüber in die Lage versetzt werden, je nach Situation angepasst zu agieren oder zu reagieren. Das bedingt, dass an den Leiter derartiger Gruppen hohe Qualifikationsansprüche gestellt werden müssen und es nicht ausreicht, dass jemand selber gerade einen Welpen hat und deshalb gut die Welpengruppe übernehmen kann und dafür zu sorgen hat, dass diese eine Stunde in der Woche »gut beschäftigt« sind!

Wie »gut geführt« von »schlecht bis risikobehaftet gehandhabt« in Bezug auf Welpengruppen vom Hundebesitzer unterschieden werden kann, ist nicht so leicht mit wenigen Worten zu beschreiben. Gute Welpenstunden sind durch eine Reihe von Qualitätskriterien erkennbar, auf die man vielleicht sogar schon vor dem Erwerb des eigenen Welpen bei einer ersten Schnupperstunde achten sollte. Ein wichtiger Faktor ist die Zahl der dort vorhandenen Welpen. Hunde sind, übrigens ähnlich wie Menschen, nicht in der Lage, mehr als ca. sieben Lebewesen gleichzeitig im Blick zu behalten. Eine Welpenstunde sollte also möglichst nicht mehr als sechs oder allerhöchstens sieben Welpen umfassen.

Die Anzahl der teilnehmenden Welpen muss auch für den Trainer überschaubar und zu handhaben sein. Dabei muss sich der Trainer aber auch hüten, aus Übervorsicht oder Unsicherheit zu früh oder zu unangemessen in Interaktionen einzugreifen und alles maßregeln und unterbinden zu wollen. Kompliziert scheint für Unerfahrene die Handlungsweise im Zusammenhang mit echten Balgereien und Tobespielen. Wie bereits ausgeführt, müssen solche Balgereien auch in höherer Intensität möglich sein, nur wenn man sich in höherer Intensität balgt, kann man auch mal über die Stränge schlagen und muss dann lernen, sich durch ein neues Spielsignal zu entschuldigen. Ebenso wurde ja bereits gezeigt, dass die Ausbildung der dopaminabhängigen Hirnregionen, speziell im Großhirn, eben nur durch dieses Raufen, Balgen und Toben gefördert wird. Der kompetente Gruppenleiter muss also jeweils situativ richtig entscheiden, ob es sich in diesem Fall zwischen diesen Beiden noch um tolerierbares Spiel, auch von etwas heftigerer Art, handelt oder ob es für einen der beiden schon zu viel wird. Dann muss eingegriffen werden.

Von ganz besonderer Wichtigkeit ist, dass die Welpenstunde nicht nach dem Motto abläuft: »Die müssen das unter sich ausmachen!« Vor Trainern mit einer »Laisser-faire-Haltung« sei gewarnt. Es darf nicht erlaubt werden, dass ein Hund permanent den Pseudohasen abgeben muss und für Jagdspiele, für Tauziehen mit seinem Schwanz oder als »Quietschie« missbraucht wird. In diesen Fällen muss sofort eingegriffen werden.

Auch eine Altersbegrenzung ist im Prinzip sinnvoll. Grundsätzlich sollten wirklich nur Welpen miteinander Kontakt haben. Nor-

malerweise gehen Hunde ca. mit achtzehn bis zwanzig Wochen aus der Welpen- in die Junghundestunde über, jedoch ist dies kein absoluter Fixwert. Ein unsicherer, zwar schon älterer, aber eben noch nicht im Kontakt mit Artgenossen erfahrener Hund, mag auch mit sechs Monaten noch in der Welpenstunde gut aufgehoben, ein frühreifer Kleinterrier möglicherweise schon mit vierzehn Wochen bei den pubertierenden Rottweilern unterzubringen sein. Es zeigt die Kompetenz des jeweiligen Trainers, diese Unterscheidung zu treffen. Jedoch sollte der betreffende Trainer auch in der Lage sein zu erklären, warum ein Hund mit derartig außergewöhnlichem Alter in der Welpenstunde oder in der Junghundstunde anwesend ist. Ansonsten haben pubertierende Jungspunde von 6–12 Monaten (oder älter) nichts in Welpengruppen zu suchen. Eine Ausnahme wäre nur die Anwesenheit eines gut sozialisierten, welpengewohnten und welpenfreundlichen Althundes.

In einer gut geführten Welpenstunde sind alle, auch die Hundehalter, ständig in Bewegung. Wenn der Welpe bereit ist, sich eine neue Situation (sozialer Artgenosse oder Gegenstand) selbst anzuschauen, sollte er nach vorne gehen können und der Halter folgt ihm nach. Wenn der Welpe sich dann gruselt, sollte der Mensch die Führung übernehmen und zeigen, dass die Situation harmlos ist.

Die Dauer von Welpenstunden sollte ebenfalls sorgfältig geprüft werden, eine Dauer von mehr als 30 bis 40 Minuten ist zumindest für junge Welpen zweifellos schon zu viel.

Letztlich, das wurde bereits im Kapitel über die Entwicklungsstufen der Welpen belegt, ist es für Welpen normalerweise nicht biologisch zu erwarten, dass sie bereits im Alter von unter vierzehn Wochen ständig an neue Orte geführt und mit neuen Situationen konfrontiert werden. Die Welpenstunde sollte also bis zu diesem Alter noch das Rendezvoussystem simulieren, das heißt, dass eben die Reize auf dem Gelände der Hundeschule in wohldosierten Mengen präsentiert werden. Besuche im Straßencafe, des Bahnhofs oder anderer Plätze, die Hunde kennenlernen sollten, können gern im zweiten Teil ab der vierzehnten Woche auf dem Programm stehen.

› *Besuche im Straßencafé, des Bahnhofs oder anderer Plätze, die Hunde kennenlernen sollten, können ab ca. der vierzehnten Woche auf dem Programm stehen.*

Leider wissen wir nicht, wie viel Stunden Spielverhalten oder Welpenkontakt ein Junghund pro Woche benötigt. Aus Untersuchungen an verschiedensten anderen Säugetierarten (Ratten, Meerschweinchen, verschiedene Affenarten) geht jedoch hervor, dass einmal wöchentlich eine Stunde sicherlich nicht ausreichen dürfte. Der Schwellenwert bei den genannten Tierarten lag jeweils bei ca. drei Mal pro Woche für 20 bis 30 Minuten. An diesem Wert sollten wir uns vielleicht orientieren, bis eine (dringend wünschenswert!) systematische Studie an Hundewelpen hier genauere Zahlen liefert.

Besuchen Sie ruhig verschiedene Anbieter und machen Sie sich ein eigenes Bild vom Ablauf der jeweiligen Welpengruppe! Da, wo Sie und Ihr Hund sich wohlfühlen, wo Sie nützliche Tipps und Ihre Fragen sachkundig und fundiert beantwortet bekommen, da sind Sie gut aufgehoben. Fragen Sie ruhig nach Qualifikationen, Erfahrungen und fachlicher Kompetenz des Gruppenleiters. Bedenken Sie, Hundetrainer ist kein geschützter Beruf, letztlich darf sich jeder so nennen.

KAPITEL SIEBEN

# 7 Wenn die Halter »komisch« werden

- Aufgaben der Pubertät
- Physiologische Vorgänge in der Pubertät
- Die Dauer der Pubertät
- Spiel als wichtiges Lerninstrument
- Markierverhalten
- Was kann schiefgehen?
- Skalpell statt Appell

Eine gängige Definition beim Menschen lautet, dass die Pubertät dann beginnt, wenn die Eltern anfangen zu spinnen. Dies zielt auf die in diesem wichtigen lebensgeschichtlichen Abschnitt sehr häufigen Konflikte zwischen Eltern und heranwachsenden Jugendlichen ab. Und wer einmal einen heranwachsenden Jungspund in einer Hundegruppe beobachtet hat und beispielsweise die Gesichtsausdrücke seiner bereits erwachsenen vierbeinigen Artgenossen regelmäßig studiert, der stellt zweifellos fest, dass die gleichen Probleme auch unter Vierbeinern auftreten werden. Insbesondere, wenn der Jungspund ein A-Typ ist, wird er in dieser Zeit sehr oft Anstoß erregen. Der A-Typ, ethologisch als subdominant bezeichnet, hinterfragt eben generell sehr oft. Und das wird in der Pubertät noch bis zum nervtötenden Ausmaß gesteigert.

## AUFGABEN DER PUBERTÄT

Welche biologischen Aufgaben die Pubertät eigentlich hat, lässt sich nur durch einen Blick sowohl auf die Verhaltensökologie als auch auf die Gehirnentwicklung belegen. Ökologisch ist die Aufgabe des Pubertätsabschnittes diejenige, dass ein nun mehr herangewachsenes Tier seinen Platz in der Sozietät der jeweiligen Spezies finden muss. Ob man dann abwandert und in der Ferne versucht, eine eigene Gruppe zu gründen bzw. sich einer anderen Gruppe anschließt, oder ob man zu Hause bleibt und sich in das Sozialsystem der elterlichen Gemeinschaft einsortiert, in jedem Falle muss man alte Beziehungen lösen, neue knüpfen bzw. Beziehungsqualitäten erheblich verändern. Der Züricher Psychologe Norbert Bischof hat ein Modell zum Thema »Ablösung von der Familie« vorgestellt. Dieses Züricher Modell (Bischof, 1985, siehe auch Gansloßer, 1998) zeigt eine mit dem Alter zunehmende Aktivierung des Erregungssystems und eine Abnahme des Sicherheitsbedürfnisses. Dies führt relativ oft zu einer sogenannten Überdruss-Reaktion, das heißt, dass einem das allzu heimelige häusliche Umfeld zu viel wird und man gerne etwas mehr Neuheit und etwas mehr Aufregung bekäme. Andererseits kann aber durchaus auch das Bindungssystem aktiviert werden, das dann wiederum den Anschluss an die elterliche Gruppe bzw. deren Einzelindividuen verstärkt.

Ökologisch macht das durchaus auch Sinn, dadurch wird einerseits eine Kolonisierung neuer Lebensräume ermöglicht, die Inzuchtgefahr wird verringert und letzten Endes konkurrieren dann die herangewachsenen Jungerwachsenen auch nicht mehr mit den Eltern und ihren jüngeren Geschwistern um lebenswichtige Ressourcen. Auf der Ebene der Verhaltenssteuerung sind Bindungen und Beziehungen wichtig. Marc Bekoff konnte schon

1977 an Hundeartigen verschiedener Arten einen Zusammenhang zwischen Grad und Häufigkeit des Spiel- bzw. Rangordnungsverhaltens der Wurfgeschwister und dem späteren Abwandern finden. Andere Arbeiten an verschiedenen anderen Säugetierarten sprechen ebenfalls für diese Überlegung. Abwanderer werden oft frühzeitig von den Wurf- oder Gruppenmitgliedern gemieden bzw. treten vorwiegend dann auf, wenn wegen eines Wechsels in der Gruppenführung keine vorherigen ausgiebigen Kontakte mit dem derzeitigen Regierungschef bestehen können. Ähnliche Ergebnisse erhielt ein amerikanischer Forscher (Peter Waser), als er Kängururatten nach der Entwöhnung durch einen Zaun einige Wochen in bzw. außerhalb des mütterlichen Bauareals hielt. Nach Wegnahme des Zaunes blieben Erstere, Letztere wanderten ab.

Bei dem Züricher Modell dagegen wird die Abwanderung nicht durch zu wenig, sondern durch zu viel Vertrautheit mit den Gruppen- und Familienmitgliedern ermöglicht. Im Laufe der Ontogenese steigt eben der Autonomieanspruch und das Sicherheitsbedürfnis sinkt. Auch zu dieser Überlegung gibt es durchaus Belege aus verschiedenen Säugetierfamilien.

Gerade bei Hundeartigen ist dieses Zusammenspiel von besonderer Wichtigkeit. Einerseits besteht durchaus die Möglichkeit, den von Bischof angesprochenen Bindungsauf- bzw. Bindungsumbau zu erzielen und einen Heranwachsenden dann auf Dauer in den elterlichen Sozialverband zu integrieren. Im Gegensatz zu Wölfen und anderen nicht domestizierten Kaniden ist die Tendenz zur vollständigen Abwanderung bei Haushunden ohnehin geringer, wie Freilandstudien an verwilderten Haushunden (z.B. Bloch, 2007, Pal et al., 1998, zusammengefasst bei Bradshaw, 2012) zeigen. Andererseits besteht sogar bei

› *Intensive und positive Kontakte schaffen Beziehung zueinander.*

wild lebenden Kaniden eine Tendenz zur sogenannten erweiterten Elternfamilie, bei der die Jungtiere noch über die eigene Geschlechtsreife hinaus bei den Eltern verbleiben. Studien an Schakalen, Kojoten und anderen mittelgroßen Hundeartigen haben gezeigt, dass gerade die intensiven positiven Sozialkontakte zwischen Eltern und den Heranwachsenden es sind, die diese Beziehungsverlängerung aufrechterhalten.

Die genannten Veränderungen in der Beziehungsbildung und Beziehungsqualität sind jedoch nicht die einzigen biologischen Veränderungen, die ein Tier in der Pubertät erlebt. Gleichzeitig werden erhebliche Umbaumaßnahmen im Gehirn vorgenommen. Diese Umbaumaßnahmen sind notwendig, um ein voll funktionsfähiges und effektiv arbeitendes Erwachsenengehirn zu erzielen. Sie müssen jedoch bei laufendem Betrieb stattfinden, was bisweilen die Kommunikation und den Umgang mit einem pubertierenden Heranwachsenden sehr mühsam machen kann. Dass die Aufmerksamkeitsspanne bei Hunden in dieser Zeit ebenso wie bei menschlichen Jugendlichen sehr stark eingeschränkt ist, zeigen beispielsweise neue Untersuchungen aus der Wiener Kognitionsarbeitsgruppe

(Wallis at al., 2014). Die Aufmerksamkeit von Hunden gegenüber Menschen und die Lernfähigkeit wurden in verschiedenen Altersgruppen getestet. Einerseits ging es darum, einen an der Decke hängenden bewegten Gegenstand zu fixieren und mit den Blicken zu verfolgen, andererseits einen Menschen mit Blicken zu verfolgen, der eine Wand mit einer Malerrolle anstrich. Zusätzlich wurde die bekannte »Klick-for-Blick«-Clickerübung einstudiert, das heißt, der Hund wurde jedes Mal belohnt, wenn er seinem Menschen einen Blickkontakt schenkte. Aufmerksamkeitsspanne, Lerngeschwindigkeit und andere Werte der Lerngeschwindigkeit wurden hier verglichen. Bemerkenswert ist, dass die Ergebnisse sehr stark denen des Menschen ähneln. Es gibt zunächst eine Phase von verringerter Aufmerksamkeit und verzögerter Lerngeschwindigkeit zu Beginn der Pubertät. Der Gipfel der Leistungsbereitschaft liegt im mittleren Lebensalter. Die Hunde wurden mit Hilfe der Umrechnungstabelle von Patronek at al., (1997) in menschliche Lebensaltersstufen umgerechnet. Die leistungsfähigsten Hunde waren diejenigen, die sich in der auf Menschen umgerechneten Altersklasse von 28 bis 38 Jahren befanden. Gerade die Pubertierenden (umgerechnet 16 bis 23 Menschenjahre) profitierten aber besonders stark von dem Clickertraining. In diesem Alter ist es offensichtlich auch beim Hund möglich, durch gute Trainingsmethoden sehr starke Verbesserungen der Aufmerksamkeitsspanne und der daraus resultierenden Lernfähigkeit zu erzielen.

Die Pubertät ist also der letzte Abschnitt in der Sozialisation eines Lebewesens. Während in den früheren Abschnitten zunächst das Einstudieren der arttypischen Bewegungsabläufe und deren situationsgerechte Anwendung trainiert und eingeübt werden, kommt es nun darauf an, sich tatsächlich in die jeweils gerade herrschenden sozialen Regeln, sozialen Gegebenheiten und Beziehungslandschaften einzupassen. Ist dies geschehen (entweder durch Veränderung und neue Verknüpfung der Beziehungen und Bindungen in der eigenen Familie oder durch Abwandern und Etablieren in einer anderen), kann das eigentliche Erwachsenenleben beginnen.

Dass dies nicht immer der Endpunkt der Individualentwicklung in Bezug auf soziales Verhalten sein muss, zeigen Beobachtungen an Kojoten, Wölfen und anderen langlebigen Wildkaniden. Oftmals versuchen diese zunächst, sich in der Ferne durch eigene Familiengründung zu etablieren. Geht dies aus irgendwelchen Gründen schief, kehren sie mit fünf oder sechs Jahren in den elterlichen Verband zurück und werden dann wieder Babysitter. Sillero-Zubiri (2008) hat hierzu einige Beispiele geliefert.

Eines aber zeigt bereits dieser kurze Überblick, vor allem auch mit Blick auf die wild lebenden Verwandten: Es ist absolut unsinnig und kontraproduktiv, gerade einen pubertierenden Jungspund durch lang anhaltendes Ignorieren zurechtweisen zu wollen. Die Freilandstudien zeigen nämlich, dass genau dies der Einstieg ins Abwandern ist. Eltern, die ihre heranwachsenden Jungtiere längere Zeit ignorieren, kein soziales Spiel, keine sozialen Kontakte und auch wenig Futterversorgung für sie bereitstellen, legen ihnen gewissermaßen die Kündigung nahe. Solange ein Interesse an dem Verbleib des betreffenden Jungspundes in der Gruppe besteht, wird positiv und mit Spiel und anderen Verhaltensbereichen interagiert. Aggression tritt übrigens zwischen den Eltern und den Heranwachsenden auch kaum auf. Wenn es in solchen Familien zu Aggression kommt, dann normalerweise zwischen den gleichaltrigen oder den verschiedenen Altersklassen der Babysitter.

## PHYSIOLOGISCHE VORGÄNGE IN DER PUBERTÄT

Das Phänomen der Pubertät wurde in den vergangenen Jahren sowohl beim Menschen als auch bei Labortieren ausführlich studiert. Wir können davon ausgehen, dass die zugrunde liegenden neurobiologischen und körperlichen Entwicklungsprozesse bei Säugetieren wohl immer ähnlich ablaufen. Daher können Zusammenfassungen wie beispielsweise von Crone (2009) oder Weichold und Silbereisen (2007) durchaus auch verwendet werden, um die Vorgänge beim Hund besser zu verstehen. Vor allem dann, wenn einerseits die Alltagserfahrung von vielen Trainern, Züchtern und Hundehaltern und andererseits auch wissenschaftliche Studien genau diese Phänomene beim Hund finden und belegen.

Die Pubertätsphase beginnt hormonell zunächst in der Hirnanhangsdrüse. Genetisch ausgelöst wird die Pubertät durch die Aktivierung von mehreren (mindestens zwei), als Pubertätsgene bezeichneten Erbabschnitten. Passenderweise haben diese die Bezeichnungen KISS 1 und 2. KISS 1 und 2 regeln zunächst die Aktivierung des aus der Hirnanhangsdrüse kommenden GnRH, des zentralen Steuerungshormons für die Regelkreise des Sexualverhaltens. Infolgedessen kommt es dann zum Anstieg der Sexualhormone. Der Anstieg der Sexualhormone wiederum startet eine verstärkte Produktion des Wachstumshormons Somatotropins. Somatotropin und das ebenfalls nun besonders aktive Schilddrüsenhormon Thyroxin wiederum sind es dann, die sowohl im Gehirn als auch in der körperlichen Entwicklung die nächsten Schritte auslösen. Die Kombination aus Somatotropin und Thyroxin beispielsweise ist für die Wachstumsbegrenzung, also für das endgültige Verschließen der Wachstumsfugen an den Röhrenknochen, verantwortlich. Dann hat der Hund seine endgültige Körpergröße erreicht. Die früher oftmals genannte Faustregel, dass ein Hund ein Jahr in die Höhe und im zweiten Jahr dann in die Breite wachsen würde, zeigt auch, was dann als nächstes passiert. Der Abschluss des Größenwachstums ist nämlich nicht der Abschluss des Wachstums generell.

In den folgenden Monaten und beim Menschen auch mehreren Jahren verändern sich die Robustheit des Skeletts, der Knochen und des Muskelgewebes und deren Leistungsfähigkeit allgemein steigt an.

Körperlich beobachten wir eine Zunahme der Muskelzellen, speziell beim männlichen Geschlecht, eine Veränderung der Grob- und Feinmotorik setzt ein. Die Wachstumsschübe der verschiedenen Teile des Bewegungsapparats setzen jedoch nicht synchron ein. Allein dadurch und durch die Umbaumaßnahmen im Bereich der neuronalen Steuerung für die Muskelbewegungen, kommt es zu dem schlaksigen bisweilen auch sehr ungelenk wirkenden Gangbild der Pubertierenden. Es ist also keineswegs nur das Bestreben, besonders cool aussehen zu wollen, dass diese etwas merkwürdigen Gangmuster bei unseren menschlichen Jugendlichen und zweifellos auch beim Hund hervorbringt. Auch bei Hunden hat man ja bisweilen den Eindruck, dass pubertierende Schnösel permanent über ihre eigenen Pfoten stolpern würden.

Das Fettgewebe nimmt ab, ebenso wird auch das lymphatische Gewebe, das für die Reifung des Immunsystems notwendig ist, in seiner Masse verringert. Herzgewicht, Blutdruck und Blutzusammensetzung werden verändert und gesteigert, die Lungenkapazität wird erhöht, und alle diese Wirkungen zusammen führen eben auch im körperlichen Bereich später zu einer verbesserten Leistungsfähigkeit. Da auch diese Maßnahmen jedoch bei laufendem Betrieb stattfinden, können wir uns leicht erklären, warum Jugendliche zwischenzeitlich körperlich jetzt mal nicht so leistungsfähig sind. Das liegt eben nicht nur daran, dass sie die ganzen Nächte in der Disco verbringen, sondern auch an den gerade stattfindenden Umbaumaßnahmen im Bereich von Kreislauf, Lunge und Muskelapparat.

Apropos Disco: Es verändert sich ebenfalls der Stoffwechsel des auch als Schlafhormon bezeichneten Melatonins. Dadurch wird der tageszeitliche Gipfel der Melatoninproduktion nach hinten verschoben und das wiederum führt eben beim menschlichen Jugendlichen zu den genannten Phänomenen. Wenn also die Jugendlichen nachts nicht aus der Disco nach Hause kommen und den nächsten Tag bis mittags im Bett verbringen, ist dies auch teilweise eine Folge der geänderten hormonellen Situationen. Nun ist die tagesperiodische Steuerung des Hormon- und Aktivitätssystems beim Hund etwas anders als beim Menschen, trotzdem kann auch hier vermutet werden, dass die veränderten Schlafbedürfnisse eines pubertierenden Hundes auch auf diese hormonellen Veränderungen zurückzuführen sind.

Neben den genannten genetischen Faktoren sind jedoch auch Umweltfaktoren für die Auslösung der Pubertät zuständig. Die Ernährung spielt eine wichtige Rolle. Vor allem beim weiblichen Geschlecht ist belegt, dass das Gewebshormon Leptin, das in reifen und gefüllten Fettzellen produziert wird, in einer Mindestkonzentration nötig ist, bevor die Pubertät startet. Dies ist der Grund, weshalb Mädchen, die in Extremsportarten bereits vor der Pubertät überfordert werden (beispielhaft etwa Turnerinnen oder Eiskunstläuferinnen) oder solche, die bereits vor der Pubertät magersüchtig sind, eben sehr spät oder gar nicht in die Pubertät kommen. Auch beim Hund sind die Zusammenhänge zwischen dem Leptinsystem und anderen körperlichen Regelprozessen nachgewiesen, besonders dürre, unterernährte Hunde werden also sicher auch aus diesen Gründen einen verspäteten Pubertätseintritt haben.

Komplizierter ist der Zusammenhang zwischen den Stresshormonen und der Pubertät. Wenn einerseits nachgewiesen ist, dass ein höherer Spiegel des Stresshormons Cortisol häufig zu einem verzögerten Pubertätseintritt führt (wir wissen ja auch, dass besonders gestresste Hündinnen später läufig werden und gestresste Jungrüden später das Beinchen heben), ist andererseits auch aus der Humanpsychiatrie bekannt, dass beispielsweise Jugendliche, die in aggressions- und gewaltbeladenen oder anderweitigen Problemfamilien aufwachsen, verfrüht in die Pubertät kommen. Dies würde auch verhaltensökologisch erklärbar sein, denn gerade wenn man in solchen ungünstigen Bedingungen lebt, möchte man so schnell wie möglich heraus und seinen eigenen Weg gehen.

Auch der Zusammenhang zwischen den Katecholaminen und der Pubertätsentstehung ist etwas schwierig. Die Monoamine, die Ausgangssubstanzen für die Katecholamine, beeinflussen die Pubertätseinleitung. Eine verlangsamte Katecholaminproduktion führt zu einem verspäteten Einsetzen der Pubertät. Ebenso werden durch verlangsamte Katecholaminproduktionen permanente Veränderungen in der Emotionalität, explorativen Aktivität, des Neugier- und Lernverhaltens sowie in der Gedächtnisbildung und Gedächtniskapazität erzielt. Kommt es zu einem verstärkten Katecholaminausstoß in der Zeit vor der Pubertät, so werden einige Wachstums- und Immunfaktoren erhöht und daraus entsteht wiederum eine veränderte Emotionalität und auch eine erhöhte Infektionsanfälligkeit. Es hat also schon seinen Sinn, wenn man versucht, gerade bei Pubertierenden keine allzu heftigen Stressanforderungen und Stressüberforderungen zu erzielen. Über die noch stärkeren Wirkungen von dauerhaftem Kontrollverlust in der Pubertät wurde bereits berichtet.

Besonders spannend jedoch sind für das Verständnis der Verhaltensauswirkungen ersichtlicherweise die Wirkungen im Gehirn. Hier finden wir besonders viele Wechselwirkungen von Botenstoffen verschiedenster Art, etwa Neurotransmittern wie Serotonin und Dopamin, Hormonen wie Sexualhormone, Prolactin, Wachstumshormon oder Nervenwachstumsfaktor und den als Zytokine bezeichneten Faktoren, die keineswegs nur mit der Reifung des Immunsystems zu tun haben.

Das Frontalhirn, das vor allem für die Verhaltenssteuerung, aber auch für die Kontrolle, für soziale Kompetenz, Konzentrationsfähigkeit und viele andere »erwachsene« Gehirnfunktionen verantwortlich ist, wird in der Pubertät erst so richtig weiterentwickelt. Wir finden dort eine Zunahme der weißen Substanz, also der schnellen Nervenfasern. Vereinfacht gesagt, wird hier sozusagen ein Glasfaserkabelsystem eingezogen und ersetzt die alten Metalldrähte. Dadurch kann es insgesamt zu einer beschleunigten Nervenweiterleitung und damit zu einer beschleunigten Leistung des Gehirns kommen. Zudem werden viele Verknüpfungsstellen zwischen Nervenzellen, als Synapsen bezeichnet, verringert. Dies bedeutet, dass nur noch weniger Verschaltungen im Gehirn bleiben, diese aber eine besondere Leitungsgeschwindigkeit erhalten. Die Zahl der Nervenzellen und auch das Volumen der Nervenzellen steigt an, und dadurch wird insgesamt die Rechnerkapazität erhöht.

Studien zur Stoffwechselaktivität, zum Sauerstoffverbrauch, zum Traubenzuckerverbrauch und anderen Messwerten im Hirnstoffwechsel zeigen zudem, dass während der Pubertät auch die Zuständigkeit einzelner Gehirnareale für bestimmte Aufgaben umverteilt wird. Es kommt zur vermehrten Aufsplitterung der Aufgaben in wenige, kleine, dann aber spezialisierte Gehirnregionen, während vorher eine größere Region für sehr viele Aufgaben gleichzeitig zuständig war. Ersichtlicherweise kann eine kleine Arbeitsgruppe von Nervenzellen sich besser auf eine einzige Aufgabe spezialisieren als eine große Abteilung mit vielen Mitarbeitern und sehr vielen diversen Aufgaben dies kann. Die Steigerung des Hirnstoffwechsels ist also eine weitere Voraussetzung für die Verbesserung der Leistungsfähigkeit.

Ganz besonders wichtig aber ist die Aufgabenverlagerung aus dem emotionalen Zentrum, dem Mandelkern, nach oben in die Regionen der Großhirnrinde. Dies betrifft einerseits die Emotionen, andererseits die Risikobereitschaft und auch einen Faktor, der als Empathie bezeichnet wird. Kinder und kleine Junghunde sind weitgehend »Bauch gesteuert«, sie reagieren emotional, bei ihnen steuert der Mandelkern, ein wichtiger Teil des als Emotionsgehirn bezeichneten Limbischen Systems, ihre unreflektierten und damit auch schnell und intuitiv stattfindenden Verhaltensreaktionen. Wir Erwachsenen sollten stattdessen doch mehr nachdenken, und dies geschieht eben, weil die Großhirnrinde sich einschaltet und mit Hilfe von absteigenden, hemmenden Nervenfasern den Mandelkern etwas im Zaum hält. Neben der verstärkten rationalen und verringerten emotionalen Reaktion betrifft dies aber auch die Fähigkeit, sich in andere hineinzuversetzen. Dass Jugendliche so oft nerven und anderen, scheinbar bewusst im geistigen Vorgärtchen herumtrampeln, liegt auch daran, dass die Empathiefähigkeit des Mandelkerns zurückgeht, die rationale Empathiefähigkeit aber noch nicht entwickelt ist. Man kann eben noch nicht so leicht entscheiden, wie man sich selbst fühlen würde, wenn man in einer bestimmten Situation steckt. Man kann aber auch nicht mehr so leicht intuitiv erkennen, wenn es jemand anderem schlecht geht.

› *Der Weg vom Welpen zum erwachsenen Hund ist mehr oder weniger holprig und für Zwei- und Vierbeiner anstrengend – aber auch schön!*

Gerade die erhöhte Risikobereitschaft, weil der Mandelkern eben keine Angst- oder Furchtreaktionen mehr zeigt, das Großhirn aber noch nicht überschaut, dass es zu gefährlich ist mit Tempo 250 in die Haarnadelkurve zu fahren, ist zwar einerseits für viele Unfälle bei Jugendlichen verantwortlich. Andererseits würde man aber ohne eine solche erhöhte Risikobereitschaft weder abwandern und sein Heil in der möglicherweise gefährlichen Ferne suchen, noch bereit sein, sich auch mit heimischen Gruppenmitgliedern in ernsthaften Auseinandersetzungen anzulegen und damit seinen eigenen Platz im Beziehungsnetz besser zu finden. Die oben genannten Aufgaben der Pubertät sind also durchaus besser erfüllbar, wenn die hier geschilderten neuronalen Prozesse stattfinden.

Auch die Belohnungssysteme im Gehirn verändern sich. Diese, überwiegend vom Dopamin als sogenannter Lerndroge gesteuerten Vorgänge, sitzen zunächst bei Kindern, Junghunden und anderen jungen Lebewesen im Emotionsbereich, vorwiegend wiederum im Mandelkern. Bei Erwachsenen sitzen sie dann auch in der Großhirnrinde, beispielsweise im vorderen Schläfen- und hinterem Stirnlappen. Dies bedeutet wiederum, dass man als Erwachsener eben nicht nur dann eine Aufgabe löst, wenn die besonders viel Spaß macht, sondern dass man auch etwas rationaler sich mit Aufgaben beschäftigen kann, die zunächst mal nur schwierig erscheinen und keinen Spaß und Vergnügungsfaktor bieten. Gerade diese Verlagerung der Belohnungssysteme ist von besonderer Bedeutung,

wenn wir beispielsweise die Entstehung von ADHS-Phänomenen verstehen wollen (siehe auch Kapitel 1).

Noch ein wichtiger Teil des Gehirns wird in seiner Leistungsfähigkeit während der Pubertät verbessert, nämlich die Regionen des Mittelhirns, die gerade bei erfolgreicher Problembewältigung und einer erfolgreichen Aktivierung des aktiven Stresssystems tätig werden. Wenn man sich also durch eine eigene, aktive Problemlösung aus einer schwierigen Situation erfolgreich befreit hat, wird dieser Vorgang nicht nur für die Zukunft als nachahmenswerte Handlungsanweisung sehr schnell gelernt. Er führt auch zu einer Verbesserung der Leistungsfähigkeit genau der Hirnregionen, in denen er stattgefunden hat. Gerade der Pubertierende muss also lernen, durch eigene, aktive und selbst erarbeitete Problemlösungen auch schwierige, potenziell gefährliche oder stressende Situationen ruhig und gelassen anzugehen. Dann wächst auch bezüglich dieses Verhaltensbereichs die Selbstsicherheit und die Gefahr von »hysterischen Ausrastern« aus nichtigen, gefühlten Gefahren und Anlässen wird reduziert.

› *Aktive Problemlösung lässt sich bereits früh erlernen und wird nicht selten von der Mutter herausgefordert. Hier ist das Zebra beim ausgelassenen Spiel in den Busch geflogen. Was nun? Mama zeigt, wo sich der begehrte Plüschkumpel befindet – und lässt die Kleinen ausprobieren, wie sie wieder an ihn herankommen.*

## DIE DAUER DER PUBERTÄT

Wie bereits oben erwähnt, ist die Pubertät für viele Säugetierarten, vor allem für solche mit komplizierten Sozialsystemen (z.B. Elefanten, Menschenaffen, Hundeartige) ein wichtiger abschließender Faktor der Jungtierentwicklung. Diese Entwicklungsphase dauert eben wesentlich länger als die Zeit bis zum Erreichen der vollständigen physiologischen Geschlechtsreife. Konkret müsste man eigentlich für den danach liegenden Zeitraum den Begriff der Adoleszenz benutzen und Pubertät nur auf den Zeitraum bis zum Erreichen eben der vollständigen körperlichen Fortpflanzungsfähigkeit beschränken. Dies wird jedoch weder in der human-, noch in der tierpsychologischen Literatur so getan. Bleiben wir also bei der etwas unkorrekten Bezeichnung Pubertät bis zum Ende des Zeitraums, in dem der Hund eben im Rahmen seiner Rasse vollständig erwachsen ist. Dies ist übrigens keineswegs einfach bei Hunden festzulegen. Als grobe Faustregel benutzen wir normalerweise die Vorgabe, dass eine Hündin mindestens drei Läufigkeiten mit allen danach folgenden Erscheinungen von Scheinschwangerschaft und Scheinmutterschaft durchlaufen muss, und dass ein Rüde mindestens genauso, eventuell durchaus noch einige Monate länger benötigt. Kenner von manchen sich langsam entwickelnden Rassen, etwa den Herdenschutzhunden, Hovawarten u. a. würden allerdings sofort zugeben, dass da gerne noch ein bis zwei Jährchen drauf gelegt werden können. Auch Wölfe sind übrigens erst mit 4 $^1/_2$ bis 5 Jahren vollständig sozial ausgereift, auch wenn sie mit drei Jahren als erwachsen gelten und ca. in diesem Alter auch auf Wanderschaft gehen.

## SPIEL ALS WICHTIGES LERNINSTRUMENT

Die vollständige Einpassung in das Regelwerk der sozialen Beziehungen derjenigen Gruppe, in der man sich für die nächste Zeit aufhalten möchte, ist nur durch intensives soziales Lernen möglich. Spielverhalten ist hier, wie auch Untersuchungen an anderen Tierarten zeigen, von besonderer Bedeutung. Bekannt ist beispielsweise, dass Pferdehengste nur dann wirklich vollständig sozial ausreifen können, wenn sie nach der Entwöhnung noch einige Zeit in einer Junggesellengruppe, die auch erwachsene Hengste enthält, verbringen. Auch bei Elefanten sind ähnliche Phänomene bekannt. Über die Bedeutung des Spielverhaltens wurde ja bereits an anderer Stelle berichtet, aber gerade in der Pubertät ist es noch einmal besonders wichtig. Nur in dieser entspannten Atmosphäre einer geänderten Realität kann es gelingen, auch »was wäre wenn« zu üben, also sich beispielsweise in die Rolle eines überlegenen, sozial dominanten Tieres zu versetzen oder auch mal unerwartet plötzlich die Flucht ergreifen zu müssen, wenn einem die Sache zu brenzlig wird. Gerade in der Pubertät wird zusätzlich durch das Spielverhalten auch die sexuelle Prägung vollzogen. Bei den meisten Säugetierarten ist diese nämlich nicht, im Gegensatz zur Artgenossen-Prägung, ein Ergebnis der primären sozialen Verhaltensweisen innerhalb der Aufzuchtgruppe mit Wurfgeschwistern, Mutter usw.. Stattdessen wird oftmals am Modell der Spielkamerad/innen in der Pubertät festgelegt, mit welcher Art man sich dann später sexuell paaren möchte. Wie Studien an Affen und verschiedenen Nagetierarten gezeigt haben, muss dieses Spiel nicht einmal eine eindeutig sexuelle Komponente haben. Soziales Spielen, Raufen, Balgen und Toben mit anderen Artgenossen der gleichen oder ähnlichen Altersgruppe reicht bereits aus, um diese als Modell für die sexuelle Prägung zu fixieren. Gerade darauf sollte besonders geachtet werden, wenn Junghunde eben auch noch in freien Spielgruppen und nicht nur in Ausbildungskursen, Trainingseinheiten zur Turniervorbereitung und anderen, weitgehend ernsthaft strukturierten Beschäftigungen in Hundeschulen, Vereinen o. ä. geführt werden. Ein weiterer wichtiger Faktor, dem das Spiel in dieser Zeit dient, ist die Ausschüttung eines speziellen Nervenwachstumsfaktors (IGF 3), der nach Untersuchungen an verschiedenen Labortieren offensichtlich nur in dem sogenannten »rough-and-tumble-play« ausgeschüttet wird. Gerade über die Bedeutung des IGF 3 und des damit verknüpften Dopaminausstoßes wird im nächsten Unterkapitel nochmals zu berichten sein.

Im Spiel werden aber auch beispielsweise Abbruchsignale und andere wichtige Bereiche des sozialen Konfliktmanagements einstudiert. Gerade die Fähigkeit zu verstehen, wann man den Anderen nervt und besser deshalb aufhören sollte, wird ja einem Junghund nicht in die Wiege gelegt. Stattdessen muss er sie eben am eigenen Tun erfahren und erlernen. Und gerade dazu sind die Spieleinheiten besonders hilfreich, denn da kann man eben leicht mal jemanden nerven, ohne dass für diesen eine besondere Gefahr besteht. Wenn der dann entsprechende Abbruchsignale klar deutlich kommuniziert, hat man wieder etwas gelernt. Zu diesem Thema wurden in den vergangenen Jahren eine Reihe von Studien angefertigt, sowohl mit verwilderten Haushunden, Haushunden in Pensionsgruppen, Wölfen und letztlich auch im Zusammenhang zwischen Mensch und Hund. Die eindeutige Aussage aller dieser Untersuchungen war, dass Abbruchsignale keineswegs die Beziehung zwischen Mensch und Hund oder zwischen Hund und Hund belasten oder unnötigen Stress produzieren würden. In fast allen Fällen wird hinterher mit einer erneuten freundlichen oder neutralen Kontaktaufnahme weitergemacht, vielfach folgt Versöhnungsverhalten und es wird sogar genau an der Stelle weitergespielt, an der das Abbruchsignal zunächst unterbrochen hat. Die Kombination aus Ruheeinheiten, die eben durch die Abbruchsignale in den Spielphasen immer wieder eingeschaltet werden, der danach folgenden erneuten Dopaminausschüttung durch den wieder aufgegriffenen Spielfaden und die körperliche und auch geistige Ertüchtigung des wechselnden Herumtobens ist es schließlich, die das Spielen hier zu einer besonders erfolgreichen Lernstrategie werden lässt.

› *Pubertierende Hunde brauchen körperliche Auslastung und Ruhephasen gleichermaßen.*

Dass es in diesen Zeiten ab und zu auch zu überschießenden Aggressionen kommen kann, ist keineswegs ein beunruhigendes Phänomen an sich. Die stets wieder sich ändernden Mischungsverhältnisse von Stresshormonen, Sexualhormonen, Selbstbelohnungssystemen und anderen Botenstoffen im Gehirn des Pubertierenden führen eben auch mal dazu, dass eine in der Psychologie als externalisierte Verhaltensweise, also besonders überschäumend temperamentvolles, nach außen getragenes Verhalten, zu sehen ist. Damit erregt man dann auch mal Anstoß, aber auch das kann wieder zum sozialen Lernprozess werden. Voraussetzung dafür ist allerdings, dass der Erziehungsberechtigte weiß, wie er mit solchen Gefühlsausbrüchen umgehen muss. Nämlich keineswegs, sie einfach nur ignorieren, aber auch keineswegs einfach nur unterbinden. Stattdessen sollte gerade hier geholfen werden, die überschäumenden Temperamentsausbrüche in sozial verträgliche und trotzdem das Selbstwertgefühl des Jugendlichen steigernde Bahnen zu lenken. Nur dadurch werden die Kontrollsysteme des Großhirns, die sowohl das Dopamin- als auch das Serotoninsystem betreffen, zu verstärkter Tätigkeit angeregt und die bereits erwähnten erregungsdämpfenden Nervenverknüpfungen aus der Großhirnrinde in die emotionalen Regionen verstärkt. Gleichzeitig nimmt die Dichte der Bindungsstellen für die genannten Botenstoffe in den emotionalen Regionen des Mandelkerns ab und in der Großhirnrinde zu. Auch das wiederum führt zu einer verbesserten Fähigkeit der Affektkontrolle. Dass gerade bei dem oftmals mangelnden Selbstwertgefühl von pubertierenden Jugendlichen die Selbstverteidigungsaggression besonders häufig zum Tragen kommt, muss nicht weiter betont werden.

## MARKIERVERHALTEN

Letztlich beginnt auch das Markierverhalten bei Hunden während der Pubertät. Und auch hier gilt es, eine Reihe von Fehleinschätzungen zu korrigieren. Markieren bei Hunden hat primär wenig mit der Dominanz und auch nicht allzu viel mit der Sexualität zu tun. Vielfach ist es einfach nur Facebook auf vier Beinen, man will eben zeigen, wo man ist und was man gerade so empfindet. Nur in einigen besonderen Fällen werden durch Duftmarken sexuelle Konkurrenzsituationen angekündigt oder auch überdeckt oder territoriale Ansprüche angemeldet. Wenn sich Mensch und Hund oder Hund und Hund gut verstehen, ist gegenseitiges Übermarkieren auch eher ein Phänomen der Bindungsdemonstration als ein dominanzbezogenes Verhalten.

## WAS KANN SCHIEF GEHEN?

Eine Reihe von neueren Untersuchungen zeigt, welche Probleme es bei falschgelaufener Pubertät, auch für Hunde geben kann. So ist beispielsweise die Entstehung von ADHS-Störungen bei Hunden mittlerweile deutlich und in mehreren Untersuchungen belegt.

Genau wie bei Menschen handelt es sich hierbei um ein multifaktorielles Geschehen, auch genetische Aspekte sind, wie wir schon gesehen haben, beteiligt. Es handelt sich um eine veränderte Rezeptorendichte für bestimmte Rezeptortypen des Dopamins, die vorwiegend im seitlichen Stirnhirn anzutreffen sind. Dort findet sich jedoch vorwiegend auch die Region, die mit Konzentrationsfähigkeit und damit mit der Fähigkeit, sich längere Zeit in eine auch schwierigere Aufgabe zu vertiefen, verknüpft sein sollte. Eine besonders aufregende Hypothese einer amerikanischen Arbeitsgruppe von Psychiatern, Jugendpsychologen und Labortierforschern (Sivij und Panksepp) besagt folgendes: Jugendliche, vor allem männliche, die in der Pubertät zu wenig Möglichkeiten zum bereits geschilderten Raufen, Balgen und Toben haben, schütten im Gehirn zu wenig Dopamin und zu wenig IGF 3 aus. Dadurch wird gerade die Reifung der genannten Gehirnareale verringert und die Folge ist eben eine erhöhte Anfälligkeit für ADHS ähnliche Störungen (siehe auch Kapitel 1). Im Mäusemodell konnten die genannten Forscher zeigen, dass eine regelmäßige Spieltherapie, regelmäßige, immer wieder durch Ruhepausen unterbrochene Phasen des Raufens, Balgens und Tobens, zu einer Verringerung der ADHS-Problematik führten. Gerade hyperaktive oder besonders nervöse Hunde sollten also keineswegs nur gedeckelt und nur immer in Ruhe gebracht werden. Gerade für sie ist offensichtlich eine zwischengeschobene Phase von überschäumendem, temperamentvollem Spiel, unterbrochen dann wieder von einer klassischen Ruheübung, besonders wichtig und hilfreich.

Noch erschreckender sind die Befunde der Studien, die sowohl an Labortieren und deren Biochemie wie an menschlichen jugendlichen Straftätern bestimmter Persönlichkeitsgruppen gefunden wurden. Jugendliche, die während der Pubertät überwiegend mit starkem Kontrollverlust, permanenter Aggression, permanenter Unterdrückung und mangelnder Fähigkeit zur Selbstentwicklung im Elternhaus schikaniert und unterdrückt wurden, neigen dazu, zu einer besonderen Form von Wutaggression zu gelangen. Auch hierbei ist eine mangelnde Kontrolle des emotionalen Zentrums durch die Großhirnrinde verantwortlich. Normalerweise würden während der Pubertät, gerade in Erlebnissen, bei denen man seine eigenen Fähigkeiten zur Schau stellen und seine eigene Problemlösung finden kann, Serotoninrezeptoren in der Großhirnrinde im vorderen Stirnhirn vermehrt und Fasern, die von diesen Rezeptoren aktiviert werden, würden in die tiefer liegenden Regionen des Mandelkerns durchgeschaltet. Demgegenüber geht die Zahl der Serotoninrezeptoren im Mandelkern dann zurück. Die Folge ist eine verbesserte Fähigkeit zur Affektkontrolle, die besonders in stressenden Situationen auftritt. Erschreckend ist nun, dass die Labormausmodelle in diesen Studien genau das Verhalten zeigen, dass wir von manchen »durchgeknallten« Hunden, aber auch von Jugendlichen aus sozialen Brennpunkten kennen. Die Mäuse beißen hemmungslos in Kehle und Bauch von Artgenossen, selbst wenn diese sich unterwerfen oder sogar narkotisiert sind. Sie reagieren auf keinerlei Konfliktmanagement, keinerlei Beschwichtigung oder anderes soziales Kommunizieren der Angegriffenen. Man denkt dabei unwillkürlich an unsere durchgeknallten Jugendlichen, die dann den am Boden liegenden Gegner noch mit Stiefeln in die Nieren oder ins Gesicht treten, aber auch einige Hunde mit solchen Verhaltensauffälligkeiten sind uns in der Beratung bereits begegnet, z. B. aus zu früher und/oder völlig inkompetent gehandhabter und u. a. auf Beute ausgerichteter »sportlicher« Ausbildung wie etwa beim Agility oder dem sogenannten Schutzhundesport.

› *Pubertierende Hunde sind häufig überschäumend in ihren Aktionen und mit geringerem Empathie-Empfinden ausgestattet.*

Letztlich müssen auch einige Phänomene im Verhalten angesprochen werden, die während der Pubertät auftreten, weil beispielsweise eine mangelnde Schilddrüsenhormonproduktion stattfindet. Eine mangelnde Produktion des Schilddrüsenhormons macht sich oftmals besonders in der Pubertät bemerkbar. Dann treten eben auch wieder besondere Launenhaftigkeit, Lern- und Konzentrationsschwäche, Affektaggression, bisweilen aber auch sogar epilepsieartige Anfälle auf. Alles das geschieht eben dann, wenn die Schilddrüsenhormonproduktion zu gering bleibt. Fatal ist nun, dass wegen des engen zeitlichen Zusammentreffens zwischen den erstmals auftretenden Symptomen der Schilddrüsenunterfunktion und der Pubertät wiederum vielfach angenommen wird, die genannten Phänomene ließen sich durch eine möglichst umgehende Kastration des Hundes beseitigen. Da aber Kastration einerseits das Risiko einer Schilddrüsenunterfunktion noch steigert, andererseits wegen der oftmals danach steigenden Stressanfälligkeit des Hundes auch viele neurologische und psychologische Probleme noch verschärft, wird hier wirklich der Teufel mit dem Beelzebub ausgetrieben. Vielfach wird das Phänomen hinterher eher schlimmer als besser. »Nur, was da war, kommt nicht wieder«, sagte schon der Dichterfürst. Das bedeutet, eine einmal falsch eingeleitete Kastration ist durch keinerlei Gegenmaßnahmen mehr zu korrigieren. Bestenfalls kann man versuchen, dem Hund durch ein möglichst umfassendes Stressmanagement-Programm das Leben etwas zu erleichtern.

## SKALPELL STATT APPELL

Damit kommen wir eben zu dem häufigsten Fehler in der Hundeerziehung rund um die Pubertät, nämlich die Kastration als Erziehung mit dem Skalpell zu betrachten. Viele als Aufsässigkeit oder Dominanzbestreben bezeichnete oder sonstige negativ belegte Aspekte fehlinterpretierter Erscheinungen sind eben in der Pubertät normal. Wenn ein Junghund (oder auch menschlicher Jugendlicher) in der Pubertät nicht aufs erste Wort hört, aufspringt und wie ein geölter Blitz den Befehl ausführt, kann das vielerlei Ursachen haben. Aufmüpfigkeit ist nur eine von denen – und eher die seltenere. Oftmals versteht er nicht, was man von ihm möchte, hat gerade den Zugriff auf die notwendige Datenbank gestört oder ist einfach auf Grund einiger hormoneller Ungleichgewichte etwas langsamer in seiner Reaktion. Hier nun sofort die Sexualhormone wegzuschneiden bedeutet aber, dass die bereits oben geschilderten wichtigen Umbauprozesse im Gehirn eben nicht stattfinden können. Permanente Kindsköpfe mögen für manche Hundehalter wünschenswert sein (diese sollten sich aber vielleicht besser einen Plüschhund im Spielwarenladen besorgen), ab einer bestimmten Größe und Gewichtsklasse von Hunden jedoch sind sie ausgesprochen gefährlich. Ein erwachsener Hund, mit dem man auch klärende Diskussionen führen und dann die besprochenen und vereinbarten sozialen Regeln, gegebenenfalls auch sanktioniert, durchsetzen kann (was nicht gewaltbereite Erziehung oder Einsatz von Starkzwangmethoden impliziert/legitimiert!), ist immer noch sozialverträglicher zu halten als der genannte Kindskopf, dem jegliches Gespür für den Ernst der Lage und jegliches Empathievermögen fehlt.

› *Nur weil in der Pubertät das Interesse am anderen Geschlecht erwacht, ist das kein Grund zur Kastration.*

Zudem muss nochmals betont werden, dass die Kastration aus solchen Ursachen in der Regel gesetzeswidrig ist. Bevor man also einen Hund wegen angeblich pubertärer Verhaltensprobleme kastrieren lässt, sollte man sich möglichst mit Leuten unterhalten, die davon etwas verstehen. Leider sind das nur wenige Trainer und auch nicht jeder Tierarzt. Die Richtigen zu finden, ist dann wiederum aber ein Dienst, den man dem eigenen Hund erweisen sollte. Gerade die Untersuchungen von Niepel (2007) und auch andere statistische Zusammenstellungen zeigen, dass viele Hunde im Zeitraum der Pubertät aus Verhaltensgründen kastriert werden. Weit über die Hälfte aller kastrierten Rüden sind aber, nach unserer obigen Definition, Frühkastraten, weil vor dem Abklingen der Pubertät bereits operiert. Vielfach handeln sich die Halter dann einige Monate scheinbarer Ruhe und Pflegeleichtigkeit ein, bekommen aber vielleicht in der Folge für die nächsten zehn bis zwölf Jahre einen sozial instabilen, emotional aufgewühlten, ängstlichen und/oder angstaggressiven Hund, der dazu noch labile Bänder, Sehnen, Muskeln und ein nicht voll belastbares Skelettsystem hat.

## HUNDEZUCHT GESTERN UND HEUTE

Die Wandlung der Hundezucht im Laufe der Zeiten lässt sich etwas provokant und ironisch wie folgt zusammenfassen: Aus dem Arbeitshund wurde ein Hund, der Arbeit macht! Und hier ist der Arbeitsbegriff durchaus vielschichtig zu sehen. Der Hund und alles rund um das Thema Hund ist heutzutage in Deutschland ein riesiger Markt, ein wichtiger Wirtschaftsfaktor geworden, der jährlich Milliarden Umsätze bringt, umsatzstark und relativ krisensicher ist:

- In Deutschland leben schätzungsweise 5 Millionen Hunde, wahrscheinlich sogar mehr.
- Rund 50 bis 100 Euro monatlich werden von Hundebesitzern für ihren Vierbeiner ausgegeben, teilweise auch (deutlich) mehr.
- Nach Angaben der Gesellschaft für Konsumforschung (GfK) gaben die Deutschen im Jahr 2010 rund 834 Millionen Euro allein für Hundefutter aus (für Babynahrung zahlten sie etwa 556 Millionen).
- Der Umsatz mit Hundebedarfsartikeln (Leinen, Bürsten, Körbchen, Spielzeug usw.) kletterte 2010 auf 155 Millionen Euro, was einen Zuwachs von 3,3 % gegenüber 2009 bedeutete. Tendenz weiterhin steigend. (Quelle: n24.de)
- Alle Ausgaben, die direkt oder indirekt mit der Hundehaltung zusammenhängen, summieren sich auf rund 5 Milliarden Euro im Jahr. (Ohr und Zeddies, 2007)
- Etwa 100000 Arbeitsplätze, wie Tierarzt oder Verkäufer im Zoofachgeschäft, sind in Deutschland mit Hunden verbunden. (Ohr und Zeddies, 2007) Diese Zahl dürfte mittlerweile deutlich höher liegen, denn immer neue Sparten und Betätigungsfelder rund um die Fellnasen tuen sich auf. Hierdurch entstehen Einnahmen für die Berufsausübenden, aber auch für den Staat durch Steuereinnahmen und Sozialabgaben.
- Das Geschäft mit Tierbestattungen- und -friedhöfen boomt, den Umsatz schätzt Gerd Buttgereit vom Bundesverband der Tierbestatter (BVT) auf rund 10 Millionen Euro. Frauchen und Herrchen zahlen für Bestattung und Ruhestätte 100 bis 450 Euro. (Quelle: n24.de)

Wie auch immer der Stellenwert und die Nutzung des Hundes sich im Laufe der Zeit gewandelt haben, immer bestand die empathische Verbindung Hund und Mensch, die letztlich auch mit dazu führte, dass beide Arten so zueinander finden konnten, wie wir es heute kennen. Der effektive Anfang der Rassebildung ist relativ unbekannt. Um den Zeitpunkt der Sesshaftwerdung des Menschen entstanden erste, sogenannte Natur- und Landrassen. Die gezielte Verpaarung von zutraulichen und anhänglichen Tieren wurde forciert und führte zu Tieren, die sich bereitwillig in die Sozialgemeinschaft eingliederten und dem Menschen ihre elementaren Fähigkeiten zur Verfügung stellten. Aus einer spezifizierteren Nutzung folgte eine gezieltere Zucht und in der weiteren Folge auch die Entstehung von Rassen. Früher entstand eine »Rasse« (im weitesten Sinne) somit in erster Linie aus einem Nutzungsgedanken, später eher aus der Idee und manchmal auch aus der Experimentierfreude einer Einzelperson oder kleinen Gruppierung heraus. Nicht selten wird dann die Schaffung einer Rasse dazu benutzt, ein persönliches Ideal zu verwirklichen. Das 19. Jahrhundert ließ den Gebrauchszweck des Hundes hinter optischen

Merkmalen zurücktreten. Die Zucht und die »gezielte Veredelung« nimmt nun einen anderen Stellenwert ein – nicht unbedingt zum Guten des Hundes! Auswüchse gipfeln heute in der berechtigten Debatte um Qualzuchten. »Solange der Hund vorwiegend ein Nutztier war, hielten sich die Abweichungen der Körper- und Schädelform gegenüber dem Wolf in relativ engen Grenzen.« (Räber, 1993) Davon sind wir im Jahr 2014 bei vielen Rassen weit entfernt. Und solange Züchter, Zuchtvereine und alle sonstigen Zuchtverantwortlichen optische Vorlieben bis Übertreibungen vor Gesundheit, Funktionalität und Sozialverträglichkeit stellen, werden (häufig leider nur allzu berechtigte!) Kritik und Argwohn gegen die Rassehundezucht anhalten.

Leider bietet der Zugehörigkeitsstempel zu diesem oder jenem Verband nicht die angestrebte Sicherheit, gerade bei diesen Züchtern grundsätzlich auch einen bestens gerüsteten Welpen kaufen zu können. Außerdem hat auch ein Mischlingswelpe das gleiche Recht auf gute Sozialisation, gesunde Abstammung und fürsorgliche Aufzucht, was aber leider aufgrund eines längst überfälligen Haustierzuchtgesetzes nach wie vor fehlt. Letztlich steht und fällt alles mit der Person des Züchters, seiner Kompetenz, seinem Verantwortungsbewusstsein, seinem Rückgrat, um auch aufzumucken, wenn in seinem Verein oder Verband etwas im Argen liegt, statt nur an sich selbst und seine eigene Zuchthandhabung zu denken und zu schweigen. Häufig sind es gerade die, die aufbegehren gegen Missstände und anklagen, was anzuklagen ist, die dann zum Schluss gemobbt und sanktioniert werden, um sie mundtot zu machen. Doch hat das Lieben, Schätzen und Gesunderhalten einer Rasse eben nichts mit egoistischem Mitläufertum und Vereins-/Verbandsmeierei zu tun, sondern bedeutet unter Umständen auch Kampf und Mut zur Auflehnung und einem Entgegenstellen zum Wohl des Hundes.

Nicht zuletzt aus diesem Grund wäre die Einführung eines unabhängigen (!) Gütesiegels für die Hundezucht ein Schritt in die richtige Richtung. Dieses Siegel müsste von übergeordneten Stellen und/oder unabhängigen Sachverständigen vergeben werden und losgelöst von Vereins- oder Verbandsmitgliedschaften sein. Dieses Siegel sollte dann »auch sehr offensiv (...) propagiert und in positivem Sinne vermarktet werden. Hier hat Marketing durchaus eine positive Berechtigung, indem man das betreffende Produkt `Biohund´ auf dem Markt positioniert und mit all seinen Vorteilen gegenüber dem herkömmlichen Hund aus herkömmlicher Hundezucht und Haltung propagiert. Nur wenn Hundezüchter, Hundetrainer und Hundehalter gemeinsam auf dieses Ziel hinarbeiten, wird es möglich sein, die Befunde aus der Verhaltensbiologie, der Veterinärmedizin, der Tierernährung und anderen Disziplinen über die Biologie unseres Hundes auch zu einer sinnvollen und von § 2 des Tierschutzgesetzes geforderten Haltung umzusetzen.« (Gansloßer, 2007) Diese Forderung gilt gleichermaßen für Rassehunde wie für Mischlinge und ist völlig losgelöst von nationalen Vereinen und Verbänden zu sehen.

Zu guter Letzt noch ein Argument gegen gut gemeinten (aber nicht gut gemachten) Tierschutz: Gerade unter diesem Deckmantel »Tierschutz« existieren bestens organisierte Märkte des Hundehandels. Das Internet bietet dabei die optimale Verkaufsplattform. Ein schlechter Züchter wird aber nur dann vom Markt verdrängt werden (können!), wenn er auf seinen Welpen sitzen bleibt. Welpen aus Mitleid aus schlechten Zuchtstätten bevorzugt früher herauszukaufen, fördert zwar möglicherweise die Entwicklung dieser individuellen Welpen, führt aber dazu, dass der betreffende Züchter, der vielleicht dann besser als Produzent oder Vermehrer bezeichnet werden sollte, sich finanziell noch durch sein übles Tun Vorteile verschafft. Wenn die Bedingungen in dieser Vermehrungsstätte nicht so schlecht sind, dass eine entschädigungslose Beschlagnahme durch die Behörden möglich ist, muss versucht werden, die Kräfte des Marktes wirken zu lassen und diese sind eben nur dann wirksam, wenn mit diesen schlecht produzierten Welpen kein Gewinn zu machen ist. So bedauerlich dies ist, hier muss dann doch der populationsbezogene Tierschutz über den Individualtierschutz triumphieren. Anders wird es niemals dazu kommen, dass verantwortungsbewusste, kompetente und damit auch sehr einsatzbereite Züchter einen Vorteil auf dem Markt bekommen und in der Folge auch umweltstabilere, besser vorbereitete und insgesamt stressarmer aufgezogene und abgegebene Welpen in ihre Familien gelangen.

## DANKSAGUNG

Viele Züchterkollegen und -freunde haben uns mit ihren Fragen, Anregungen, Sorgen und Erfahrungen Input gegeben, dafür möchten wir auch ohne Nennung einzelner Namen (was immer die Gefahr birgt, dass jemand vergessen wird!) ganz herzlich danken! Ebenso geht ein großer Dank an all diejenigen, die uns mit reichhaltigem Fotomaterial geholfen haben, diesen Ratgeber bunt und lebendig zu gestalten.

Ein dickes Dankeschön auch an unsere Interviewpartner: Frau Prof. Dr. Sommerfeld-Stur, Frau Dr. Thomée und Herr Prof. Dr. Fischer. Schön, dass wir unsere Fragen stellen durften und diese informative Kooperation entstehen konnte!

Udo Gansloßer dankt vor allem seinen Mitarbeiterinnen MSc Daniela Raulf und Tierärztin Lisa Heinemann für die Hintergrundrecherchen, den vielen Fachkolleg/inn/en aus Theorie und Praxis für viele wichtige Informationen und Einblicke, der Beratungskollegin Sophie Strodtbeck für die Arbeit mit den Einzelfellen, die vielfach als Beispiel dienen können, und dem Schreibteam, ohne das dieses Manuskript nicht möglich gewesen wäre.

Nicht zu vergessen, der Dank an unsere Helfershelfer im Hintergrund für das Gegenlesen von Textpassagen, aber auch für das »Bespaßen« der Hunde, was den Rücken freigehalten und Zeit für die Manuskripterarbeitung gewährleistet hat! Vielen, vielen Dank Euch allen, ohne Euch geht es eben nicht!

# QUELLEN- UND LITERATURVERZEICHNIS


Alves de Souza, M., et al.: Prenatal stress Produces Social Behavior Deficits and Alters the Number of Oxytocin and Vasopressin Neurons in Adults Rats. Neurochem. Res. 38, 1479–1489. 2013

Appleby, P.: Verhaltensentwicklung von Hunden. 113–132 in: del Amo L., Theby V. (Hrsg): Handbuch für Hundetrainer. Ulmer, Stuttgart 2014

Appleby, D. L., Bradshaw, J. W., Casey, R. A.: Relationship between aggressive and avoidance behaviour in dogs and their experience in the first six month of life. Vet. Rec. 150, 434–438. 2002

Aucott, J.: Effects of paedomorphosis on signalling behaviours in dyadic encounters of the domestic dog. J Undergrad Res. Spring 2013, 65–73

Axelsson, E., et al.: The genomic signature of dog domestication reveals adaptation to a starch-rich diet. Nature. 495, 360–364. 2013

Batt, L. S., Batt M. S., Baguley, J. A., McGreevy, P. D.: The value of puppy raisers' assessment of potential guide dogs' behavioral tendencies and ability to graduate. Anthrozoös 22, 71–76. 2009

Batt, L.S., M.S. Barr, Baguley, JA, McGreevy, PD: Relationships between puppy management practices and reported measures of success in guide dog training. J Vet Behav 5, 240–246. 2010

Beach, F., Hormonal modification of sexually dimorphic behaviour. Psychoneuroendocrinol. 1, 3–23. 1975

Beaver, B. V.: Dogs and Cats from Birth to Six Month. Veterinary Pediatrics, 23–32, Saunders, Philadelphia, 1995

Bekoff, M., Mammalian dispersal und the ontogeny of individual phenotypes. Am Nat. 111, 715–732. 1977

Bischof, N.: Das Rätsel Ödipus. Kindler, München 1985

Boenigk, K. D.: Untersuchungen zur züchterischen Aussagekraft von Verhaltenstests bei Hovavart Hunden. Vet. Med. Dis., Tierärztl. Hochschule Hannover. 2004

Bolhues, J.: Development of Behavior. 119–145 in: J. Bolhues and L. A. Giraldean (Hrsg.) The Behavior of Animals. Blackwell, Oxford. 2005

Bloch, G.: Die Pizza-Hunde. Kosmos, Stuttgart 2007

Boitani, L., Ciucci, P.: Comparative social ecology of feral dogs and wolves. Ethology Ecology & Evolution 7, 49–72. 1995

Brade, W.: Neuere Erkenntnisse zur Domestikation und Verhaltensgenetik des Hundes. Praktischer Tierarzt. 24, 11–17. 2003

Bradshaw J, & , Nott, H,: Social und communication behaviour of companion dogs. S 115–130 in Serpell J, (ed): The Domestic Dog. Cambridge UP 1995

Bradshaw, J. A. W., McPherson, J. A., Casey, R. A., Larter J. S.: Aetiology of separation – related behaviour in domestic dogs. Vet. Rec. 151, 43–46. 2002

Bradshaw, J. A. W.: Dog Sense. Basic Books, NY. 2011

Bradshaw, J. W.: Dog Sense. Basic Books, NY. 2012

Bremner–Harrison S., Cypher B, Harrison, SWR: An investigation into the effect of individual personality on re-introduction success, examples from 3 North American fox species. Pp 152–158. In:P. Soorae (ed): Global Re-Introduction Perspectives. IUCN, Gland 2013

Broom, D. M. (ed): Coping with challenge. Dahlem Univ. Press, Berlin 2002

Broom, D. M.: Welfare, stress and the evolution of feelings. 371–404 in: Moeller, A.P: et al, (eds): Stress and Behavior. Adv Study Behav 27, 1998

Clark, M. M., Crews, D., Galef, B. G.: Concentrations of sexsteroid hormones in pregnant and fetal Mongolian gerbits. Physiol. Behav. 49, 239–243. 1991

Clark, M. M., Galef, B. G.: Prenatal influences on reproductive life history strategies. TREE. 10, 151–153. 1995

Coleman, R. J., et al.: Caloric restinction elays disease onset and mortality in rhesus monkeys. Science 325 (5937), 201–204. 2009

Cooney, C. A., et al.: Maternal Methyl supplements in mice affect epigenetic variation and DNA methylatin of offspring. Am. Soc. Nutr. Science. 132 (8), 23935–24005

Crone, E. A.: Executive functions in adolescence: inferences from brain and behaviour. Dev. Sci. 12, 825–830. 2009

Csanyi W.: Wenn Hunde sprechen könnten, Kynos, Mürlenbach 2006

Campbell D.: Biologie. Verlag Chemie, Weinheim 2010

Derix, R, J A R A M van Hooff, H de Vries, J Wensink: Males and female mating competition in wolves. Behaviour 127, 141–174. 1994

Derix, R & J A R A M van Hooff: Male and female partner preferences in a captive wolf pack. Behaviour 132, 127–149.

Eichelberg, H.: Grundlagen der Genetik. 27–55 in Eichelberg, H. (Hrsg.): Hundezucht, Kosmos, Stuttgart 2006

Feddersen-Petersen, Dorit U.: Ausdrucksverhalten beim Hund, Kosmos, Stuttgart 2008

Fischer, M., Lilje, K.: Hunde in Bewegung. Kosmos, Stuttgart 2011

Fox, M. W.: Integrative Development of Brain and Behaviour in the Dog. Chicago UP, Chicago 1971

Füchsl, A.M., et al.: Stress Resiliance: A Low- Anxiety Genotype Protects Male Mice From the Consequences of chronic Psychosocial Stress. Endocrinology 115, 117–126. 2014

Gansloßer ,U.: Säugetierverhalten. Filander, Fürth 1998

Gansloßer, U.: Genetik. 79–90 in Gansloßer, U., Lücker, H., Linhart, P.: Wildtierhaltung I, Filander, Fürth 2007

Gansloßer, U.: Bindung und Beziehung. Filander, Fürth 2013

Gansloßer, U.: Verhaltensbiologie für Hundehalter. Kosmos, Stuttgart 2007

Gansloßer, U., Kitchenham, K.: Forschung trifft Hund. Kosmos, Stuttgart 2012

Goll, M. G., Bestor, T. H.: Histone modification and replacement in chromatin activation. Genes Dev. 16, 1739–1742. 2002

Goodwin, W, J Bradshaw, S Wickens: Paedomorphosis affects agonistic visual signals of domestic dogs. Anim Behav 53, 297–304, 1997

Goddard, M. E., Beilharz, R. G.: Early prediction of adult behaviour in potential guide dogs. Appl. Anim. Behav. Sci. 15, 247–260. 1986

Groothuis, T.: On the ontogeny of display behaviour in the Black headed gull (Larus ridibundus). Diss. Univ. Groningen 1989

Hansen, I.: Handbuch der Hundezucht, Müller Rüschlikon, Stuttgart 1999

Harris, W. E., Uller, T.: Reproduvtive investment when mate quality varies: differential allocation vs reproductive compensation. Phil. Trans. R. Soc. B. 364, 1039–1048. 2009

Hart, B: Analysing breed and gender differences in behaviour. Pp 65–78. In J Serpell (ed): The Domestic Dog. Cambridge UP 1995

Haug, J.: Vergleichende Untersuchungen zum Verhalten von Beaglewelpen aus Hand- und Mutteraufzucht. Diss. Vet. Med. Fak. Univ. München 2004

He, F.: The relationship of prenatal ethanol exposure and anxiety-related behaviors and central androgen receptor and vasopressin expression in adult male mandarin voles. Neuroscience 266, 224–234. 2014

Hejjas K et al.: Molecular and behavioural analysis of the intron 2 repeat polymorphism in the canine dopamine D4 receptor gene. Genes Brain Behav. 8, 330–336. 2012

Hepper, P.: Long-term retention of kinship recognition established during infancy in the Domestic dog. Behav. Proc. 33, 3–14. 1994

Herring, A., et al.: Environmental enrichment enhances cellular plasticity in transgenetic mice with Alzheimer-like pathology. Experimental Neurology 216, 184–192. 2009

Hoffmann, U.: Umweltbedingte und genetische Einflüsse auf Merkmale der Leistungsprüfung beim Koppelgebrauchshund Border Collie. Diss. Titto Hannover 2000

Howell, T., Bennett, P.: Puppy power. J. Vet. Behav. 6, 195–204. 2011

Ito, H. et al.: Allele frequency distribution of the canine dopamine receptor D4 gene exon III and I in 23 breeds. J Vet Med Sci 66, 815–820. 2004

Jacobs, C, W van den Broeck, P Simoens: Neurons expressing serotonin 1 B receptor in the basolateral amygdala of normally behaving and aggressiv dogs. Brain Res. 1136, 102–103 2007

Jaenisch, R., Bird, A.: Epigenetic regulation of gene expression: how the genome integrates intrinsic and environmental signals. Nature Genetics 33, 245–254. 2003

Jensen, P.: Transgenerational epigenetic effects on animal behaviour. Progress in Biophysics and Molecular Biology 113, 447–454. 2013

Jones, A. C., Gosling, S. D.: Temperament and personality in dogs (Canis familiaris): A review and examination of past research. Appl. Anim. Behav. Sci. 95, 1–53. 2005

Käufer, M.: Spielverhalten bei Hunden. Kosmos, Stuttgart 2011

Kaulfuß P. & Würbel H., Verhaltensentwicklung und dessen Störungen. S 33–44. In: A Wehrend (Hrsg): Neonatologie beim Hund. Schlüter, Stuttgart 2008

Kummer H: On the value of social relationships to non-human primates. Soc Sci Inf 17, 687–705. 1978

Kotrschal, K.: Wolf – Hund – Mensch. Brandstätter, Wien 2012

Krivy, P.: Herdenschutzhunde. Kosmos, Stuttgart, 2. Auflage 2012

Krivy, P., Gansloßer, U.: Verhaltensbiologie für Hundehalter – Das Praxisbuch, Kosmos, Stuttgart 2011

# QUELLEN- UND LITERATURVERZEICHNIS


Krivy, P., Lanzerath, A.: Was ein Welpe lernen muss. Müller Rüschlikon, Stuttgart, 2. Auflage 2010

Krivy P., Lanzerath, A.: Mein Hund im Flegelalter. Müller Rüschlikon, Stuttgart 2011

Liinamo, A. E. et al: Genetic variation in aggression-related traits in Golden Retriever dogs. Appl. Anim. Behav. Sci. 104, 95–106. 2007

Liu, D., et al.: Maternal care, hippocampal glucocorticoid receptors, and hypothalamic – pituitary – adrenal responses to stress. Science 277, 1659–1662. 1997

Manning, A., Dawkins, M. S.: Introduction to Animal Behaviour. Cambridge, Univ. Press 2012

Martin, M. M., Lui, Y., Wang, Z.: Developmental exposure to a serotonin agonist produces subsequent behavioural and neurochemical changes in the adult male prairie vole. Physiology and Behaviour 105, 529–535. 2012

Mc Millan, F D, D L Duffy, J Serpell: Mental health of dogs formerly used as »breeding stock« in commercial breeding establishments.
Appl Anim Behav Sci 135, 86–94. 2001

Mc Millan, F D, J Serpell, D L Duffy, E Masaoud, I R Dohoo: Differences in behavioural characteristics between dogs obtained as pouppies from pet stores and those obtained from noncommercial breeders. J Am Vet Med ass. 242, 1359–1363. 2013

Meaney, M. J., Szyl, M., Sechl, J.: Epigenetic mechanisms of perinatal programming of hypothalamic pituitary – adrenal function and health.
Trends Mol. Med. 13, 269–277. 2007

Meyer, H., Mundt, H. C., Thomée, A., Rauchfuss, R.: Zum Mineralstoffwechsel von Saugwelpen sowie Graviden und laktierenden Hündinnen. Kleintierpraxis 26, 115–120. 1981

Meyer, H., Dammers, C., Kienzle, E.: Körperzusammensetzung neugeborener Welpen und Nährstoffbedarf tragender Hündinnen. Adv. An. Phys. Nutr. 16, 7–25. 1985

Meyer H., Zentek, J.: Ernährung des Hundes, Encke, Stuttgart 2010

Niepel G.: Kastration beim Hund, Kosmos, Stuttgart 2007

Miklosi, A.: Dog. Oxford, Univ. Press. 2007

Mirko, E, E Kubinyi, M Gacsi, A Miklosi: Preliminary analysis of an objective-based personality questionnaire in the domestic dog. Appl. Anim.
Behav. Sci. 138, 88–98. 2012

Mirmiran, M.: The importance of fetal/neonatal REM sleep. Gynecol. Reprod. Biol. 21, 283–291. 1986

Moehlmann P. & H. Hofer: Cooperative breeding, reproductive suppression and body mass in canids. Pp 76–127 in: N G Solomon & J A French (eds): Cooperative breeding in mammals. Cambridge UP 1998

Møeller, A. P.: Developmental instability as a general measure of stress. 181–214 in Moeller, AP et al (ed): Stress and Behavior Adv Study Behav 27, 1998

Mosier, J. E.: The puppy from birth to six weeks. Vet. Clin. North.
Am. 8, 79–100, 1978

Mugford, R.: Hundeerziehung 2000, Kynos Verlag 1992

Pal, S. K., Ghosh B., Roy, S.: Dispersal behaviour of free-ranging dogs
(Canis familiaris) in relation to age, sex season and dispersal distance.
Appl. Anim. Behav. Sci. 61, 123–132. 1998

Patronek, G J, D J Waters, L T Glickman: Comparative longevity of pet dogs and humans. J Gerontol A Biol Sci Med. 52, B 171–B 178 1997

Payer, B., Lee, J. T.: X Chromosome Dosage Compensation: How Mammals Keep the Balance. Annu. Rev. Genet. 42, 733–772. 2008

Pluijmarkers, J. J. T. M., Appleby, D., Bradshaw, J.: Exposure to video images between 3 and 5 weeks of age decreases neophobia in domestic dogs. Appl. Anim. Behav. Sci. 126, 51–58. 2010

Rauth – Widmann, B.: Die Sinne des Hundes, Kosmos, Stuttgart 2014

Reik, W., Walter, J.: Genomic imprinting: parental influence on the genome.
Nature Reviews 2, 21–32. 2001

Riemer, St., Müller, C., Viranyi, Z., Huber, L., Range, F.: Choice of conflict resolution stretegy is linked to sociability in dog puppies. Appl. Anim. Behav. Sci. 149, 36–44. 2013

Rousel, S., et al.: Gender-specific effects of prenatal stress on emotional reactivity and stress physiology of goat kids. Horm Behav. 47, 256–266. 2005

Serpell, S., Jagoe, J. A.: Early experience and the development of behaviour. 79 – 102 in: Serpell, J. (ed): The Domestic Dog. Cambridge UP 1995

Sheldon, B. C.: Differential allocation: tests, mechanisms and implications. TREE 15, 397–401. 2000

Sieber, I., Aldington, E. H. W.: Hundezucht naturgemäß, Gollwitzer Verlag 1984

Sillero-Zubiri, C: Ökologie und Schutz der Caniden. S 7–12 in: Gansloßer, U & C Sillero-Zubiri (Hrsg): Wilde Hunde, Filander, Fürth 2008

Sivij S M & J Panksepp,: In search of the neurobiological substrates for social playfulness in mammalian brains. Neurosci Biobehav Rev 35, 1821–1830. 2011

Slabbert, J. M., Rasa, O. A.: The effect of early separation from the mother on pups in bonding to humans and pup health. Journal of the South African Veterinary Association. 64, 4–8. 1993

Stamps, J. A., Groothuis, T. G. : Developmental perspectives on personality: implications for ecological and evolutionary studies of individual differences. Phil. Trans. R. Soc. B 365, 4029–4041. 2010

Stamps, J. A., Groothuis, T. G.: The development of animal personality: relevance, concepts and perspectives. Biol. Rev. 85, 301–325. 2010

Strodtbeck, S., Borchert, U.: Hilfe, mein Hund ist in der Pubertät!: Entspannt durch wilde Zeiten, GRÄFE UND UNZER, München 2013

Sweatt, J. D., Meaney, M. J., Nestler, E. J., Akbariant S. (eds): Epigenetic Regulation in the Nervous System. Acad. Press, London etc. 2012

Taylor, P. V., et al.: Sexually dimorphic effects of a prenatal immune challenge on social play and vasopressin expression in juvenile rats.
Biology of Sex Differences 3, 15–24. 2012

ten Cate, Ca.: Prägungsprozesse - immer noch aktuell. PdN-B 50 (5), 20–23. 2001

Thornhill R., Furlow B.: Stress and Human Reproductive Behavior: Attractivness, Womens's Sexual Development, Postpartum Depression, and Baby's Cry. 319 – 370. in Møeller, A. P., Milinski M., Slater, P. J. B. (eds): Stress and Behaviour. Adv. Study Behav. 27, Acad. Press, San Diego etc 1998

Tiira, K., et al.: Environmental effects on compulsive tail chasing in dogs.
PloS One 7, 1–14. 2012

Topal J & M Gacsi: Lessons we should learn from our unique relationship with dogs. Pp 163–186 in: L Birke & J Hockenhull (eds): Crossing Boundaries. Brill, Leiden, 2012

Tops, M., Koole, S. L., Jjzerman, H., Buisman, Pijlman, F. T. A.: Why social attachment and oxytocin protect against addiction and stress: Insights from the dynamics between ventral and dorsal corticostriatal systems. Pharm. Biochem. Behav. 119, 39–48. 2014

Eva Unsöld: »Modell der mutterlosen Aufzucht von Welpen zur Wirksamkeitsprüfung probiotischer Substanzen«, Diss. LMU München 2003

Sachser, N. & Kaiser, S.: Prenatal social stress masculinizes the females behaviour in Guinea pigs. Physiol. Behav. 60, 589–594. 1996

van der Borg, J. A. M.: Evaluation of behaviour testing for human directed aggression in dogs. Appl. Anim. Behav. Sci. 128, 78–90. 2010

van der Waaij, E. H., Wilsson, E., Strandberg, E.: Genetic analysis of Swedish behaviour test on German Shepherd Dogs and Labrador Retriever. J. Anim. Sci. 86, 2853–2861. 2008

Varriale, A.: DNA Methylation, Epigenetics, and Evolution in Vertebrates:
Facts and Challenges. International Journal of Evolutionary Biology 2014,
1–7. 2014

Vas, J, J Topal, E Pech, A Miklosi: Measuring attention deficit and activity in dogs. Appl anim Behav Sci 103, 105–117. 2011

Vermeire, S. T., et al.: Evaluation of the Brain 5-HT2A Receptor Binding Index in Dogs with Anxiety Disorders, Measured with 123I-5I-R91150 and SPECT. J. Nucl. Med. 50, 284–289. 2009

Vom Saal, F. S., Bronson, F. H.: Sexual characteristics of adult female mice are correlated with their blood testosterone levels during prenatal development. Science. 208, 597–599. 1980

Wachtel, H., Norde, J.: Hundezucht. Kynos, 4. Auflage 2000

Wallis, L. J., et al.: Lifespan development of attentiveness in domestic dogs: drawing parallels with humans. Front. Psychol. 5, 1–13. 2014

Waterland, R. A., et al.: Maternal methyl rupplements increase offspring
DNA methylaticin at Axin Fused. Genesis 49, 401–406. 2006

Wehrend, A. (Hrsg.): Neonatologie beim Hund, Schlüter, Stuttgart 2008

Weichold, K., Silbereisen, R. K.: Pubertät und psychosoziale Anpassung, 1–60 in: Hasselhorn, M., Silbereisen, P. K. (Hrsg.): Enzyklopädie Psychologie Ser V Bd II. 2007

Wells, D., Hepper, P.: Prenatal olfactory learning in the domestic dog.
Anim. Behav. 72, 681–686. 2006

Wolstenholme, J. T., et al.: Gestational Exposure to Bisphenol A Prouces Transgenerational Changes in Behaviours and Gene Expression. Endocrinology 153, 3828 – 3838. 2012